# TRAITÉ PRATIQUE

DE

# BOULANGERIE

Corbeil, typogr. et stér. de Crété.

# TRAITÉ PRATIQUE

DE

# BOULANGERIE

PAR


A. BOLAND

ANCIEN ÉLÈVE DE L'ÉCOLE DES BEAUX-ARTS,
ANCIEN BOULANGER A PARIS, ET MEMBRE DE LA SOCIÉTÉ D'ENCOURAGEMENT,
INVENTEUR DE L'ALEUROMÈTRE ET D'UN PÉTRIN MÉCANIQUE.


---

OUVRAGE DÉDIÉ A LA BOULANGERIE DE PARIS.

---

PARIS

LIBRAIRIE SCIENTIFIQUE, INDUSTRIELLE ET AGRICOLE

E. LACROIX

RÉUNION DE L'ANCIENNE MAISON MATHIAS ET DU COMPTOIR DES IMPRIMEURS

15, QUAI MALAQUAIS, 15

1860

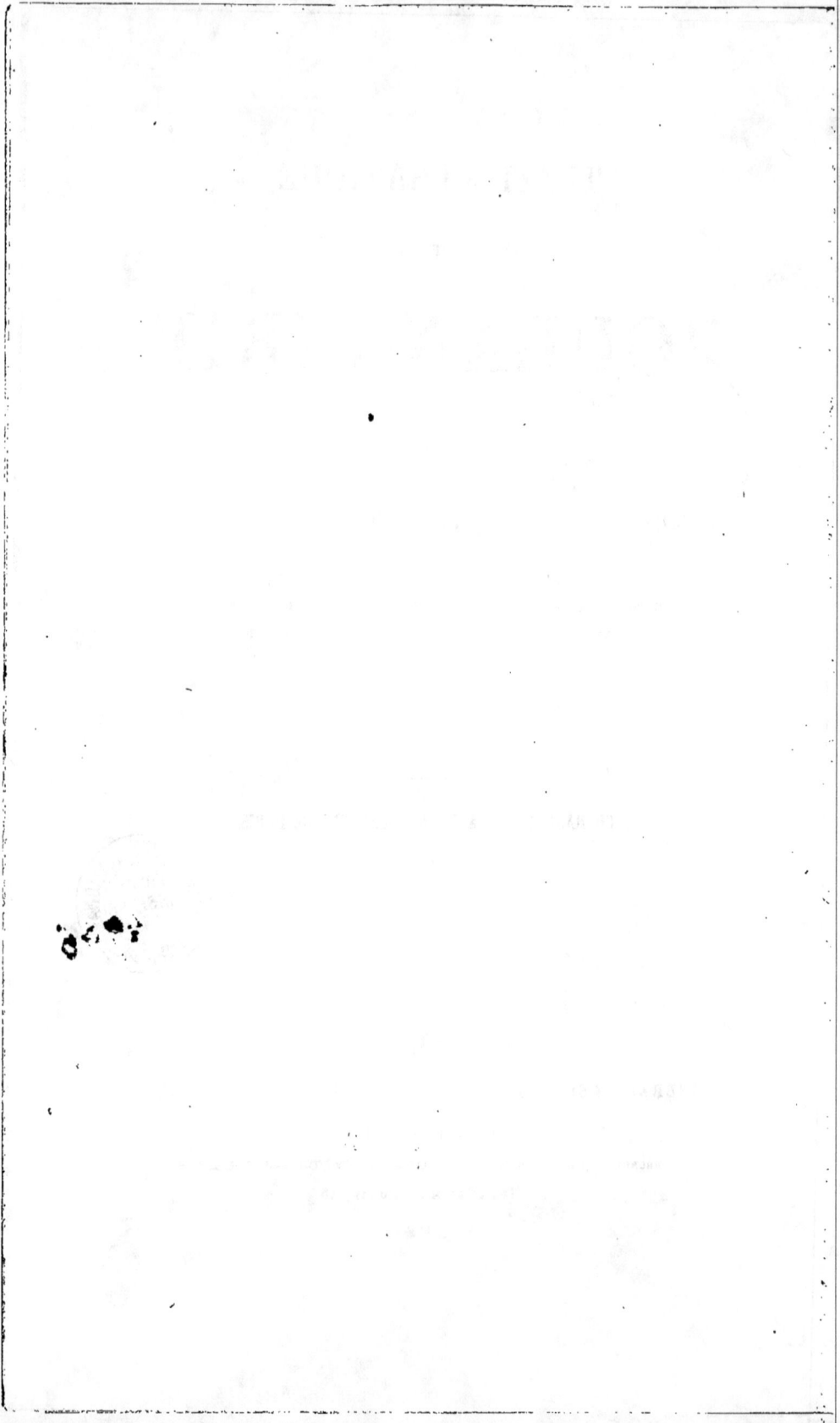

## LE SYNDICAT DE LA BOULANGERIE DE PARIS

### A M. BOLAND FILS.

MONSIEUR,

Nous avons reçu avec le plus grand plaisir communication de l'intention exprimée par madame votre mère et par vous de dédier à la boulangerie de Paris un ouvrage de M. Boland père, sur la boulangerie.

Nous vous en remercions bien sincèrement au nom de la corporation que nous représentons, et nous vous prions d'exprimer à madame votre mère nos sentiments de gratitude.

En livrant à la publicité cet ouvrage, fruit d'une vie entière consacrée à l'étude de toutes les questions d'améliorations se rattachant à la fabrication du pain, nous avons la conviction qu'il sera justement apprécié de tous les hommes pratiques et ajoutera un titre de plus à la considération dont jouissait M. Boland, déjà si connu par ses précédents travaux.

Nous avons l'honneur d'être,

MONSIEUR,

avec une parfaite considération,

Vos très-humbles serviteurs.

**LES SYNDICS**

TISSIER, FÉLIX — MALGRAS — CHICANDARD — LAMARE
SIMON — DEYROLLES.

PARIS, le 8 mars 1860.

# PRÉFACE DE L'ÉDITEUR.

M. Boland, auteur du livre que nous présentons au public et plus spécialement au commerce de la boulangerie, naquit au milieu d'une année de disette (en 1795).

Ses parents exerçaient la profession de boulanger. Sa mère resta veuve de bonne heure ; femme d'un grand courage et d'un dévouement sans borne pour ses enfants, elle puisa dans son amour pour eux toute la force d'âme nécessaire pour pouvoir continuer à diriger seule son établissement, afin d'avoir les moyens de leur donner une bonne éducation et une instruction sérieuse.

M. Boland, se sentant attiré vers les arts, étudia avec succès l'architecture. Il fut élève de l'École des beaux-arts, et concourut pour le grand prix de Rome. A l'âge de vingt-trois ans, alors qu'il commençait à exercer ses connaissances en architecture, ayant perdu son frère aîné, il dut quitter cette direction, pour reprendre la carrière de son père.

Madame Boland, fatiguée par les travaux et par l'âge, était obligée de quitter l'établissement de boulangerie qu'elle dirigeait depuis de longues années.

C'est alors que son fils, craignant de voir décroître dans les mains d'un autre commerçant cette vieille réputation, n'hésita pas à abandonner la route brillante qu'il avait d'abord choisie pour s'adonner entièrement à l'art de la boulangerie.

Il se fit boulanger non en amateur, se contentant de vendre à la hausse et la baisse les grains et la farine; mais il commença par apprendre la pratique, et entra courageusement dans le fournil pour atteindre ce but. Au bout de quelque temps, il avait acquis toutes les connaissances d'un excellent ouvrier et ce n'est qu'alors qu'il crut devoir prendre la direction de sa maison.

Pendant vingt ans qu'il a exercé, il a toujours cherché à acquérir de nouvelles connaissances théoriques et pratiques; il se consacra à l'étude de toutes les sciences se rattachant à son art. Il étudiait la nature de chaque farine, jamais il n'en employait sans qu'elle fût examinée et analysée avec soin. Architecte et bon dessinateur, il put lui-même faire les plans et diriger la construction des appareils dont il fut l'inventeur. C'est ainsi qu'il arriva, comme il l'explique au chapitre de son ouvrage, où il traite des farines et du gluten, à créer l'*Aleuromètre*. Cet instrument ne laisse plus de doute sur les propriétés panifiables des différentes farines, car l'expérience a prouvé que ce qui se passe dans l'aleuromètre avec le gluten, se répète dans le pain.

Mais pour compléter ses analyses, M. Boland comprit que les notions de chimie qu'il possédait n'étaient pas assez étendues, et avec l'ardeur d'un jeune homme, il suivit les cours de nos grands maîtres; MM. Thénard, Dumas, Gay-Lussac, etc., purent le compter parmi leurs plus zélés disciples; il répétait chez lui les expériences auxquelles il avait assisté, surtout celles qui pouvaient jeter quelque lumière sur la question à laquelle il s'était dévoué, celle du blé, de la farine et de la panification.

Des chimistes habiles ne dédaignèrent pas de le consulter quelquefois à ce sujet; M. Boland était heureux alors, il savait que ses travaux, avec la sanction de savants aussi distingués, se trouveraient plus répandus et par conséquent, plus à même d'être utiles; car il est un fait certain, c'est que jamais M. Boland n'a travaillé dans un but d'intérêt personnel; il a toujours au contraire cherché à être utile à tous, et ses nombreux travaux ont été faits autant dans l'intérêt du producteur que dans celui du consommateur. Il voulut empêcher ses confrères de se laisser entraîner par la routine, et désirant les aider à marcher dans le progrès comme les autres industries, il s'y est sacrifié complètement et a livré à tous les résultats de ses études et de son expérience. La boulangerie n'était pas pour lui seulement un état, c'était un art qu'il fallait étudier avec soin. Pendant ving-huit ans, M. Boland a exercé les fonctions d'expert pour les hospices, alors que cet établissement achetait ses farines dans le commerce. C'est pour cette maison qu'il eut l'idée de créer un pétrisseur, car il avait toujours pensé que la mécanique était appelée à rendre de grands services à la boulangerie. Il avait fait pour son établissement personnel l'acquisition d'un pétrisseur nouvellement inventé et avait été obligé d'y renoncer. Dans les hospices, il avait vu fonctionner différents appareils qui tous faisaient du pain, il est vrai, mais qui ne pouvaient remplacer le travail intelligent de l'homme, travail qui, dans la boulangerie de Paris surtout, jouit d'une réputation justement acquise.

C'est ce travail que M. Boland a voulu faire exécuter à son pétrisseur : chaque courbe est combinée séparément afin que l'ensemble pût arriver à exécuter régulièrement et promptement le travail raisonné du pétrissage. M. Boland, qui avait en boulangerie de grandes connaissances pratiques, et qui eût abandonné lui-même son appareil s'il n'eût pas rempli son but, a trouvé que le résultat répondait à son attente ; cependant une imperfection existait encore et demandait de nouvelles études ; il a travaillé, cherché de nouveau, la mort est venue le surprendre au moment où il achevait son œuvre.

Il a laissé le dessin et le modèle d'un nouveau pétrisseur dans lequell'axe supprimé a fait disparaître cette imperfection. Ce pétrisseur, qui n'a été exécuté qu'après la mort de son inventeur, a prouvé, après expérience faite, que M. Boland avait créé son appareil comme un boulanger seul pouvait le faire, puisque ce pétrin remplace avec avantage le travail manuel.

De goûts modestes, sans ambition de fortune et voulant ne plus s'occuper que d'études, M. Boland jeune encore céda son établissement. C'est alors qu'il put sans entraves se livrer à ses expériences, car depuis l'époque où il prit la résolution de devenir boulanger jusqu'à sa mort, il n'a pas cessé de s'occuper de tout ce qui pouvait améliorer cette branche importante du commerce et de l'industrie avec laquelle il s'était identifié.

Sur la fin de sa vie si bien remplie par le travail, et alors même qu'il était le plus épuisé par la maladie, il retrouvait encore son ancienne énergie et des forces pour prodiguer ses conseils aux personnes venues souvent de bien loin pour le consulter. Il appartenait à tous. Que d'analyses de farines ont été faites dans son laboratoire, que de leçons données, d'expériences démontrées, combien de services n'a-t-il pas rendus dans des circonstances où l'honneur de fournisseurs loyaux pouvait cependant être compromis par l'inexpérience.

Bien des lettres de profonde gratitude restent à sa famille comme autant de souvenirs d'une vie utile et sont pour ses enfants la plus belle part d'héritage qu'il ait pu leur laisser.

M. Boland, qui ne voulait pas laisser la lumière sous le boisseau, avait dans l'intervalle de ses nombreux travaux compulsé et rédigé, pour les présenter au public, les résultats de sa longue expérience. Il ne lui a pas été donné de voir imprimer ce travail ; mais madame Boland, sa veuve, a voulu que sa volonté fût exécutée, et nous publions aujourd'hui cet ouvrage, l'œuvre d'un homme de bien qui toute sa vie n'a eu qu'une ambition, celle d'être utile à la modeste profession qu'il avait embrassée. Nous croyons qu'il a atteint ce noble but et qu'il a emporté avec lui les regrets de tous ses confrères.

Paris, 15 juin 1860.

E. LACROIX.

# PRÉFACE.

Les arts industriels se recommandent à l'intérêt général selon les services qu'ils rendent à l'humanité. Mais, dans les produits de quelques-uns d'entre eux, l'éclat et la perfection d'exécution, le luxe et la richesse, l'élégance et l'harmonie des formes auxquelles concourt le génie des beaux-arts, rendent souvent l'esprit public indifférent sur des découvertes simples, mais utiles et fécondes, ou sur des travaux sérieux qui résultent d'une étude approfondie des sciences exactes et naturelles.

De là vient cette espèce de dédain que le vulgaire professe pour la création de tout ce qui contribue à satisfaire aux besoins de son existence.

L'industrie, en général, sans se laisser entraîner à des illusions de célébrité, donne pourtant à la science dont elle est tributaire, la personnification du travail, de la persévérance et du dévouement aux intérêts généraux de l'humanité. Car elle n'est autre chose que la faculté de donner aux produits bruts de la nature la forme et le caractère qui conviennent le plus aux usages auxquels elle les destine, et d'en développer les propriétés selon les théories formulées par la science et confirmées par l'expérience pratique.

Le pain est un aliment trop utile, et l'usage en est trop généralement répandu pour que tout ce qui contribue à sa perfection, surtout alimentaire, ne soit pas apprécié avec le plus grand intérêt.

Sa préparation, telle qu'elle se pratique dans les maisons particulières ou dans les établissements agricoles, pour les besoins d'une famille pendant plusieurs jours, et même dans quelques manutentions publiques, ne peut se comparer, par ses produits, à une fabrication permanente dont la régularité peut être souvent entravée par des difficultés imprévues qu'une expérience consommée et que des connaissances spéciales et profondes font seules surmonter.

Dans cé dernier état, la boulangerie acquiert le droit de se prévaloir d'une certaine importance industrielle que les savants et les observateurs reconnaissent, mais pour laquelle le public reste complétement indifférent.

Tout en acceptant avec reconnaissance la perception qui nous fait le plus d'honneur, comme boulangers, rendons-nous dignes, par nos efforts, de mériter la sollicitude générale et le brevet de capacité qu'un préjugé vulgaire nous conteste, tandis qu'il l'accorde souvent, sans examen, à des professions plus éclatantes, il est vrai, mais moins importantes et d'une utilité contestable au point de vue de l'intérêt général.

Les puissances les plus élevées de l'intelligence, les philosophes, les savants, les économistes et les législateurs ont reconnu et proclamé que l'agriculture était, non-seulement, le premier des arts industriels, la source la plus féconde des richesses d'une nation, et l'élément fondamental de toute civilisation, mais encore que c'était une science, dans toute l'acception du mot.

L'agronomie, la meunerie et la boulangerie se lient, par des fonctions différentes, à l'agriculture : l'une enseigne l'art de perpétuer les produits de la terre, et les autres les rendent propres aux besoins de l'humanité.

L'agriculture immortalise les céréales en leur fournissant les moyens de se reproduire sans cesse avec fécondité, et ensuite elle s'applique à les préserver des influences atmosphériques susceptibles d'altérer la nature de leurs éléments primitifs.

La meunerie, à son tour, s'en empare aussitôt, et, par l'application de l'une des plus belles conquêtes de l'esprit humain, l'art de la mécanique, elle les épure, les divise et sans en altérer ni modifier les principes, les rend propres aux préparations alimentaires auxquelles elles sont destinées.

La boulangerie peut être considérée comme le résumé, le complément et le terme auxquels aboutissent les deux autres.

Non-seulement la panification modifie, mais encore elle transforme la nature des corps qui composent la farine, elle leur donne de nouvelles propriétés alimentaires qui résultent de différentes combinaisons sur la formation desquelles la science a établi des théories, mais qui ne peuvent se produire que lorsque le praticien a étudié ces théories et observé leurs conséquences dans l'application.

Dans l'état actuel de la boulangerie en France, notamment à Paris, la perfection incontestable de ses produits témoigne assez des progrès qu'elle a faits, surtout depuis quelques années ; il est vrai qu'ils se sont accomplis lentement, sans retentissement, et à travers des difficultés que le praticien et l'observateur peuvent seuls apprécier.

La production renouvelée chaque jour afin de satisfaire aux besoins rigoureux de la consommation, les habitudes et les exigences, souvent capricieuses, du consommateur, la nature même du travail de la panification qui ne s'exécute généralement que la nuit, sans surveillance, sans contrôle et sans autre règle que les traditions routinières et au milieu d'une atmosphère épaisse et brûlante, laissent évanouir les illusions d'un progrès fondé seulement sur le raisonnement, mais dont l'expérience seule pourrait confirmer le succès.

Si l'exécution de cette tentative est de nature à troubler la régularité indispensable au service, si elle est étrangère aux habitudes des ouvriers boulangers libres de disposer de leurs moyens, elle est abandonnée aussitôt, jusqu'à ce que des circonstances plus favorables viennent en faire ressortir les avantages.

Néanmoins, tout en restant circonscrits dans les limites rigoureuses de leurs attributions et de leur position, les boulangers, par leur persévérance et les services qu'ils ont rendus à la société en perfectionnant leur art, ont justifié l'intérêt qu'elle ne peut refuser à des hommes qui consacrent leur intelligence à préparer le premier et le plus indispensable de tous nos aliments.

Quel que soit le degré de perfection auquel soit arrivée aujourd'hui la boulangerie, il lui reste encore beaucoup à faire pour améliorer les moyens économiques et salubres de fabrication, en ce qui concerne la santé des ouvriers boulangers et les intérêts du plus grand consommateur...., l'ouvrier en général.

Nul doute qu'avec le concours de la science, sans le secours de laquelle le cultivateur, le meunier et le boulanger ne sauraient surmonter les difficultés qu'ils rencontrent dans la pratique de leur art, et aussi avec les encouragements sincères du public, on n'arrive à réaliser les espérances de l'humanité.

A entendre les gémissements bruyants que poussent les ouvriers pétrisseurs, dans l'exercice de leurs laborieuses fonctions, à voir la sueur qui inonde leur corps et dont on a beaucoup exagéré les conséquences, on est saisi d'une impression pénible et d'un dégoût involontaire.

L'application de la mécanique au pétrissage doit évidemment donner pleine et entière satisfaction aux exigences, bien naturelles, de ces deux expressions du cœur et de l'imagination.

Depuis l'année 1811, divers appareils mécaniques ont été mis en pratique pour atteindre ce but ; mais malheureusement les résultats n'ont pas confirmé les espérances de ceux qui les avaient imaginés. Et s'ils ont laissé cette question à l'état de problème, leurs tentatives, du moins, ont donné à l'imagination plus que l'espoir, la conviction même de le résoudre bientôt.

De l'économie dans le combustible, de la répartition raisonnée de la chaleur, de la facilité de l'enfournement et du défournement et des modifications apportées dans la forme et dans la construction des fours, résulteront des avantages qui compléteront et justifieront l'importance de la boulangerie.

Mais ce qui la distingue et la caractérise particulièrement, c'est l'étude et l'application d'un phénomène de désorganisation auquel la science a donné le nom de fermentation et qui sert de base fondamentale à la panification.

Tout définis que soient les produits de la fermentation panaire ou alcoolique, sa marche, soumise à des influences variées et imprévues de température, ne peut se régler que par l'observation ; encore celle-ci se trouve-t-elle souvent en défaut. Quant à sa formation, elle est au nombre de ces phénomènes naturels sur l'existence desquels la science n'a pu établir que des formules génériques et hypothétiques.

La nature ne confirme pas toujours les principes que la science a érigés en lois absolues, elle semble s'être réservé des exceptions mystérieuses et impénétrables à l'esprit humain pour témoigner éternellement de sa toute-puissance.

La végétation, la vie des animaux, leur décomposition après leur mort, sont des exemples frappants de cette vérité philosophique.

Le développement des végétaux, leur propriété de décomposer les corps qu'ils empruntent à l'air pour retenir et fixer les éléments propres à leur formation, et d'éliminer ceux qui leur sont impropres, en les rendant à l'air, à la constitution duquel ils sont indispensables, sont des mystères.

Le mouvement, l'instinct, l'intelligence et la sensibilité chez les animaux, sont encore des facultés mystérieuses.

Lorsque les végétaux, séparés de leurs racines et abandonnés à diverses influences, se décomposent ainsi que les animaux après leur mort, la force qui désunit tous leurs éléments pour les restituer à la terre et à l'air auxquels ils les avaient empruntés, est toujours un mystère.

La fermentation résulte de ce dernier état de désorganisation ; elle prouve mieux que ne pourrait le faire la théorie, la fragilité moléculaire des éléments qui concourent à la formation des végétaux et des animaux, puisqu'ils se réunissent et se séparent par la puissance d'une force mystérieuse dont les fonctions alternatives ne sauraient être définies sans attenter à la loi de l'affinité.

Avant l'introduction de la fermentation dans la panification, la boulangerie n'était qu'une profession obscure, pratiquée par des hommes qui n'avaient à justifier que de leur force musculaire. Le pain que ces boulangers produisaient était compacte, aqueux, indigestible, et par conséquent d'une alimentation incomplète, tel qu'il se trouve encore, à peu près, dans les localités où les règles de l'art sont incomprises, négligées ou ignorées.

Mais aujourd'hui, et depuis longtemps, que l'expérience a démontré les avantages incontestables qui résultent de l'application raisonnée de la fermentation sur le développement des propriétés alimentaires du pain, l'étude de la réaction chimique, ne fût-elle qu'une observation permanente sans connaissances théoriques sur sa formation, sur la nature des corps qui l'engendrent et de ceux qu'elle produit, sur les diverses influences qui peuvent la modifier, en ralentir ou en accélérer la marche suivant les besoins pratiques, et même la détruire complétement, suffirait déjà pour caractériser la valeur industrielle de la boulangerie.

Quelque lents et insensibles que paraissent les progrès de la boulangerie, ils n'en ont pas moins provoqué ceux de la meunerie, dont l'éclat aujourd'hui honore particulièrement l'industrie française.

Les perfectionnements apportés dans l'art de nettoyer les grains, de les moudre et d'épurer la farine de toutes les impuretés susceptibles d'en ternir la blancheur, sans altérer les propriétés originaires des éléments constitutifs, ont imposé aux boulangers de nouvelles connaissances scientifiques nécessaires pour apprécier la valeur panifiable de la farine dont les molécules, divisées régulièrement, échappent à l'investigation délicate du toucher le plus exercé ; l'éclat même de sa blancheur égare très-souvent le jugement de l'observateur qui ne procède pas à ses recherches par la voie de l'analyse.

Ce dernier moyen n'est pas au nombre de ces manipulations chimiques pour la pratique desquelles une longue expérience, des connaissances étendues et une attention délicate soient rigoureusement nécessaires ; le sentiment seul de son importance justifiée par la démonstration, et un peu d'habitude en rendent l'exécution facile, même aux intelligences les plus ordinaires.

La nature originaire du blé, sa composition élémentaire, les diverses altérations qui peuvent l'atteindre sous l'influence de l'air, de la chaleur, de l'humidité et de la fermentation qui en est la conséquence ; la modification que peut subir son élément principal par une mouture déréglée ; les altérations qu'éprouve la farine sous les mêmes influences de décomposition, et enfin les falsifications de toute nature que l'empirisme a cherché à établir, sous toutes les formes, d'abord de l'intérêt commercial, ensuite de l'intérêt général, mais qui, en définitive, se résument par les avantages qu'en doit obtenir personnellement l'inventeur, s'apprécient avec exactitude et à l'aide de connaissances qu'un boulanger doit posséder et qui lui sont si faciles à acquérir, soit par tradition, soit par l'enseignement public que le gouvernement met à la disposition de quiconque comprend les avantages de former son esprit et de développer son intelligence.

Ce n'est qu'à Paris et dans les grandes villes où sont établies les facultés des sciences que l'on rencontre de pareilles ressources, il est vrai, mais elles peuvent se répandre par l'exemple et l'enseignement spécial. La boulangerie générale des hospices de Paris nous en offre une preuve éclatante ; là, tous les moyens de perfectionnement sont mis en pratique avec une réserve intelligente qui impose à la routine et qui garantit la régularité du service général.

Dans cet établissement, unique en son genre, l'appréciation de la qualité des farines, leur réception et la panification sont confiées à l'expertise de praticiens d'une expérience éprouvée, étrangers à l'administration, indépendants par caractère et par position, et que leur manière de procéder met à l'abri de tout soupçon de partialité.

Quant à l'espèce de pain fabriqué dans les manutentions militaires et connu sous le nom de pain de munition, l'appréciation de sa qualité ne peut faire préjuger de l'état actuel de la boulangerie en général, attendu que, pour cette sorte de fabrication spéciale et sans concurrence, le système de mouture, l'épuration des farines et la panification même semblent s'exécuter plutôt pour satisfaire aux exigences rigoureuses des règlements administratifs, qu'aux besoins, cependant plus importants, de l'alimentation du soldat auquel il est destiné.

Mais dans les grands centres de populations où, par des mesures d'ordre, de salubrité, d'hygiène et même d'économie, la fabrication du pain est confiée à une industrie spéciale, organisée administrativement et surveillée par l'autorité afin de garantir les intérêts du consommateur, les règles générales de l'art, les usages pratiques et les prescriptions de la science sont observés avec un courage, un dévouement et une intelligence qui méritent sinon la reconnaissance, du moins la bienveillance publique.

De ce qui précède, il est évident que l'enseignement professionnel des arts et métiers en général et de la boulangerie en particulier, confié à des praticiens expérimentés et dont les connaissances auraient été appréciées par le concours, ferait justice des traditions et usages routiniers ou empiriques, développerait l'intelligence, exciterait l'émulation et répandrait les vrais principes sans lesquels le progrès est impossible.

# TRAITÉ PRATIQUE
# DE BOULANGERIE

## CHAPITRE PREMIER

### DU PAIN

L'histoire de l'industrie ne suffirait pas à enregistrer les noms de tous ceux qui ont contribué, par des inventions isolées et spéciales, à la formation et au développement de ces grandes industries qui font l'admiration du monde, la gloire et la richesse d'une nation, et l'illustration de leurs fondateurs ; aussi en laisse-t-elle un grand nombre dans l'oubli !

Qu'un homme, déjà célèbre par son génie, donne aux produits de son imagination féconde, la qualification consacrée par l'emploi auquel l'usage les destine, on en retrouvera toujours l'origine dans l'histoire à laquelle leur auteur appartient !

Mais, qu'un obscur ouvrier invente, dans toute sa carrière industrielle, un seul instrument, simple, mais d'une utilité générale et féconde, s'il ne lui donne son nom propre pour en perpétuer le souvenir, il laisse après lui son œuvre dont on tire parti sans jamais s'inquiéter du nom de celui qui l'a créée. Cette insouciance est commune pour toute chose qui n'excite pas notre curiosité au moment où elle apparaît. L'habitude de trouver, toutes préparées, les choses indispensables aux besoins de la vie, nous rend indifférents sur leur nature et leur origine ; c'est à peine si nous accordons quelque intérêt au labeur de ceux entre les mains desquels elles passent pour arriver à l'état qui les rend propres à nos usages journaliers.

Le pain est un de ces produits de l'industrie que tout le monde consomme et qui n'étonne personne ; c'est cependant l'aliment par excellence ; il provient de la classe des végétaux les plus propres à la nourriture de l'homme ; car la meilleure manière d'employer les farineux est d'en faire du pain. Il peut remplacer, au besoin, tous les autres aliments.

Les Hébreux lui avaient donné un nom, *Lekem*, qui exprimait cette signification.

Le mot Pain dérive d'un mot latin que Cicéron fait dériver, à son tour, d'un autre mot grec qui signifie *tout ;* c'est-à-dire tenant lieu de tout pour la nourriture.

*Manquer de pain* est le symbole de la misère la plus profonde, comme *Avoir du pain assuré pour le reste de ses jours* résume une aisance qui ne doit donner aucune inquiétude pour l'avenir.

Le pain fait partie de tous les repas ; de celui du pauvre, de l'ouvrier, du riche et du puissant ; il est l'emblème de l'égalité pendant la vie, comme la tombe l'est après la mort. Aussi, les peuples ont toujours été fort sensibles à l'avantage d'en avoir à discrétion, et plus sensibles encore au malheur d'en manquer ; et, s'ils ont témoigné quelquefois de la reconnaissance à ceux qui leur en ont procuré dans leurs besoins, ils ont été souvent bien injustes, bien cruels, et surtout faciles à tromper par les passions politiques lorsqu'ils en ont manqué.

De quelque manière qu'on prépare les grains pour servir à la nourriture de l'homme, la forme la plus simple et la plus parfaite est, sans contredit, celle du pain, surtout, depuis que la fermentation concourt si merveilleusement au développement des propriétés nutritives des farineux en les rendant plus propres à la digestion, plus favorables à la mastication et plus agréables au goût.

Le pain est, en général, l'aliment le plus sain et le moins coûteux ; il n'en est point dont on use aussi continuellement sans se lasser ; il forme le complément indispensable de tous les autres aliments : la répugnance qu'on peut en éprouver est le signe le plus caractéristique d'un dérangement dans la santé.

Il existe cependant des pays habités, que l'intempérie du climat et la stérilité du sol privent de grains ; mais les habitants, d'une chétive apparence et en petit nombre, vivent misérablement de poissons secs et d'écorces d'arbres : tels que les Lapons. Dans d'autres pays, où la culture des céréales n'est pas encore pratiquée, on trouve le riz, les pommes de terre et autres racines farineuses qui en tiennent lieu.

Le pain, préparé dans les meilleures conditions, ne peut être employé comme aliment unique ; il ne suffirait pas aux besoins de notre organisme ; mais il contribue puissamment à modifier la nature et les effets des autres aliments. C'est pourquoi l'usage en est si répandu, surtout en France et particulièrement dans les grandes villes où sa fabrication ne laisse rien à désirer. Mais lorsque cette dernière est négligée ou que le pain a été préparé avec de l'eau souillée d'impuretés, ou qu'il provient de grains remplis d'insectes ou mêlés d'ivraie, humides ou fermentés, il peut occasionner des maladies graves et quelquefois épidémiques. On a vu, à diverses époques, presque tous les soldats d'une garnison atteints violemment de maladies dont les médecins cherchaient vainement la cause lorsqu'ils auraient pu la trouver dans la mauvaise qualité du pain. C'est pourquoi l'autorité militaire devrait exercer une surveillance continuelle sur la nature et la préparation de cet aliment. Quant à l'autorité civile, le consommateur sait assez bien se faire bonne justice du fabricant inhabile ou de mauvaise foi, pour la remplacer.

Enfin l'alimentation du pain dépend essentiellement de la manière dont il a été préparé, et les consommateurs ne doivent pas être indifférents sur les moyens de la perfectionner.

## ORIGINE DU BLÉ.

### ABRÉGÉ HISTORIQUE DE L'AGRICULTURE CHEZ LES ANCIENS.

La marche de l'esprit humain a été, en général, partout la même, à quelques différences près qui ont dépendu du temps, des climats et d'autres circonstances. Il en a été de même pour l'origine et les progrès des sciences et des arts. Ce qu'on a pris dans un pays pour le commencement d'un art, n'était déjà qu'un commencement de décadence du même art dans un autre pays avec lequel aucune communication n'existait auparavant.

Ce qui fait la différence d'opinions sur l'origine des connaissances humaines, c'est que les uns la considèrent dans un pays, les autres la voient dans un autre, croyant tous que cette origine est la même et unique pour tout l'univers.

Prétendre découvrir le temps où l'on a commencé à user du pain pour la première fois, c'est vouloir remonter à l'origine de la culture des blés, c'est s'égarer dans le domaine du fabuleux, parce qu'au delà d'une certaine époque, presque tout est idéal.

Comme tout périt et se reproduit successivement, les arts fleurirent, dégénérèrent et se perdirent dans un pays, en Égypte, par exemple pendant qu'ils prenaient naissance et qu'ils faisaient des progrès dans un autre, comme cela est arrivé en Grèce.

Les végétaux, soumis périodiquement à cette loi générale, mais plus rapide, de production, de destruction et de reproduction, aux émanations de l'air atmosphérique qui leur fournit presque tous leurs éléments, ont aussi une patrie que la nature du sol et le climat leur ont, pour ainsi dire, imposée et dans laquelle ils se fussent fixés invariablement, si l'homme, dont l'intelligence représente le complément d'une organisation parfaite, ne les eût déplacés, pour ses besoins, en leur fournissant les éléments nécessaires à leur existence.

En effet, le froment, qui est une plante naturelle de l'ancien continent, a été répandu et modifié par les bienfaits de l'agriculture sur toutes les parties de la terre où la civilisation s'est propagée.

Les naturalistes sont incertains sur les noms des pays qui ont donné naissance aux différentes espèces de froment que nous connaissons aujourd'hui.

Les environs de la ville de Nysa, la même que Scythopolis ou Bethsané, située dans la vallée du Jourdain, étaient, selon quelques auteurs, la patrie de l'orge et du blé. Mais, selon d'autres, ces deux plantes doivent avoir crû naturellement dans plusieurs contrées à la fois, puisqu'on a trouvé le froment d'été se produisant spontanément dans les campagnes incultes des Baschirs et, dans d'autres endroits très-éloignés les uns des autres, le froment, l'orge et l'épeautre à l'état sauvage.

Le blé était connu en Perse, dont il était un produit naturel, avant Zoroastre, lequel, selon les uns, était contemporain de Cyaxare Ier, roi des Mèdes, qui monta sur le trône 634 ans avant l'ère vulgaire, et, selon les autres, vécut sous le règne de Darius, fils d'Hystaspe, ou environ 500 ans avant Jésus-Christ.

Diodore de Sicile assure, d'une manière assez positive, que le blé croissait naturellement en Sicile et que cette île est le premier endroit où il a crû du blé. Telle est sans doute l'origine de la fable de Cérès et de l'enlèvement de Proserpine qui n'est qu'une allégorie physique de la germination des blés. Si nous en croyons les meilleurs mythologues, Homère, le plus célèbre des poëtes, a suivi cette tradition, lorsqu'il dit en parlant de la Sicile :

« Là, sans l'aide du fer, sans le travail des mains,
« De lui-même le blé croît et s'offre aux humains.

*Odyssée.*

Les Égyptiens et les Athéniens prétendaient aussi, d'après le même auteur, les uns que l'Égypte, les autres que l'Attique était la patrie du froment. Les Égyptiens soutenaient que Cérès et Isis ne sont qu'une même divinité et que le blé a commencé à croître chez eux à la faveur des eaux du Nil et de la température de leur climat. Les Athéniens, qui ne nient pas qu'on ne leur ait apporté le blé d'ailleurs, sont persuadés aussi, d'après les mystères qu'on célébrait à Éleusis en l'honneur de Cérès, qu'il avait déjà crû dans l'Attique et que ce fut, d'après Pausanias, dans les plaines de Rados que l'on sema et que l'on cueillit du blé pour la première fois.

On peut donc généralement admettre, d'après les traditions, que quelques espèces de froment croissaient naturellement, sans culture, à une époque très-éloignée, dans la Babylonie, la Perse, l'Hyrcanie, le pays des Musicans, la Colchide, la Sicile, l'Attique, la Palestine, l'Égypte et même la Chine ; car, d'après ce qu'on trouve dans les historiens chinois, le blé était déjà cultivé dans cet empire 2822 ans avant l'ère vulgaire : l'empereur Chin-Nong y fut l'inventeur de l'agriculture; il commença à cultiver le blé, le riz, les fèves et deux autres sortes de millets. Comme de tous les temps les Chinois ont eu très-peu de relations avec les autres peuples, il est à présumer que le blé, avant l'agriculture, croissait spontanément dans ce pays.

Enfin les auteurs modernes Bailly et Linné ont placé le berceau de l'espèce humaine dans la Sibérie, parce que c'est la seule contrée où le blé, le premier des aliments des hommes civilisés, croisse naturellement; mais bien auparavant il croissait aussi sans culture dans les pays que nous venons de citer, et il en croît probablement encore dans des contrées où les voyageurs n'ont pu encore pénétrer.

Quoi qu'il en soit de toutes ces incertitudes, et n'importe de quelle partie du monde vienne son origine, l'agriculture est le premier de tous les arts. Ses progrès n'ont pas été aussi sensibles ni aussi brillants, en apparence, que ceux des sciences, des arts et des lettres; mais ils ont contribué puissamment au développement de ces derniers par l'abondance dont ils ont enrichi le sol.

L'agriculture a fait sentir à l'homme sa puissance, et comprendre sa supériorité sur les autres animaux avec lesquels il était confondu dans les premiers âges du monde, et contre lesquels il était obligé de disputer son âpre nourriture. Elle a réuni en famille les sociétés éparses et isolées, et elle est devenue la source intarissable de toutes nos richesses, en multipliant à l'infini les immenses produits du sol et en contribuant, par son exemple, à favoriser les progrès de l'industrie en général, comme elle fut aussi le premier élément à l'aide duquel la civilisation et la législation des divers peuples de la terre ont pris naissance. Et si l'abondance, qui en est la conséquence, assure la prospérité et la puissance des nations qui l'honorent le plus, elle contribue puissamment aussi à perpétuer la tranquillité publique sans laquelle les sciences, les lettres, les arts, l'industrie et le commerce ne peuvent que dégénérer.

Les hommes ont joui, pendant longtemps, des bienfaits matériels de l'agriculture sans comprendre toute la portée et les avantages moraux de son développement. Cependant les anciens, par reconnaissance, élevèrent des autels et adorèrent à l'égal de la Divinité ceux qu'ils regardèrent comme les premiers qui eussent cultivé les grains : Osiris, chez les Égyptiens, Cérès et Triptolème, chez les Grecs, et Janus, chez les Latins. Les rois scythes étaient obligés d'avoir un soin religieux d'une charrue, d'un joug, d'une hache et d'une coupe d'or qu'on disait être tombés du ciel en Scythie, sous le règne de l'un des premiers de leurs rois; ces princes assistaient tous les ans avec respect aux pompeux sacrifices que la nation offrait en l'honneur de ces instruments si utiles au genre humain.

## ORIGINE DES MOULINS.

### ABRÉGÉ HISTORIQUE DE LA MEUNERIE.

Les hommes restèrent longtemps indifférents sur les moyens de préparer les grains pour les rendre propres à l'alimentation, car c'est insensiblement qu'ils ont passé de l'usage des grains bruts et crus à celui des bouillies et des pâtes, et ce n'est qu'à la longue et par hasard que l'on a trouvé le pain fermenté et cuit.

Aux grains rôtis et mangés en gruau qui furent mis en pratique pour la première fois à Rome par Numa Pompilius et pour lesquels ce dernier institua les *Fornicades*, fêtes où l'on invoquait la déesse Vesta afin que le froment fût bien grillé et plus facile à monder de ses balles, succéda l'usage de les concasser dans des mortiers, inventés par Pilumnus, pour les convertir en farine grossière; plus tard on imagina de faire passer cette dernière, afin d'en séparer les impuretés, à travers des tamis faits d'une toile claire, composée de crins de cheval et de filets d'écorce.

Ceux qui exerçaient la profession de piler les grains pour les convertir en une espèce de poudre qu'on nomma farine, du mot *Far*, espèce de blé dont on se servait le plus communément, furent nommés en latin *Pistores*, comme on les nomma en gaulois *Pestores ;* ce furent ces derniers qui commencèrent à se servir, pour séparer la plus fine farine de la plus grosse et du son, de grosses toiles claires, qu'on nomme canevas. Les tamis furent inventés à peu près à la même époque en différentes contrées : on les faisait, en Égypte, avec des filets d'écorce d'arbre; en Asie, avec des fils de soie, et en

Europe, avec des crins de cheval, et plus tard on les fit avec des fils de poil de chèvre et avec des soies de cochon, d'où est venu le nom de Sas qu'on donne à une espèce de tamis. Alors les *Pestores* furent aussi nommés *Tamisiers* et *Tameliers ;* ils allaient par les maisons tamiser la farine après l'invention des moulins à bras.

Ce fut à l'art de piler les grains, perfectionné par ses ancêtres, que la famille des Pisons, selon Pline, dut son illustration à Rome. Cependant, le métier de pileur, étant très-rude, n'était exercé que par les citoyens pauvres, par des esclaves ou par des prisonniers de guerre.

Chez un peuple ardent et fécond en ressources industrielles, les perfectionnements en tous genres devaient se produire aussitôt que les besoins l'exigeaient impérieusement. C'est ainsi qu'on substitua au mortier de silex ou de métal pour écraser le blé, un cylindre qu'on roulait sur des pierres en marbre taillé ; ensuite on se servit de deux meules, l'une de forme convexe placée dans une autre de forme concave ; la première, en bois et armée de têtes de clous, tournant à force de bras d'homme sur la seconde fixée et scellée dans le sol : le refoulement que cette dernière imprimait à la matière, faisait déborder et tomber celle-ci, pulvérisée plus ou moins fine, dans un récipient disposé à cet effet. Une autre meule supérieure et en silex aussi, aux parois de laquelle on entretenait toujours des aspérités très-vives, ne tarda pas à remplacer la meule de bois dont on obtenait des résultats moins parfaits.

Tout barbares que nous paraissent aujourd'hui ces moulins, ils ne s'en généralisèrent pas moins comme supérieurs à tout ce qui avait été fait jusqu'alors, au point que chaque ménage à Rome avait le sien que des esclaves ou des animaux domestiques faisaient tourner.

Chez les Égyptiens, qui avaient la cruauté de faire crever les yeux aux criminels condamnés à tourner la meule pour les préserver du vertige, chez les Juifs, en France même, sous la première race de nos rois et longtemps après l'invention des moulins, on employait encore à tourner cette meule antique, souvenir d'ignorance et de barbarie, les prisonniers de guerre, les esclaves et les criminels. Aussi, pendant des siècles entiers, la profession de meunier n'était exercée que par des hommes sans importance dans la société. Comment alors espérer qu'un art, dont l'exécution et les destinées sont confiées à des hommes au travail desquels la société ne porte aucun intérêt, puisse parvenir à sa perfection, malgré les services qu'il rend. Ce n'est que débarrassé de toutes ces entraves imposées par la cruauté, la superstition et les préjugés, qu'il peut entrer franchement dans la voie du progrès et des améliorations, et occuper dignement la place que son importance et son utilité lui désignent dans l'histoire des arts.

Sous le règne de l'empereur Auguste, Vitruve, contemporain de Cicéron, donne la description de ces meules à moteur hydraulique, destinées à ouvrir un champ si vaste aux idées de combinaison et de perfectionnement dont plus tard l'industrie devait profiter pour donner à la meunerie cette importance qui la place aujourd'hui à la tête de toutes les industries.

On fait remonter l'invention des moulins à Mileta, fils de Lelex, ancien roi du Péloponèse. Il est du moins certain que la méthode de piler les grains rôtis conduisit à celle de les écraser sous de petites meules que l'on faisait tourner par des hommes ou par des animaux. On en vint, par suite, à employer de plus grosses et de plus larges meules que le courant des eaux faisait tourner (1).

Les Orientaux furent les premiers qui mirent le vent à contribution pour faire tourner leurs moulins, mais ils préfèrent encore aujourd'hui les moulins à bras d'homme, dans la crainte, sans doute, d'abandonner leur subsistance à l'inconstance des éléments et des saisons; peut-être aussi parce qu'ils croient ces moulins plus propres à donner de meilleures farines, en ce qu'elles sentent moins le goût du feu et l'odeur des meules et qu'elles doivent être moins décomposées que celles qui sont moulues sous une meule pesant 200 kilogrammes et faisant soixante et quatre-vingts tours à la minute.

Les croisés importèrent d'Orient en France, les moulins à vent que les Hollandais perfectionnèrent plus qu'aucun autre peuple. Ces derniers en tirèrent et en tirent encore aujourd'hui un si grand parti pour diverses applications industrielles que leur sol et celui de la Belgique en sont parsemés. Mais ces machines, d'une marche lourde, irrégulière et souvent interrompue par les capricieuses variations de l'atmosphère, ne purent, en France, qu'imparfaitement répondre à l'écoulement des produits de l'agriculture, quoique ces progrès fussent encore entravés par les institutions féodales sous lesquelles l'homme ne pouvait librement disposer de son intelligence, de sa force et de sa dignité ; le cultivateur et le commerçant végétaient misérablement, le peuple était avili, les grands dépravés et la société enfin complétement démoralisée.

Il faut cependant reconnaître dans les moulins à vent,

(1) Le premier moulin à eau que l'on eut en Allemagne, a été construit en Bohême, l'an 718.

tout imparfaits qu'ils fussent, l'origine de la meunerie perfectionnée.

Ce n'est que vers la fin du seizième siècle que la meunerie, débarrassée de toutes ses entraves et avide de voir se réaliser les améliorations qu'elle avait pressenties dans l'emploi d'une force plus puissante et plus égale que le vent, eut recours à celle que lui offraient, avec abondance, surtout en France, les fleuves, les rivières et même les ruisseaux dont les courants, bien dirigés, pouvaient donner à la meule tournante une régularité de rotation que ne pouvait jamais obtenir la meule des moulins à vent.

Les premiers moulins à eau furent établis sur des bateaux fixes et au courant des rivières ; mais la fluctuation des eaux qui rendait la mouture non moins inégale que celle qui provenait des moulins à vent, fit adopter l'usage de les établir sur des constructions fixes et immobiles.

Quel que soit l'avantage qu'on puisse tirer aujourd'hui, pour les besoins généraux, des moulins perfectionnés, il serait imprévoyant de dédaigner les améliorations que l'art peut apporter à la construction des moulins à bras dont l'usage peut encore être d'une grande ressource dans les armées en expéditions lointaines ou dans des établissements publics et particuliers éloignés des centres d'approvisionnement, et seulement par prévision, pour des cas fortuits et imprévus.

La mouture à la grosse peut être considérée comme la plus ancienne et la plus généralement pratiquée en France, surtout pendant le temps que la meunerie eut à souffrir, comme les autres industries, des entraves provenant des institutions féodales. Cette mouture consistait simplement à réduire le grain en une farine plus ou moins grossière qu'on transportait du moulin dans les maisons particulières ou dans les boulangeries pour séparer le son de la farine au moyen de sas ou de tamis à mailles plus ou moins larges, appelés Bluteaux.

Le son qui provenait de cette séparation incomplète, entraînait avec lui une substance plus dure, plus sèche et plus pesante, sous la forme de grains ronds, d'un blanc jaune, que les aspérités tranchantes de la meule n'avaient pu atteindre et que rejetait le bluteau à travers les mailles duquel elle n'avait pu passer. On sait qu'après le premier moulage du grain, il reste beaucoup de parties adhérentes au son, qui ne sont que concassées et qui ont échappé à l'action des meules. Ce sont ces parties concassées et non moulues qu'on nomme Gruau, du mot latin barbare, *Grutum*, espèce d'épeautre dont on faisait de la bière, selon Ducange. Cette substance, séparée du son par un tamisage particulier, servait à la fabrication des pâtes alimentaires dont les Italiens nous ont transmis l'usage; et, sans être tamisée, elle portait le nom de *Son gras*, et servait, mélangée avec de l'eau, à l'alimentation des animaux.

En 1658, le prévôt de Paris imposa aux boulangers de Paris, par une ordonnance, l'application de l'article 24 des statuts de 1546, concernant la boulangerie, lequel interdisait aux boulangers la transformation du son, parce qu'on avait remarqué que le pain dans lequel on introduisait les gruaux, était mat, bis et grossier, à cause de leur état solide et insoluble. On ne permettait pas non plus de les moudre; on s'imaginait que la farine et le pain qui en seraient résultés, conserveraient encore les mêmes défauts.

Cependant quelques essais furent tentés en secret dans des temps calamiteux, particulièrement dans les années 1709 et 1726, par des boulangers intelligents, qui regrettaient de voir la moitié du grain perdue pour la nourriture des hommes et qui avaient probablement appris, par expérience, que les gruaux remoulus donnaient non-seulement la plus belle farine, mais encore que celle-ci produisait le pain le plus blanc et le plus savoureux. Ils se hasardèrent à transgresser une ordonnance qui, en enchaînant l'industrie, tendait à nous frustrer, au profit des animaux, de la meilleure partie du grain.

C'est par ces moyens qu'un boulanger de Nangis avait acquis la réputation de fabriquer le meilleur pain du pays, quoiqu'il n'achetât ni grains ni farine pour le faire; il utilisait le son gras qu'il faisait remoudre et bluter, c'est ainsi qu'il obtenait la farine qui lui servait à fabriquer son pain.

Ce fut vers la fin du seizième siècle qu'un célèbre meunier de Senlis (Oise), le sieur Pigeault, et un nommé Rousseau dans la Beauce, introduisirent la mouture dite *économique*, exécutée à l'aide de moulins beaucoup plus compliqués et dans lesquels le blé, avant d'arriver sous la meule, était débarrassé de toutes ses impuretés en passant dans des appareils simples et ingénieux, mis en mouvement par le même moteur. Puis, la première mouture achevée, on reprenait les gruaux, séparés du son par les bluteaux, et on les remoulait une seconde et quelquefois une troisième fois pour obtenir, du tout, les différentes farines désignées sous les noms de farines de gruaux, premières, secondes, troisièmes et quatrièmes. Il y avait des meuniers qui remoulaient jusqu'à sept fois :

les résidus, divisés aussi, étaient les recoupettes, les recoupes, et enfin le son maigre et le fleurage.

Les principes de cette mouture ne sont pas aussi modernes qu'on pourrait le penser : les anciens, en pilant leurs grains à plusieurs reprises, en savaient tirer des farines de plusieurs sortes pour faire leur *alica*, espèce de pâte en grain très-renommée chez les Romains et propre à faire des bouillies. Sur cent huit livres de farine, ils ne retiraient que trois livres de son de rebut, et le froment leur rendait un tiers en pain plus que son poids. Ils faisaient aussi repasser, sous les meules à bras d'homme, les gruaux, pour achever de les réduire en farine. D'ailleurs, les petites meules qu'ils employaient alors, n'eussent pas été assez lourdes pour écraser suffisamment les grains dès la première fois.

Quoique la mouture économique ne pût se subdiviser et qu'elle fût partout pratiquée à peu près de la même manière, il y avait cependant plusieurs modifications d'exécution à observer, desquelles dépendait la qualité de la farine, selon le nombre de fois que les gruaux passaient sous la meule, ou selon que celle-ci était plus ou moins rapprochée de l'autre, ou qu'elle marchait avec une rapidité alternative de vitesse.

La nécessité force souvent l'homme, indifférent aux moyens de perfectionner un art utile, à sortir de la routine dans laquelle l'abondance tient son imagination endormie, pour suppléer aux ressources que la nature peut lui refuser momentanément. C'est ainsi que, dans la disette de l'année 1725 on perfectionna beaucoup les moyens de tirer du grain tous les éléments d'alimentation qu'il pouvait produire. On sait que, d'après l'ancienne manière de moudre le blé, on ne retirait de celui-ci que la moitié de son poids en farine, encore était-elle dans un état défectueux. L'expérience a démontré que la mouture économique pouvait produire, non-seulement une plus belle farine, mais encore un quart de plus. Selon Budée, un setier de bon blé rendait 144 livres de pain blanc ou 192 livres de pain bis. En ne donnant que douze onces de pain par repas à chaque individu, ce qui est fort modique, il aurait fallu quatre setiers de blé par an, pour la nourriture d'un homme. Mais les ouvriers et les gens, en général, qui ne se nourrissaient guère que de pain bis, et qui faisaient quatre repas par jour, en pouvaient manger environ trois livres par jour, ce qui faisait pour eux, cinq setiers et demi par an.

L'art d'extraire la farine du blé s'était bien perfectionné jusqu'à la fin du dix-septième siècle, puisque Vauban n'adjugeait plus à chaque homme, pour sa nourriture, que trois setiers de froment par an et que, peu de temps après lui, on commençait à n'en plus donner que deux setiers et demi.

Par la mouture économique, deux setiers de froment suffisaient à la nourriture d'un homme pendant une année ; d'où il résulte qu'il y avait depuis saint Louis jusqu'au commencement du dix-huitième siècle plus de moitié de produits en pain de plus. Comme cette différence provenait de ce qu'on remoulait plusieurs fois les gruaux, il arrivait souvent qu'on épuisait la farine en exagérant ce travail, afin d'en obtenir un résultat plus lucratif ; car il est très-difficile, dans les moutures, de concilier la qualité avec la quantité, quand on veut sortir des limites de la nature. Ou l'on moulait trop, ou trop peu ; dans le premier cas, le meunier profitait seul des avantages numériques de la farine aux dépens de sa qualité, et, dans le second cas, un boulanger intelligent et laborieux savait, par un travail pénible et opiniâtre, tirer un excellent parti de la farine dont le consommateur profitait à son tour, parce que le pain qui en provenait était d'une meilleure qualité, d'une mastication plus agréable, à cause de sa légèreté, et d'une alimentation plus complète. Alors, c'était une lutte incessante d'intérêts entre le meunier qui mettait en œuvre toutes les ressources de son industrie pour extraire du blé la plus grande quantité de farine qu'il en pouvait obtenir, souvent même aux dépens de la qualité de cette dernière, et le boulanger auquel l'expérience avait donné les moyens de tirer le parti le plus avantageux possible des farines provenant d'une mouture ronde, c'est-à-dire de celles dans lesquelles il sentait rouler, sous la pression des doigts, une substance encore gruauleuse. Mais les prétentions rationnelles de ces derniers pouvaient être de nature à circonscrire la mouture dans la limite de ses perfectionnements premiers, si les meuniers, pour y répondre, n'eussent engendré les immenses améliorations qui rendent aujourd'hui leur industrie digne d'être placée à la tête de toutes celles qui illustrent maintenant la France : elle a l'avantage sur ces dernières, dans des conditions d'existence à peu près égales.

Aux grandes meules de six pieds, on en substitua d'autres d'un plus petit diamètre et piquées en rayons symétriques, d'après les indications qu'avait données en 1761 un cordelier de Mantes-sur-Seine, nommé Lefèvre, que les états du Languedoc firent venir exprès, aux frais de la province, pour construire des moulins d'après son système de mouture.

M. Dranoy, dans un mémoire couronné par l'Académie des sciences et relatif à une nouvelle manière d'organiser les moulins à farine, fit ressortir l'avantage qu'il y aurait à remplacer les bluteaux à secousses par des bluteries tournantes et indépendantes. Les appareils permettent de bluter la farine à froid, car celle-ci, en sortant des meules, surtout de celles d'un moindre diamètre dont la rotation est plus accélérée, est toujours portée à une température assez élevée pour dégager des vapeurs humides et huileuses susceptibles d'obstruer les mailles des bluteaux et de compromettre la qualité de la farine par un commencement de fermentation qui en altère la qualité.

Enfin en 1816, des Anglais importèrent en France, dans une usine qu'ils obtinrent la permission de créer à Saint-Quentin, l'application de nouveaux procédés de mouture à pression qu'un Américain nommé Olivier Evans avait déjà mis en pratique en 1782 aux États-Unis, d'après les enseignements qu'il avait lui-même puisés dans les ouvrages de l'ingénieur français Favre et du colonel Ducrest, lesquels traitent du système de plusieurs paires de meules conduites par un seul moteur, ainsi que du mécanisme et des engrenages qui lui sont propres.

Tout en reconnaissant à des étrangers, le mérite d'avoir apprécié les premiers les avantages d'une invention dont l'origine appartient à l'industrie française, nous devons nous rappeler aussi que c'est grâce aux notables changements apportés par nous dans l'exécution du mécanisme, que la création de Fabre et de Ducrest peut être regardée aujourd'hui comme le plus grand perfectionnement du plus utile de tous les arts industriels.

Restaient cependant encore à surmonter quelques

obstacles pour accomplir ce grand œuvre de l'esprit humain à la perfection duquel il ne manquait que les moyens de réduire, de condenser ou de faire disparaître les vapeurs chaudes et humides qui se produisaient.

On a vu que la chaleur qui se dégage pendant la mouture des blés, peut augmenter d'intensité par diverses circonstances, soit que les meules pèchent par leur raccord, soit par la nature des matières qui les composent, soit enfin par leur rapprochement et la rapidité du mouvement qu'on leur imprime : cette chaleur vaporise l'humidité dont les blés sont plus ou moins saturés ; et la vapeur, en agissant sur la matière organique de la farine, engendre un commencement de fermentation alcoolique qui se termine par la condensation d'une vapeur acide qui se fixe sur les parois des archures des meules et sur celles des conducteurs de la farine ; elle finit par les obstruer en se mêlant avec la folle farine, et elle transmet son germe de corruption à tout ce qui l'approche et l'entoure.

Ces inconvénients, communs à tous les genres de mouture, ancienne ou moderne, se sont montrés rebelles à tous les moyens imaginés pour les faire disparaître complétement ; mais ils ont été considérablement atténués.

Dans de certains moulins, dits improprement *à l'anglaise*, on soumet les farines brutes, au sortir des meules, à l'action de refroidisseurs, afin de favoriser l'opération ultérieure du blutage. Ces refroidisseurs sont des récipients circulaires et mobiles, des vis d'Archimède, des râteaux rafraîchisseurs, etc.

Dans d'autres, mieux dirigés, on fait usage de condensateurs ingénieusement disposés et dans lesquels se réduit la vapeur humide que dégagent les meules.

Quels que soient les avantages qui résultent de l'application de ces procédés, plus ou moins parfaits, ils ne détruisent pas les principes de désorganisation que la chaleur communique à la farine, surtout à celle qui provient de blés coupés avant leur parfaite maturité, lesquels contiennent toujours moins d'amidon, de gluten et de matière albumineuse et beaucoup plus de matière sucrée et d'eau de végétation à l'état libre. Le refroidissement le plus promptement pratiqué, même dans les conditions les plus favorables, ne remédie jamais aux effets désorganisateurs d'une température élevée à plus de 50° sur le gluten auquel elle fait éprouver un commencement de désagrégation.

Enfin M. Chamgarnier, meunier à Duvi (Oise), a étudié avec persévérance toutes les causes de ces imperfections, il a cherché les moyens de les combattre et il est parvenu, à l'aide d'un vaporisateur aérifère, à prévenir, dès l'origine, la production de la chaleur, en maintenant le mouvement des meules dans une atmosphère assez froide pour que la vapeur ne puisse s'y former et que l'évaporation de la farine, ne trouvant plus d'humidité, ne forme plus cette pâte qui engorgeait les archures et les conduits de farine. Puisse l'expérience justifier les avantages que paraissent présenter les nouveaux procédés de mouture de M. Chamgarnier ! Celui-ci, conjointement avec M. Eck, ingénieur architecte, a, en outre, doté la meunerie de théories savamment raisonnées et de divers procédés d'application fort intéressants, sur la marche des machines et sur la construction des moulins, en général (1).

(1) *Traité pratique et analytique de l'art de la meunerie*, par P. Chamgarnier fils.

Aujourd'hui la meunerie est arrivée à un degré de perfection qui laisse pressentir les destinées de cette grande industrie exercée maintenant par des hommes qui donnent tous les jours la preuve des services qu'ils peuvent rendre à l'humanité.

## ORIGINE DU PAIN.

### ABRÉGÉ HISTORIQUE DE LA BOULANGERIE.

Il est difficile, pour ne pas dire impossible, de découvrir le temps où l'on a commencé à manger du pain pour la première fois.

On voit dans la Genèse que 2281 ans avant Jésus-Christ, Melchisédech, roi de Salem, prêtre du Très-Haut, bénit Abraham, à son retour de Sodome, et lui offrit du pain et du vin. Dans l'Exode, 1645 avant Jésus-Christ, les Israélites qui manquaient de nourriture dans le désert de Sin, murmurèrent contre Moïse et Aaron en leur disant : « Que ne sommes-nous morts en Égypte où nous pouvions nous rassasier de pain ! » Dans le Lévitique, la fête de Pâque, chez les Hébreux, durait sept jours pendant lesquels on mangeait les azymes ou les pains sans levain. La gerbe d'orge, qui était les prémices de la moisson, faisait partie de la fête.

La fête de la Pentecôte, établie en mémoire de la loi donnée aux Juifs pour l'offrande des prémices, ne durait qu'un jour ; on offrait en sacrifice deux pains faits de blé nouveau. Dans le livre de Judith, vers 900 ans avant Jésus-Christ, Élie, après avoir rempli une mission auprès d'Achab, fils et successeur d'Amri, roi d'Israël, se retira dans une caverne du côté du Jourdain, où il fut nourri par des corbeaux qui lui apportaient du pain et de la chair deux fois par jour. Le torrent, où il avait coutume de se désaltérer, s'étant tari par la sécheresse, le Seigneur dit à Élie d'aller à Sarepta, ville des Sidoniens, en Phénicie, demeurer chez une femme veuve qu'il rencontra près de la porte de Sarepta ; il lui demanda de l'eau pour se désaltérer et ensuite une bouchée de pain pour satisfaire sa faim. Cette veuve lui jura qu'elle n'en avait point, qu'elle avait seulement, dans un pot, un peu de farine.

Ainsi on voit, d'après ces citations, que l'art de convertir le grain en farine et celle-ci en pain, date de la plus haute antiquité et qu'il a passé, avec la plupart des autres connaissances humaines, des climats chauds dans les climats tempérés.

Le premier usage que les hommes errants et isolés ont fait des grains qu'ils rencontraient croissant sans culture, a été de les manger, comme les glands, les châtaignes, les faînes et les noix, crus et entiers ; ensuite, ils rôtirent les épis des grains tout verts, avant de les manger. Puis, ils se servirent de grains mûrs qu'ils convertirent en farine en les pilant, et ils les mangeaient, mêlés à l'eau sans les faire cuire. Dans la suite, de l'usage des ouillies, on est passé à celui des pâtes et puis du pain.

Les Romains se nourrirent d'abord avec les grains amollis seulement par l'eau, ou en coction, comme l'on mange encore aujourd'hui le riz et d'autres farineux. Ils imaginèrent ensuite de les torréfier comme le café. Ce fut à cette occasion que Numa, second roi de Rome, 715 ans avant Jésus-Christ et 38 ans après la fondation de Rome, institua une fête en février, pour célébrer la torréfaction des grains.

L'expérience démontra bientôt aux Romains que les blés rôtis ainsi, pulvérisés après et convertis ensuite en bouillie par leur mélange avec l'eau, produisaient un excellent aliment ; aussi ne tardèrent-ils pas à adopter l'usage de piler les grains crus dans des mortiers, et ils transformaient la farine en bouillie, en la faisant cuire.

Dans l'origine des peuples, tous les efforts de l'esprit humain ont dû naturellement se porter sur les moyens de se procurer, grossièrement d'abord, tous les objets propres à se défendre, à se nourrir et à se vêtir, lesquels ne se sont perfectionnés qu'avec la paix, l'abondance et le luxe.

L'usage des bouillies devint si général à Rome, et s'y perpétua si longtemps, que les Romains furent nommés, par les autres nations, mangeurs de bouillie. Ce ne fut que 300 ans après, environ 400 ans avant l'ère vulgaire, que les habitants de Rome usèrent des farines, autrement apprêtées qu'en bouillies, pour leur nourriture. Ils commencèrent à faire des pâtes assaisonnées de différentes manières, et auxquelles ils donnaient la forme de gâteaux, de tourtes, et enfin de pains. Ces préparations s'exécutaient comme les autres aliments, dans les cuisines, par les femmes, et pour chaque repas.

L'usage des bouillies, plus ancien que celui du pain, s'est encore conservé de nos jours pour l'alimentation des estomacs délicats, comme ceux des enfants.

Les commencements et les progrès de l'art de faire le pain furent à peu près les mêmes chez les Égyptiens et chez les Hébreux, qu'ils furent ensuite chez les Arabes et chez les Grecs, et depuis chez les Romains.

Les Égyptiens savaient faire du pain lorsque les Grecs ne connaissaient encore que les moyens de préparer des gruaux et des farines; au moment, et longtemps après où ils parvinrent à convertir ceux-ci en pain, les Romains les mangeaient encore en bouillie.

Ainsi, l'art de faire le pain était dans sa perfection en Égypte, lorsqu'il ne faisait que naître en Grèce et qu'il était tout à fait inconnu aux Latins. Il a suivi le sort de tous les autres arts ; il s'est établi d'abord chez les peuples policés, et il s'est répandu ensuite lentement et par degrés dans chaque pays où la civilisation pénétrait.

Le pain des anciens n'était simplement qu'un mélange d'un farineux avec de l'eau que le feu séchait plutôt qu'il ne le cuisait, sans que ses éléments fussent modifiés en aucune manière.

Il est rapporté dans la *Genèse*, que Sara pétrit trois mesures de farine et qu'elle fit cuire la pâte dans l'âtre, sous la cendre, pour le repas des trois anges qui, sous la figure de trois jeunes hommes, vinrent annoncer à Abraham la naissance d'un fils.

Ce fut 168 ans avant Jésus-Christ, et l'an 585 de la fondation de Rome, que les Romains, à leur retour de Macédoine, amenèrent des boulangers grecs en Italie. Les arts étaient depuis longtemps si perfectionnés chez les Grecs, qui en étaient déjà au quatorzième siècle de leur fondation, que le pain qu'ils fabriquaient, d'après les notions qu'ils avaient eux-mêmes tirées d'Asie, était en grande réputation, particulièrement dans la ville d'Athènes.

Ainsi, l'art du boulanger passa, avec les autres arts utiles et avec ceux de luxe, d'Afrique en Asie par l'Égypte, et d'Asie en Europe par la Grèce.

Dans leurs conquêtes, les Romains ne se contentaient pas d'asservir les nations qu'ils avaient vaincues, ils y puisaient encore les ressources que l'esprit humain y avait répandues, et, pour donner aux arts utiles les moyens de se reproduire et de se perfectionner, ils accordaient à ceux qui les exerçaient des priviléges exclusifs, et perpétuaient à eux et à leurs descendants la considération qu'ils avaient acquise par leurs travaux, en les plaçant sous des institutions qu'ils ne pouvaient abandonner sans perdre leurs droits aux faveurs dont ils avaient été l'objet. C'est ainsi que fut fondé et richement doté, à Rome, un collége de boulangers, dont les règlements ôtaient à ceux qui y étaient admis la liberté d'aliéner les biens, meubles et immeubles, qu'ils tenaient de leur collége, afin de leur conserver les moyens d'exercer largement un commerce si utile à la vie des citoyens. Les mêmes règlements leur défendaient aussi de changer de métier, ainsi que leurs fils ; ceux même qui épousaient leurs filles étaient obligés d'embrasser la profession de leur père, afin d'entretenir, dans cette grande ville, un nombre suffisant de ces artistes devenus indispensables. Enfin, pour qu'ils ne fussent pas détournés de leurs travaux, on les exempta de tutelle et de curatelle.

Les magistrats de Rome, pour prévenir la corruption des mœurs chez leurs boulangers, les empêchèrent de s'allier par le mariage avec les gladiateurs ou autres personnes publiques de cette espèce.

Les boulangers ne jouissaient pas seulement d'une grande considération, mais encore les services qu'ils rendaient pouvaient leur donner l'espérance de parvenir aux honneurs de la république, jusqu'à pouvoir devenir sénateurs. Platon, Athénée et Aristophane font mention d'un boulanger illustre, nommé Théarion.

Les moyens pratiqués par les tamisiers, pour obtenir de plus belles farines, conduisirent à multiplier les façons d'apprêter ces dernières, devenues plus communes, en les mélangeant de diverses substances, telles que de la graisse, de l'huile, du miel, du vin doux et même de la viande. Nous nommons aujourd'hui ces aliments pâtisseries, pièces de four; et aussi, dans ces temps, le pâtissier était boulanger, et tous les deux avaient conservé le nom de *Pistores*, que les Latins avaient donné aux fariniers seulement.

On conçoit qu'à cette époque, où les arts étaient à leur naissance, tout ce qui pouvait résulter de l'emploi de la farine fût préparé par les mêmes individus. L'usage des farines étant devenu plus agréable et plus commun ; par la variété de ces apprêts, une limite se forma bientôt entre la nourriture du riche et celle du pauvre : le peuple, qui n'avait pas les moyens de se nourrir de pâtisseries, profita néanmoins, pour cuire son pain, des fours de métal et portatifs, qu'on chauffait en dehors et qui avaient été inventés pour la cuisson de la pâtisserie des riches.

Jusque-là, le pain du peuple, simplement préparé avec de l'eau et de la farine, était du pain azyme, du pain sans levain, lourd et indigeste ; celui du riche, au contraire, dont la préparation était assaisonnée de matières sucrées et alcooliques, jouissait d'une propriété particulière qui le rendait plus savoureux, plus léger et plus favorable à la digestion.

Probablement qu'un fragment de cette même pâte, abandonné par hasard et réuni ensuite, pour ne pas le perdre, à d'autre pâte nouvellement préparée et assaisonnée aussi de matières sucrées et alcooliques, communiqua à cette dernière une réaction spontanée assez manifeste pour être appréciée et mise en application avec le succès qui en a fait adopter et conserver l'usage, comme la base fondamentale de la boulangerie, sous le nom de Levain.

Le pain, perfectionné par le levain, devint d'un usage plus général; les riches mêmes, qui auparavant n'usaient des farineux qu'en pâtisserie, l'adoptèrent pour chaque repas; le peuple en fit sa principale nourriture, et souvent le pauvre n'en eut pas d'autre.

Il y avait à Rome, du temps d'Auguste, plus de trois cents boulangeries organisées administrativement, et auxquelles étaient joints les moulins propres à leur exploitation. Cette sage institution, qui date, comme on le voit, d'une époque très-ancienne, fut constamment suivie jusqu'au jour de la décadence de Rome et de ses empereurs. Mais alors, le peuple, divisé, agité et livré à ses propres impulsions, ne s'occupa plus que d'affaires publiques; il laissa dégénérer les sciences, les arts et l'industrie, jusqu'à celle qui lui assurait des ressources précieuses, surtout dans les temps calamiteux. Chaque profession devint donc à peu près libre et dégagée des obligations précédemment imposées par des lois établies dans un but de prévoyance et de salut public. La boulangerie suivit la même règle et fut assimilée aux autres branches d'industrie; elle fut exercée dans un but de lucre privé, son importance s'amoindrit, sa considération disparut, parce qu'elle n'offrait plus les garanties d'après lesquelles cette industrie était considérée comme la plus importante de toutes, et la plus respectable.

Cependant la découverte et l'usage du levain, qu'on peut regarder comme la véritable origine de la panification, amenèrent des perfectionnements dans la manière de pétrir la pâte et de la cuire; on imagina de nouveaux fours, chauffés intérieurement et, à quelques modifications près de construction et de matériaux, pareils à ceux encore en usage aujourd'hui.

A l'effet de favoriser le développement de la consommation du pain et de la farine, les meuniers ajoutèrent à leurs attributions celles de tamisiers, et ils firent établir dans leurs moulins, soit à eau, soit à vent, des appareils propres à tamiser la farine. Ils firent aussi construire de grands fours à la disposition, moyennant rétribution, de ceux qui venaient moudre. On appela ces moulins et ces fours publics où s'assemblaient les femmes, pour faire leur pain, *Pistrinæ Garrulæ*, les boulangeries babillardes.

On bâtit aussi des fours publics ailleurs que dans les moulins ; on les construisit dans des endroits éloignés de tous les autres édifices pour éviter les accidents du feu.

Plusieurs de ceux qui tenaient ces fours et qu'on nommait Fourniers, se chargeaient de faire moudre le grain, de pétrir la pâte et de cuire le pain. Ils en vendaient aussi aux consommateurs qui n'avaient les moyens de faire provision de nourriture qu'au jour le jour.

Ceux qui plus tard se consacrèrent à ne faire exclusivement du pain que pour la consommation publique furent nommés Paneters ou Panetiers dont le chef, en France, présidait à la fourniture du roi, sous la surveillance du grand panetier de France.

Les premiers statuts des boulangers leur furent donnés, de même qu'à beaucoup d'autres communautés d'arts et métiers, par Étienne Boileau, sous le règne de saint Louis. Ce prince attribua à son grand panetier la juridiction sur les autres panetiers et leurs compagnons. Il lui était permis de mettre dans les prisons du Châtelet, ceux d'entre eux qu'on trouvait en faute ; et le prévôt de

Paris, qui avait d'ailleurs la juridiction de tous les autres corps et métiers, ne pouvait les mettre en liberté sans l'agrément du grand panetier ou de son lieutenant.

Par les anciens statuts du temps de saint Louis, il était permis au grand panetier d'élire douze jurés. Par les lettres du roi Jean, du 30 janvier 1350, ce nombre fut réduit à quatre et leur élection attribuée au prévôt de Paris ou à son lieutenant. C'est à cette époque qu'on commença à porter atteinte à la juridiction du grand panetier sur les boulangers de Paris. Enfin, après bien des débats, la communauté des maîtres boulangers de Paris est rentrée dans le droit commun des autres communautés, par un édit du mois d'août 1611.

Il y avait en Égypte, du temps des Pharaons, un grand panetier, ce qui prouve qu'en Afrique l'art de faire le pain était déjà perfectionné.

L'histoire ancienne de la boulangerie en France n'offre pas d'exemple d'une institution pareille à celle qu'avaient créée les Romains, ni ne cite aucun trait remarquable ni aucun nom qui aient rendu cette industrie célèbre. Cependant Charlemagne, en l'an 800, enjoignit, par une ordonnance, aux juges de province de tenir la main à ce que le nombre des boulangers fût toujours complet et rempli de bons sujets; donc ce nombre était limité.

En France, le gouvernement a veillé de bonne heure à ce qu'il y eût des moulins et des fours dans les domaines du roi. On trouve une ordonnance de Dagobert II qui en prescrit l'usage dans les siens.

Les propriétaires riches qui avaient seuls les moyens de faire construire, dans leurs propriétés, des moulins et des fours, tiraient un revenu considérable de ceux qui venaient y moudre leur grain et cuire leur pain.

Mais les seigneurs, envieux de ces avantages, et profitant de la guerre qui désolait la France au commencement du onzième siècle, leur firent une concurrence despotique, en exigeant, sous le prétexte des incendies, que tous ceux qui dépendaient d'eux vinssent se servir de leurs moulins et de leurs fours. Ils forcèrent même les habitants des banlieues de leurs seigneuries à y venir aussi. C'est pourquoi ces fours furent appelés *banals*. Il y eut à Paris de ces fours banals dans les rues qui portent encore le nom de *rue du Four*.

Quand la justice put enfin exercer ses droits enchaînés par la violence des armes, et que les rois sentirent la nécessité de réduire la puissance oppressive des seigneurs, ils anéantirent peu à peu les banalités. En 1180 Philippe-Auguste permit aux boulangers d'avoir des fours particuliers pour les besoins du public et il les exempta du service du guet qui était à la charge des bourgeois. Saint Louis y porta aussi atteinte en défendant les fours banals dans les villes. Enfin Philippe le Bel donna, en 1305, à tout bourgeois de Paris, le droit d'avoir un four chez lui.

Les chanoines de Saint-Marcel ont les derniers, à Paris, conservé la servitude de banalité des fours, sur leurs vassaux qui n'en ont été tout à fait affranchis qu'en 1675, par sentence des requêtes du Palais. En 1703 Louis XIV défendit, par une ordonnance, d'obliger les munitionnaires de moudre leurs grains aux moulins banals.

De cette époque, l'art de fabriquer le pain, exercé par un nombre considérable d'hommes spéciaux, se perfectionna, se répandit et exigea des connaissances qui en firent une industrie pour laquelle la force de l'homme n'était plus que l'auxiliaire de son intelligence.

Le pain des premiers hommes avait la forme d'une galette ; il présentait, de cette manière, plus de surface à l'action de la chaleur, il cuisait plus uniformément et il était plus facile de le casser que de le couper pour le manger ; mais après l'invention des fours et la découverte de la fermentation, le pain ne pouvait plus conserver cette forme, puisqu'en se développant, sous l'influence de cette réaction et de la chaleur, il en contractait une autre qui avait l'aspect d'une boule aplatie sur un point. Ce fut d'après cette dernière forme, unique alors et pendant fort longtemps, que les panetiers prirent le nom de *Boulens* ou *Boulengers*, et par corruption Boulangers.

Quoique les propriétés alimentaires de cette dernière sorte de pain fussent considérablement plus développées que dans le pain azyme, quoique sa saveur fût plus agréable et sa mastication plus facile, il était loin encore de la perfection que la fermentation bien étudiée, observée et dirigée convenablement, pouvait seule lui donner.

Ce ne fut que lorsque les boulangers, dirigés par des hommes expérimentés et intelligents, se furent multipliés, que les ménages particuliers eurent abandonné l'usage de faire leur pain et que le luxe de la table se fut répandu, que les progrès se manifestèrent d'abord dans la fabrication, puis dans la forme du pain qui varia selon les besoins journaliers, le goût et même le tempérament du consommateur, et surtout selon les perfectionnements introduits dans l'art de préparer cet indispensable aliment.

Au pain de pâte ferme qui servait à l'alimentation de toute une famille pendant plusieurs jours, on substitua un pain plus léger, dans la fabrication duquel il entrait plus d'eau, mais qui en conservait beaucoup moins après la cuisson ; dans cet état, que modifiait encore une fermentation appropriée à sa nature, la dessiccation et l'altération de son tissu cellulaire le rendaient promptement moins agréable au goût et plus défavorable à la mastication. C'était chaque jour que l'approvisionnement du consommateur devait être renouvelé et assuré, et il le fut en effet, comme il l'est encore aujourd'hui, par une boulangerie active.

La découverte des propriétés qu'a la levûre de bière de faire lever la pâte, en répandant dans celle-ci le germe de la fermentation, a beaucoup contribué à répandre l'usage du pain de pâte molle. Les Gaulois et les Espagnols s'étaient déjà servis anciennement de la levûre pour favoriser le développement de la pâte. Cet usage s'était perdu, chez eux, avec l'art même de faire le pain. Cet art avait été apporté dans la partie méridionale des Gaules par une colonie grecque qui s'y établit longtemps avant les Romains. On faisait du pain à Marseille avant qu'en en sût faire à Rome.

L'introduction du levain dans la pâte, en donnant à la panification un caractère incontestable de supériorité, avait fait étudier, en même temps, les causes par lesquelles ce dernier se produisait, et chercher si d'autres levains que celui de pâte ordinaire ne pouvaient pas mieux faire lever celle-ci et donner plus de légèreté au pain. Ce fut dans le commencement du dix-septième siècle que l'usage de la levûre de bière s'établit dans Paris pour la confection du pain mollet; mais ce ne fut pas avec une confiance générale que les boulangers en acceptèrent l'emploi. Il y en avait qui attribuaient au pain préparé avec de la levûre, les mauvaises qualités qu'on suppose à la bière, qui sont d'être nuisible aux nerfs et à la tête en général, d'être contraire aux voies urinaires en particulier et même de rendre sujet aux maladies de la peau.

Les magistrats de police furent longtemps occupés de cette question ; ils consultèrent la Faculté de médecine qui en désapprouva l'usage immodéré dans une assemblée tenue le 24 mars 1668 ; mais cette décision ne fut pas regardée comme un jugement authentique de la Faculté parce qu'il ne fut pas porté et confirmé, suivant l'usage de cette compagnie, dans trois de ses assemblées convoquées à cet effet. La seule assemblée où il en fut question et où l'emploi de la levûre fut condamné, n'avait pas même été convoquée pour cette affaire. D'ailleurs, il y eut presque égalité de voix, et quelques-uns de ceux qui en firent partie changèrent d'avis depuis en faveur de la levûre. Un de ses plus grands adversaires était Gui Patin, et son plus grand partisan fut Perrault, aussi célèbre médecin qu'habile architecte.

Enfin le parlement, par arrêt du 21 mars 1770, jugea favorablement la question de la levûre, dont l'usage devint, depuis cette époque, plus libre et plus commun. On revint immédiatement de l'appréhension où l'on était que dans le pain, elle ne fût nuisible à la santé. De l'application raisonnée de cette substance on obtint diverses sortes de pain mollet, très-recherché alors et encore aujourd'hui très-répandu sous la forme et le nom de Pain à potage ou à café.

Quoique l'usage de la levûre se soit généralement répandu, surtout dans la fabrication des petits pains ou pains de table, la fermentation naturelle et bien dirigée peut la remplacer avec avantage dans la composition du pain ordinaire.

Dans la manière d'apprécier la qualité du pain, il ne faut pas rester indifférent à la forme, car elle fait juger sainement du fond ; en effet, il est bien rare que l'apparence extérieure du pain ne décèle pas sa structure intérieure, dont la compacité ou la légèreté caractérise les propriétés alimentaires.

De toutes les formes du pain, celle qui a le plus contribué au développement des progrès de la panification est, sans contredit, celle du pain fendu, techniquement appelé *Pain à grigne;* l'ouvrier boulanger attache, avec raison, une grande importance à ce que cette grigne soit franche et nette ; la fermentation ne peut pas être abandonnée au hasard, sa marche doit atteindre et ne pas dépasser le degré d'après lequel cette forme se produit. Pourquoi l'histoire est-elle restée muette sur le nom de celui qui a trouvé, par une manipulation, simple en apparence, l'expression exacte d'une bonne panification, en même temps qu'il a donné une forme par laquelle la croûte et la mie du pain se trouvent convenablement distribuées.

Les autres formes sont indifférentes, elles peuvent se produire avec toute espèce de pâte et ne servent qu'à satisfaire le goût du consommateur.

Les tentatives pratiquées à différentes époques pour panifier le seigle, l'orge, l'avoine, le sarrasin, le maïs, le millet, le riz, la pomme de terre et autres farineux, ont plus ou moins réussi, mais jamais comme le blé. Il serait pourtant de la plus grande utilité pour les peuples dont le pays ne produit pas de blé, mais seulement des farineux avec lesquels on ne peut faire que du pain lourd et indigeste, que la science et l'industrie trouvassent les moyens de le rendre plus léger et, par conséquent, plus facile à la digestion.

En Allemagne, cependant, on fait du pain de seigle dans la dernière perfection, pour du pain de seigle. Dans la Suède, on fait aussi beaucoup usage du pain d'orge et d'avoine. Dans quelques endroits, on mêle la farine de sarrasin avec de la farine de seigle. Quelle que soit la perfection de fabrication du pain qui résulte de ces divers mélanges, il cause néanmoins des indispositions à ceux qui n'y sont pas accoutumés ; ce que ne produit jamais le pain de froment.

Les paysans allemands font aussi du pain avec un mélange de pommes de terre et d'orge. En France, même, dans beaucoup de localités, on fait du pain de sarrasin et de méteil. Mais quelle différence avec le froment dont l'un des éléments est si merveilleusement doué de facultés exceptionnelles et favorables à l'alimentation !

Quant au riz seul, on ne saurait en faire du pain ; la pâte est susceptible de fermenter, mais elle ne se développe pas et elle n'a point de cohésion : il en est de même de la fécule de pomme de terre, quoiqu'on n'ait rien négligé, dans ces derniers temps, pour encourager les tentatives de ceux qui avaient espéré doter l'humanité d'une nouvelle ressource. Heureusement que la pomme de terre, dans son état naturel et cuite simplement à la vapeur, est déjà un aliment assez important. D'ailleurs, il est encore douteux que sa transformation en pain donne à ses éléments un caractère plus favorable à la nourriture de l'homme ; cependant, ne fût-ce que dans l'intérêt de la science, il faut espérer que celle-ci trouvera un jour d'abord le moyen d'ôter à la fécule de pomme de terre cette âcreté que contracte le pain qui en provient et qui lui donne une saveur désagréable, ensuite d'ajouter le corps élastique qui lui manque, que le froment seul possède, et sans lequel la panification est impraticable. Car la difficulté ne consiste pas seulement à trouver le moyen de répandre dans ces farineux la fermentation nécessaire; ils contiennent presque tous assez de matière sucrée pour la produire suffisamment; mais à leur adjoindre un corps organique étranger et propre à modifier la nature de leurs éléments pour disposer ces derniers, à la faveur de leur cellulose, à une assimilation plus complète. Jusque-là contentons-nous de la pomme de terre telle que la nature nous la donne, et rendons hommage à l'illustre savant qui en a introduit la culture dans nos contrées.

Tous les végétaux ont leur manière propre de participer à la nourriture de l'homme : les uns par leurs préparations culinaires et les autres par leur conversion en pâtes alimentaires ou en pain ; ces dernières sont les plus répandues, les plus usitées et les plus favorables à leur destination. Lorsque la production originaire vient à diminuer ou à manquer, la peur s'empare des esprits, la malveillance les excite, la cupidité les exploite et les discordes qui en résultent troublent la société et lui font négliger ses propres intérêts jusqu'à la rendre indifférente sur les moyens de la préserver ultérieurement d'une si fatale calamité.

## DISETTES EN FRANCE.

On s'endurcit contre l'intempérie des saisons, d'ailleurs les moyens de s'en garantir sont faciles dans un pays où l'industrie prospère ; mais il n'est d'autre palliatif à la disette des céréales que l'emploi de quelques autres produits de la terre que l'usage ne destine pas ordinairement à la nourriture de l'homme, car il n'est pas d'exemple que tous les végétaux eussent manqué à la fois. Cette ressource peut tranquilliser l'esprit du campagnard : celui-ci prévoit les périls des récoltes, il connaît la nature et les propriétés de tout ce qu'il cultive et il sait se préparer une réserve pour les cas calamiteux. Dans les villes, au contraire, le peuple consomme sans se préoccuper des ressources de l'avenir; il vit au jour le jour, et ce n'est que l'augmentation du prix des subsistances qui l'avertit de leur rareté; si ce prix excède ses moyens, sa surprise et son mécontentement se traduisent d'abord par des murmures contre les producteurs et leurs adhérents en général, et contre l'autorité en particulier, qu'il accuse d'imprévoyance ; ensuite la crainte de la famine s'empare des esprits, et, soit par prévoyance ou par spéculation, les subsistances se cachent et s'enterrent ; alors le peuple crie au monopole, il s'attroupe, se soulève et choisit les victimes que la police, quelque vigilante et énergique qu'elle soit, ne saurait lui arracher.

On a de la peine à se persuader que ces calamités puissent exister quand on n'en a pas été le témoin, et quand même on les a souffertes, on les oublie ; mais le gouvernement, qui doit veiller à la sûreté publique, serait extrêmement blâmable, et sa responsabilité bien compromise, s'il négligeait les moyens d'en prévenir le retour.

A voir l'opposition de certains écrivains économistes en ce qui regarde les approvisionnements et les greniers publics, il semblerait que le retour des disettes est un être de raison dont les historiens nous ont donné une fausse terreur; cependant, en remontant aux temps les plus reculés de notre histoire, il est trop vrai que les disettes se sont fait sentir, en France, presque tous les dix ans; cependant elles se sont éloignées successivement au fur et à mesure des progrès de l'agriculture et de la civilisation.

Sous Clovis II, en 640, une famine si cruelle désola la France, que ce prince, après avoir épuisé le trésor public pour acheter du blé, fut obligé de faire enlever les lames d'argent qui recouvraient le tombeau de saint Denis et d'en destiner le produit aux pauvres. A cette occasion, Erchinoald, alors maire du palais, décréta des peines sévères contre ceux qui cacheraient du blé ou le porteraient à l'étranger.

D'autres famines se firent sentir au huitième et au neuvième siècle. Ce fléau destructeur se manifesta deux fois, en 779 et en 793, sous le règne de Charlemagne, et une fois sous celui de Louis le Débonnaire en 820. Après ce règne, époque où les désordres politiques éclatèrent avec le plus de fureur, les famines se multiplièrent.

En 843 et 845 la disette fut si grande que non-seulement plusieurs milliers d'individus périrent de faim, mais qu'il se commit encore des horreurs difficiles à croire. De 855 à 876, on compte onze années de famine extrême pendant une partie desquelles des scènes horribles se produisirent; il en fut de même dans la période Carlovingienne, notamment dans les années 895, 899 et 940.

En 987, 989, 990 et 992, on cite de cruelles famines causées par la féodalité et par des guerres qu'eut à soutenir Hugues-Capet pour s'emparer du trône de France.

De 1010 à 1014, de 1021 à 1029, la famine exerça des ravages épouvantables. La rage de la faim, dans quelques parties de cette période, était arrivée à ce point, qu'on était plus en sûreté dans un désert, au milieu des bêtes féroces, que dans la société des hommes.

Depuis l'an 1034 jusqu'en 1066, la famine reparut souvent escortée de maladies contagieuses qui en étaient la conséquence. Ainsi quarante-huit années de famine signalent les trois règnes de Hugues-Capet, de Robert et de Henri Ier, qui comprennent un espace de soixante-treize ans.

Sous les trois règnes suivants, ceux de Philippe Ier, de Louis VI et de Louis VII, dont l'intervalle est de cent vingt ans, ce mal diminue ; l'histoire, cependant, nous fait encore connaître trente-trois années de famine. Une des causes principales de ces désastres semble devoir être attribuée au régime de la féodalité. Les seigneurs entretenaient des guerres presque continuelles sur toutes les parties de la France, guerres pour lesquelles les laboureurs étaient enlevés à leurs travaux, et les villages et les récoltes étaient brûlés ; de sorte que, souvent, de vastes étendues de pays restaient sans culture pendant plusieurs années.

Les siéges et les blocus ont souvent causé la famine dans Paris. En 1359, Charles le Mauvais, roi de Navarre, interceptait les arrivages : tous les comestibles s'élevèrent à des prix excessifs.

La disette occasionnée en 1418 par les pillages et les incendies qu'exerçaient les Armagnacs, aux environs de Paris, fut suivie d'une maladie contagieuse qui fit de prompts et douloureux ravages.

En 1420, pendant l'hiver de cette année, on entendait hommes, femmes et enfants crier : « Hélas! je meurs de froid! hélas, je meurs de faim! » Une famine affreuse, qui dura tout l'été et une partie de l'automne de 1438, enleva un tiers de la population de Paris.

Tout le monde connaît la déplorable disette qui ravagea Paris pendant le siége qu'en firent les troupes de Henri IV. En trois mois de temps, il s'est trouvé de compte fait treize mille personnes mortes de faim. Dans les maisons des riches, on se nourrissait avec du pain de farine d'avoine. Les pauvres imaginèrent de pulvériser de l'ardoise et d'en faire une espèce de pain ; les os des morts ne furent même pas respectés; on les déterra, on les pulvérisa et on en forma un aliment meurtrier.

Le règne de Louis XIV fut un des plus féconds en disettes; les années 1660 à 1665, 1692 à 1695 furent affligées de ce triste fléau. Mais la disette la plus fatale fut celle qui commença en 1709 et ne finit qu'avec l'année 1710; elle fut générale en France. La gelée succédant à un dégel fit périr tous les blés. Cependant les plus belles années du règne de Louis XIV furent favorisées du ciel par des récoltes abondantes, et on sait quel avantage Colbert en sut tirer, malgré les entreprises de chicane et de cupidité mises en œuvre pour entraver ses admirables projets d'économie.

Il faut convenir aussi qu'à ces époques, les moulins n'étaient pas répandus et perfectionnés comme ils le sont aujourd'hui. A la moindre gelée, les roues hydrauliques, placées en dehors de ces établissements et sans abri, ne pouvaient plus remplir leurs fonctions, et tout était arrêté. Les routes aussi étaient loin d'être entretenues convenablement. De sorte qu'il n'était pas rare de voir la famine au sein de l'abondance, et des disettes factices, œuvre de spéculations odieuses ou d'intrigues politiques, se propager parfois et désoler la France.

Sous Louis XV, en 1725, Paris éprouva une famine causée par l'intempérie des saisons et l'imprévoyance du gouvernement.

Après l'avénement de Louis XVI au trône, en mai 1775, une multitude de vagabonds, organisée, se répandit dans les campagnes, pilla les voitures et les bateaux de blé, attaqua les marchés qui alimentaient la capitale, jeta les grains à la rivière, brûla les granges et détruisit les moulins pour affamer Paris.

Des désordres du même genre, et sous le même prétexte, éclatèrent à Paris en octobre 1789 ; ce fut le signal de la grande révolution.

Pendant le cours de cette révolution, c'était toujours une disette qui servait de prétexte aux partis pour faire explosion.

Au milieu de mars 1795, les subsistances manquèrent à Paris par différentes causes : la principale était l'insuffisance de la récolte, en outre les rivières et les canaux étaient entièrement gelés. Pendant que les arrivages diminuaient, la consommation ou plutôt la demande augmentait, comme il arrive toujours en pareil cas. La disette, croissant toujours, obligea enfin l'autorité à mettre les habitants de Paris à la ration journalière. Cette mesure excita une extrême fermentation dans les quartiers populeux, et ne tarda pas à être suivie d'un mouvement insurrectionnel, notamment le 20 mai 1795 où la Convention nationale fut envahie par une multitude furieuse qui demandait du pain.

On remarque que, depuis cette époque jusqu'en 1816, il n'y eut à Paris aucune disette importante : il y eut bien quelques années où le blé, moins abondant, par l'intempérie des saisons, a occasionné une élévation, quelquefois considérable, dans le prix du pain, et désastreuse pour la classe ouvrière; mais aucun désordre ne se manifesta et la tranquillité publique ne fut pas un seul instant troublée. C'est que d'ailleurs la révolution avait fait disparaître les priviléges nuisibles aux intérêts généraux, le gouvernement avait fondé glorieusement sa puissance, et l'agriculture, honorée et protégée, pouvait, sans entraves d'aucune nature, exécuter les travaux malgré le nombre de bras que nos vaillantes armées lui enlevaient, c'est que, dans Paris, la boulangerie était organisée sur des bases qui pouvaient lui permettre de seconder les efforts de l'administration pour assurer l'alimentation de la capitale.

La facilité des exportations de céréales, deux années successives d'invasion, l'arrivée des armées étrangères, et la quantité d'eau qui tomba, sans discontinuer, en 1816, menacèrent la France d'une disette affreuse. Plusieurs départements, ceux de l'Est surtout, en ressentirent les tristes effets. A Paris seulement, le pain se vendit cher, mais il ne manqua pas. La population résignée attendit avec calme et espérance le retour d'une bonne année, sans trouble et sans rumeur populaire ; et cependant, quoique les souvenirs horribles de la révolution précédente fussent encore présents à la mémoire, et quoique la population eût été décimée par les guerres, il y avait encore assez d'incertitude dans les esprits, d'espérances ardentes qui n'attendaient que l'occasion de se dévoiler, et d'hommesa ssez pervers, pour que l'on pût craindre que l'épouvante ne se répandit dans les esprits et ne produisit une disette épouvantable, d'autant plus difficile à conjurer que l'invasion étrangère venait de ruiner une grande partie de nos agriculteurs. Si à Paris, la boulangerie n'eût pas été organisée administrativement, si elle n'eût pas respecté et rempli les engagements qui la liaient, pour ainsi dire avec l'administration, et enfin si elle n'eût pas fait les sacrifices que cette pénible circonstance lui imposait, on aurait vu se renouveler toutes les scènes de désordre des disettes précédentes.

# CHAPITRE II

## APPROVISIONNEMENTS. — GRENIERS PUBLICS.

Pour prévenir le retour des disettes, ou, au moins, pour en atténuer les désastreux effets, on a eu recours, de tout temps, à plusieurs moyens plus ou moins efficaces : l'un d'eux était de prohiber la sortie des grains sous les peines les plus sévères ; un autre, de faire la recherche des monopoleurs et de les livrer à la vindicte publique ; un troisième, de mettre de l'ordre dans les marchés publics, de faciliter les transactions et de les entourer de toutes les garanties possibles ; enfin, d'édifier des greniers publics et de les entretenir abondamment pourvus.

Une prompte prohibition donnait le signal d'un danger que la peur augmentait et répandait promptement de l'intérieur à l'extérieur.

Au dehors, les besoins devenaient aussitôt non moins pressants, et les négociants trouvaient le même avantage à vendre leurs grains chez eux qu'à l'exporter.

A l'intérieur, les monopoleurs, bravant la vindicte publique et les recherches dont ils étaient l'objet, s'emparaient furtivement des grains, ils les cachaient pour mettre plus tard la misère publique à contribution.

La recherche des monopoleurs portait l'effroi dans

le commerce, les négociants évitaient de faire des achats de blé pour l'approvisionnement des villes, dans la crainte d'être confondus avec des gens proscrits par les lois. Ainsi la source des grains était tarie par défaut de commerce et de circulation.

Mais si les prohibitions ne procurèrent pas les avantages d'économie et de sécurité qu'on en attendait, elles doivent être, au moins, considérées comme l'origine de la loi d'importation et d'exportation, qui régit aujourd'hui le mouvement des céréales, lequel s'opère maintenant sans secousses, et sur des bases invariables, d'après lesquelles les négociants peuvent, sans danger, se livrer à des spéculations honorables, et le cultivateur est assuré, en cas d'abondance, de l'écoulement de ses récoltes.

La fixation du prix du blé est plutôt un moyen dangereux qu'utile ; il décourage le cultivateur, dont le travail, s'il n'est soutenu par l'espérance d'un profit légitime, devient languissant et infructueux. Aussi ce moyen a-t-il échoué toutes les fois qu'on a voulu l'employer ; et, pour le proscrire à tout jamais, la loi du 21 juillet 1791 dit, article 30, « que la taxe des subsistances ne pourra provisoirement avoir lieu dans aucune ville ou commune du royaume, que sur le pain ou la viande de boucherie, sans qu'il soit permis, en aucun cas, de l'étendre sur le vin, sur le blé, sur les autres grains ni aucune autre espèce de denrées, et ce, sous peine de destitution des officiers municipaux. »

Les greniers publics, dont les anciens faisaient usage, étaient aussi bien destinés à recevoir les impositions en nature, qu'à prévenir le retour des disettes ; car les premières impositions auxquelles les peuples furent assujettis, les premières contributions qu'ils ont fournies pour l'entretien de la chose publique ont dû nécessairement être une portion quelconque de leurs récoltes, comme la plus naturelle, la plus simple et la plus légale de toutes les contributions, et elles ont dû entraîner l'indispensable nécessité de construire des magasins et des greniers publics, pour les conserver.

Les Perses contribuaient en nature de denrées, à la subsistance des armées.

Les nations qui, par l'étendue et la perfection de leur agriculture, tels que les Thraces, les Carthaginois et les Égyptiens, s'étaient mises en possession de fournir la substance aux peuples belliqueux et conquérants qui ne cultivaient pas, ou aux nations qui, comme les Grecs, étaient bien plus occupées des arts frivoles et d'agrément que du plus nécessaire de tous, l'agriculture, avaient aussi leurs greniers de conservation.

La Sicile et la Sardaigne, que tous les historiens ont appelées les greniers de Rome, fournissaient à celle-ci une grande partie de sa subsistance habituelle, et l'Égypte fournissait l'autre. Mais, plus tard, quand les Romains eurent, par leurs conquêtes, porté jusqu'en Asie, les limites de leurs États, Rome devint une ville immense qu'il fallut songer à alimenter plus efficacement. Toutes les provinces de l'empire et les royaumes dont les Romains avaient fait la conquête, payèrent leurs contributions en grains, lesquelles étaient du dixième de leurs récoltes. Le fisc avait donc des greniers publics dans toutes les provinces pour la conservation des grains.

Les blés étaient gardés si longtemps dans les greniers romains, que souvent la corruption dont ils étaient infectés, occasionnait les plaintes du peuple, quand on lui en faisait la distribution, et que, pour le calmer, les empereurs Valentinien et Valens ne craignirent pas, au risque de compromettre la santé de leurs sujets, de recommander à Volucianus, préfet du prétoire, de le faire mêler avec adresse avec du blé frais afin d'en dissimuler la vétusté.

Partout où les Romains étendirent leur puissance, les tributs en grains leur suffirent ; les greniers en étaient les dépôts dans lesquels les décurions faisaient verser la portion des récoltes dont le recouvrement leur était confié.

Les chefs des nations barbares qui renversèrent les Romains, ne songèrent qu'à les dépouiller, à s'enrichir en se partageant les terres des vaincus et à lever de grosses contributions en argent, lesquelles se payaient avec le produit des ventes de toutes les denrées conservées, par prévoyance, dans les greniers publics.

Depuis ces siècles de barbarie, la perception des tributs ne se fait plus en nature, de grains et de denrées, celle en argent s'est continuée par nécessité et perpétuée jusqu'à nos jours. Les greniers publics furent, sinon détruits, du moins abandonnés.

Cependant on trouve que Louis le Débonnaire, voyant ses États menacés d'une longue famine, songea à emmagasiner des grains pour combattre les effets de cette affreuse calamité ; mais, au moment de mettre à exécution cette sage mesure, ses enfants prirent les armes contre lui ; ils l'entravèrent, et, au lieu d'un fléau qu'il voulait combattre, il en eut deux à supporter.

Sous la seconde race de nos rois, les églises et les seigneurs avaient bien leurs greniers dans lesquels ils déposaient la dixième partie des récoltes dont les lois féodales leur accordaient le prélèvement ; mais comme ils n'en disposaient qu'arbitrairement et selon leur bon plaisir, le peuple n'en recevait aucun soulagement.

Ce ne fut qu'en 1567 que le chancelier de l'Hôpital s'occupa sérieusement de la subsistance du peuple. Il fit faire, pour la police des grains, un règlement dont un article surtout enjoignait aux officiers des villes, même de celle de Paris, de faire réserve en greniers d'une quantité de grains telle qu'elle pût suffire en tout temps pour nourrir les habitants pendant, au moins, l'espace de trois mois.

En 1725, la disette s'étant fait sentir en Lorraine comme en France; le duc Léopold songea à prendre des précautions pour éviter à l'avenir un pareil malheur ; il rendit, le 12 décembre de cette année, une ordonnance concernant l'établissement de magasins de blé dans ses États, et la quantité de grains que chaque particulier devait y porter, en proportion du terrain qu'il cultivait ; mais bientôt on murmura sur les embarras, les dépenses, les frais de transport et de conservation et enfin sur les déchets. Au milieu des années abondantes on obtint la permission de ne plus contribuer en grains pour la sûreté commune. Les greniers furent complétement dégarnis.

Dans la disette de 1759, le roi Stanislas, duc de Lorraine et de Bar, pour calmer les craintes du peuple, fit regarnir à ses frais les greniers abandonnés. Mais les travaux de conservation dont on ne pouvait, peut-être à dessein, apprécier au juste les dépenses, allumèrent la cupidité des employés ; ils donnèrent ouverture à des déprédations de toute espèce et ils furent la cause de mille abus qui amenèrent la chute définitive des greniers publics dans cette province.

La ville de Besançon a eu des greniers publics dont l'origine remonte à l'année 1404. Jusqu'à 1680, ils n'étaient qu'une simple réserve, une ressource contre les disettes ; mais à cette époque, on commença à forcer les boulangers d'y prendre une certaine quantité de blé chaque année pour les renouveler ; et depuis 1735, on les forçait de s'y approvisionner entièrement. La ville de Lyon eut aussi ses greniers publics, qu'on appelait greniers d'abondance ; ils furent fondés en 1643 à la suite d'une disette : ils furent administrés par des citoyens choisis dans tous les ordres ; mais ceux-ci furent obligés, en 1709, de suspendre leurs fonctions et leurs assemblées par l'impuissance où ils se trouvèrent de fournir aux besoins du peuple.

Dans les années calamiteuses de 1724 et 1725, ces greniers furent de nouveau regarnis et considérablement augmentés. Des grains y étaient conservés avec le plus grand soin jusqu'aux mois de mai et de juin, époque à laquelle on obligeait les boulangers d'y venir faire leurs achats, afin que ces greniers se trouvassent vides, du moins en grande partie, au commencement d'octobre, afin d'y placer un nouvel approvisionnement.

Soit que les boulangers profitassent de l'obligation qui leur était imposée de se pourvoir d'une partie de leurs blés dans les greniers publics pour y mêler d'autres blés inférieurs qu'ils se procuraient ailleurs, soit que les premiers fussent véritablement avariés malgré le soin qu'on prenait de leur conservation, ils faisaient retomber sur le compte de l'administration des greniers, la mauvaise qualité du pain qu'ils livraient à la consommation. Quoiqu'il en fût, à Lyon comme à Besançon, le peuple, oubliant ses souffrances passées et la sollicitude dont elles avaient été l'objet, paya en murmures exhalés contre les greniers publics les services que ceux-ci lui avaient rendus. Mais ces plaintes ne furent pas stériles, car elles firent sentir aux magistrats la nécessité de remplacer les approvisionnements en grains par des approvisionnements en farine, laquelle est plus facile et moins coûteuse à conserver. Mais l'expérience a suffisamment démontré que la distribution forcée des grains ou farines aux boulangers était plus nuisible que favorable au but de prévoyance que l'on se proposait d'atteindre. En effet, les boulangers, étant prévenus d'avance qu'ils seront forcés, pendant deux ou trois mois, de se pourvoir de denrées aux greniers publics, laissent préalablement écouler complétement leur approvisionnement particulier, sans se préoccuper des moyens de le renouveler plus tard.

Dans l'état actuel de l'agriculture et avec les lois qui régissent les céréales, les greniers publics de grains en France, pays éminemment agricole, deviennent superflus, pour ne pas dire nuisibles à la liberté et aux intérêts du commerce. L'entretien, la conservation et l'écoulement des grains sont d'ailleurs une charge trop lourde à l'État s'il n'a le concours de plusieurs intérêts réunis et administrés par des règlements communs.

## CONSERVATION DES GRAINS. — INSECTES DESTRUCTEURS.

Il n'est pas de produits de la terre qui ne soient attaqués, altérés ou détruits par un nombre plus ou moins considérable d'insectes, sans compter les végétations parasites. Les céréales seules nourrissent douze ou quinze espèces principales d'insectes : les uns attaquent la plante, à son début, dans ses racines ou dans sa tige ; d'autres l'attaquent dans la seconde période de son développement à l'intérieur ou à l'extérieur de la paille ; d'autres attaquent l'épi en fleur ou lorsque les grains commencent à se former ; d'autres enfin détruisent les grains récoltés et conservés en meules ou dans les greniers. Parmi ces derniers : la teigne des blés, le charançon et les chenilles à grain.

Le charançon est une espèce d'insecte du genre des scarabées. Ces insectes aiment la tranquillité ; et, pour peu qu'on les inquiète, en remuant le blé, ou qu'ils ne se sentent point en sûreté, ils percent les grains dans lesquels ils ont pris naissance, sortent et cherchent à se procurer un autre asile. C'est là-dessus que sont fondés les bons effets du paléage du blé.

La consommation du grain n'est pas le seul mal que les charançons font éprouver dans les tas de blé ; comme ces insectes transpirent beaucoup, ils occasionnent une chaleur qui contribue à la formation de la fermentation. Il n'est pas facile de détruire le charançon dont l'enveloppe est généralement dure, et qui supporte longtemps le chaud, le froid et la faim ; le paléage des blés est le plus sûr moyen de l'éloigner du blé, mais après l'opération, il peut y revenir et faire sa ponte.

Les odeurs fortes éloignent les charançons, et il ne serait pas surprenant, il est même probable que l'odeur pénétrante et facile à exhaler, du camphre, chasse, des greniers, ces insectes destructeurs.

Après le charançon, vient la fausse teigne, autre insecte qui se nourrit de froment, mais qui ne se loge point dans le grain. Il a l'adresse de lier ensemble plusieurs grains de blé avec la soie qu'il file de manière à former sur un tas de blé une croûte de 8 centimètres d'épaisseur.

Le remuage détruit peu ces insectes qui trouvent toujours le moyen de regagner la superficie.

Viennent enfin les chenilles à grains plus dangereuses que les autres insectes que nous venons de citer, parce qu'elles s'insinuent dans les épis entre les balles, et, quand elles ont atteint le grain, elles se logent dans sa rainure, percent le son, s'enfoncent dans la farine et elles deviennent assez grosses pour remplir les deux tiers de l'espace intérieur du grain qui, alors est absolument vide de farine ; et si la chaleur se produit, elles sortent du grain sous la forme de papillons qui se répandent également dans les greniers, dans les granges et dans la plaine pour transporter partout leurs œufs.

Le meilleur moyen de détruire ces insectes est de passer les grains au four ou à l'étuve, mais ce remède cause quelquefois autant de ravage que le mal.

Mais il est une autre nature d'altération dont on ne peut garantir les grains qu'avec les plus grands soins et beaucoup de difficultés.

On sait que le grain, recueilli et séparé de sa plante, est chargé d'une quantité d'eau précédemment propre à sa végétation et qu'il abandonne après, du moins en partie, avec une grande facilité. C'est l'excès de cette eau à l'état libre qui, ne trouvant pas dans les grains réunis en masse, une issue favorable à son dégagement, pénètre le tissu cellulaire, le désorganise, développe de la chaleur, atteint le germe dont elle réveille les facultés de reproduction, et enfin engendre la fermentation.

Le blé, parfaitement sec, reprend l'humidité avec une facilité surprenante, et pour peu qu'il soit exposé à un courant d'air chargé de vapeur aqueuse, il s'en pénètre aussitôt jusqu'à la moelle, il ne la rend pas avec la même facilité. Mais si, à force de le manier et de le diviser, cette nouvelle humidité s'évapore, elle entraîne avec elle des parties volatiles et essentielles du grain, lequel reste flétri, décoloré, ridé et coti; c'est pourquoi les anciens plaçaient leurs greniers particuliers à l'endroit le plus élevé de la maison, et les ouvertures pratiquées au septentrion ou à l'orient.

On sait très-bien que, pour prévenir la fermentation dans les blés, le seul moyen est de favoriser l'évaporation de l'humidité. Dans les pays chauds on les expose au soleil en couches minces dont on renouvelle souvent les surfaces ; mais pour peu qu'ils soient abandonnés quelque temps sans les remuer, ils s'emparent de nouveau de l'humidité de l'air, à moins qu'ils ne soient placés de suite dans des endroits très-secs; ce qui exige une construction spéciale de greniers, et un concours de circonstances qu'on ne rencontre pas toujours dans toutes les localités.

Dans quelques endroits, les anciens faisaient étuver le blé dans les fours ou dans des étuves préparées à cet effet, mais les grains qui passaient par cette épreuve ne tardaient pas à se rider, à se racornir et à acquérir les défauts qu'on reproche aux blés durs de plancher.

Les moyens grossiers et imparfaits que les anciens pratiquaient pour la dessiccation des blés furent renouvelés depuis, mais avec une connaissance physique plus approfondie et mieux étudiée des effets calculés de la chaleur, par *Duhamel*, en 1745, lequel était membre de l'Académie des sciences, et, de nos jours, par M. de *Maupou*.

Dans le nombre des avantages qui résultent des appareils inventés par ces savants, on en peut citer de très-importants sur lesquels on paraît être assez généralement d'accord : tels sont ceux, par exemple, de dissiper une odeur désagréable que les blés contractent parfois à leur superficie, d'arrêter et même de détruire leur trop grande disposition à germer, de les rendre moins susceptibles d'être attaqués par les insectes, de les dépouiller de l'humidité superflue, de les mettre en état de supporter les voyages de long cours et d'outre-mer, enfin de procurer à ceux qui ont une immense provision de grains les moyens de les conserver un temps indéfini, dans des greniers disposés exprès ou dans des caisses, sans aucuns frais de main-d'œuvre.

Malgré tous ces avantages, qui font surtout de l'appareil Maupou une invention digne du plus grand intérêt, il y a des inconvénients que la routine a peut-être exagérés, mais qui n'en sont pas moins la cause pour laquelle cette machine n'a pas reçu une application plus générale. Un des principaux, et c'est le seul qui mérite quelque attention, c'est que M. de Maupou s'était réservé le droit exclusif d'exploitation et qu'il ne voulait y déroger qu'à des conditions exorbitantes. Voilà certes un des inconvénients bien manifestes de la loi sur les brevets d'invention.

L'eau libre, que les blés contiennent dans une proportion qui varie selon les influences atmosphériques sous lesquelles ils se sont produits, s'évapore facilement par l'opération de l'étuvage ; mais si l'opération n'est pas arrêtée à temps ou si la température est poussée hors d'une certaine limite, elle entraîne une partie de l'eau de végétation qui, en se séparant des corps avec lesquels elle est combinée, compromet les propriétés originaires de ceux-ci.

Le blé soumis à l'épreuve de l'étuve rougit; la farine qui en provient ne possède pas une blancheur éclatante, et le pain n'a pas ce goût de noisette qui distingue celui fabriqué avec de bons blés frais et non étuvés.

Si l'appareil Maupou n'est pas encore complétement propre à la conservation des grains, du moins il est d'une puissante ressource dans les années d'une grande sécheresse où les blés ont besoin d'être mouillés et desséchés promptement et uniformément sans altération, pour rendre leur mouture plus efficace. Tous les blés durs de la Crimée sont dans ce cas.

Le lavage des blés offre l'avantage immense de les purifier de toutes leurs impuretés, il enlève la poussière adhérente du blé noir et de la nielle qui ternit l'éclat de la farine, il entraîne même les blés attaqués par les insectes. Mais ce moyen est impraticable s'il n'est suivi d'une dessiccation prompte et conservatrice. L'appareil Maupou seul a rempli ce but jusqu'à présent.

Il n'y a généralement, pour conserver le blé, qu'une méthode usitée parmi les commerçants, c'est de le nettoyer d'abord au moyen du tarare ; c'est de l'étendre en couches d'environ 50 centimètres, dans un grenier sec et bien exposé, et de le déplacer sans cesse à l'aide de la pelle.

La nature a, pour ainsi dire, fait les frais de la conservation du grain dans l'épi ; la balle qui l'enveloppe s'entr'ouvre dans la maturité, elle laisse passage à l'air et à l'humidité superflue ; chaque grain, séparé dans sa loge, ne craint pas d'être étouffé par son voisin qui, dans les greniers, le gêne et intercepte la transpiration sans laquelle il ne saurait vivre.

Dans tous les temps on a conservé le blé en épis. L'Égypte, cet empire si renommé par sa puissance, par le nombre de ses villes et de ses habitants, par les vastes débris des ouvrages prodigieux qu'ils ont exécutés, fut dans les premiers âges du monde, la ressource de ses voisins, de l'Arabie, de la Syrie et de la Palestine, dont elle était le grenier. Cette terre féconde produisait deux récoltes par an, avant que les soudans d'Égypte eussent laissé combler ces magnifiques canaux qui servaient à la salubrité, à la fertilité et à la commodité du pays. Et cependant, elle fut aussi désolée par la disette.

Joseph sauva l'Égypte des horreurs d'une longue famine par le conseil, tant de fois célébré, qu'il donna à Pharaon. Il fit entasser les grains en gerbes dans les greniers, comme étant la conservation la plus sûre de toutes, et en même temps la plus utile à cause de la nourriture des hommes et des animaux.

Varron dit qu'à Carthage, en Grèce, en Cappadoce et en Espagne on les conservait toujours ainsi.

Les cultivateurs aujourd'hui ne le conservent pas autrement, en granges ou en meules, ils ne le font battre et nettoyer que pour l'envoyer immédiatement au marché ou pour le livrer directement aux meuniers. Ceux-ci ne font que des emmagasinages de peu de durée pour éviter les frais considérables de conservation.

Depuis longtemps l'on a abandonné avec raison l'usage des greniers publics en grains comme approvisionnement trop onéreux, et celui des grains en gerbes comme trop embarrassant par l'espace qu'ils occupent et les dangers d'incendie. D'ailleurs l'histoire des temps, les besoins matériels des hommes et des animaux, la nature même des végétaux récoltés tous les ans démontrent que ceux-ci, pour produire les avantages de l'usage auquel on les destine, doivent être consommés dans l'intervalle d'une récolte à une autre. En effet, en ce qui concerne les céréales, si on les expose à l'air, leurs propriétés originaires s'altèrent sensiblement ; et si on les enfouit, pour les conserver intactes, dans des lieux imperméables à l'air et à l'humidité, c'est faire douter de la Providence, de la richesse du sol et des progrès de l'agriculture.

Encourager, protéger et honorer particulièrement l'agriculture et tout ce qui en dépend, meunerie et boulangerie, c'est, de tous les moyens de prévoyance, le plus efficace.

---

# CHAPITRE III

## CONSERVATION DES FARINES. — APPROVISIONNEMENT.

Généralement l'habitant des campagnes est averti, par l'état des récoltes, s'il doit tenir en réserve les denrées propres à la consommation de son ménage, ou s'il peut, sans danger, s'en dégarnir entièrement. L'habitant des villes, au contraire, assez insouciant sur un aliment dont il trouve, tous les jours, à se pourvoir de la quantité suffisante à ses besoins, ne s'aperçoit de sa rareté que lorsque le prix s'élève au-dessus de ses ressources : alors son mécontentement se manifeste d'abord par des murmures ; puis, s'il est exploité par les mauvaises passions qui surgissent toujours de l'agitation populaire, il se livre à des désordres que la terreur et les moyens qu'on emploie pour les calmer augmentent plutôt que de les apaiser.

Dans une ville aussi populeuse que Paris surtout, la cause principale qui produisait, à une époque qui n'est pas encore très-éloignée, une disette momentanée au milieu même de l'abondance, c'était l'intempérie des saisons par suite desquelles les routes et les rivières devenaient impraticables; le transport des denrées ne se faisait plus qu'à grands frais et avec beaucoup de difficultés, et enfin la fabrication était interrompue par la gelée qui entravait la marche des moulins.

Et si le magasin de quelques boulangers se trouvait dégarni, ceux-ci, ne pouvant plus continuer leur service ordinaire, fermaient provisoirement leur boutique pour la rouvrir plus tard. Ceux qui pouvaient encore lutter contre la mauvaise saison, n'osaient pas élever le prix du pain, dans la crainte d'exciter contre eux les mauvaises dispositions de la multitude, mais ils se renfermaient rigoureusement dans la limite de leur fourniture ordinaire, laquelle, ne pouvant suffire au surcroît de consommateurs qui leur arrivaient de toute part, engendrait le même mécontentement et les mêmes désordres que si les denrées eussent manqué complétement : l'autorité était souvent impuissante à les prévenir ou à les calmer.

Les greniers de blé, dans une pareille occurrence, étaient d'une très-faible ressource, puisqu'on ne pouvait, par les mêmes raisons, transporter les grains aux moulins, et les farines à leur destination. Mais les perfectionnements apportés depuis, dans l'ensemble des moulins, et les soins que l'on prend pour les garantir de toute influence passagère et pernicieuse, l'état actuel de nos routes, et surtout, les communications promptes, libres et faciles, en toute saison, par le chemin de fer, ont fait disparaître les craintes de pareils dangers à l'avenir.

Quoique les farines soient sujettes, comme le blé, aux influences de la chaleur et de l'humidité, elles sont néanmoins plus longtemps à l'abri de la voracité des insectes et des émanations atmosphériques; par conséquent elles sont plus faciles à conserver, mais pendant une année seulement.

Il est démontré que l'humidité, accompagnée de la

chaleur, désorganise les végétaux lorsqu'elle peut les pénétrer. Il est donc important de les en préserver pour obtenir leur conservation.

On a cherché à évaporer l'humidité qu'ils contiennent à leur état normal, par la chaleur spontanée de l'étuve. A l'aide de ce moyen les farines acquièrent bien la faculté de se conserver en bon état apparent pendant plusieurs années, lorsqu'elles sont enfermées dans des barils bien secs et imperméables. C'est ainsi qu'on les prépare pour les expéditions maritimes.

Mais, dans cette opération, la chaleur, agissant sur la farine plus immédiatement que sur le blé dont l'écorce, qui lui sert d'enveloppe, s'oppose au dégagement de l'eau de végétation, pénètre le tissu cellulaire et attaque le gluten qu'elle désagrége ; celui-ci perd sa propriété élastique sans laquelle le pain qui en provient est toujours lourd, aqueux et indigestible.

Le seul moyen de conserver les farines sans embarras ni dépenses, est de placer les sacs par rangées isolées les unes des autres pour permettre à l'air de circuler librement entre chacune d'elles ; et même il serait bon de placer entre chaque sac une petite planche étroite, de la hauteur des trois quarts du sac, afin que ceux-ci ne se touchent sur aucune de leurs faces.

Dans le cas où l'on s'apercevrait que la farine provient de blés humides, à l'époque de la floraison de ceux qui sont en terre, on peut pratiquer des cheminées, c'est-à-dire, des trous perpendiculaires depuis l'orifice jusqu'au fond du sac, en ayant soin de couvrir l'ouverture de celui-ci avec une toile fort claire, pour éviter l'introduction des mites et autres insectes.

Il est important que le plancher d'un magasin à farine

soit en bois, afin de garantir celle-ci de la fraîcheur et de l'humidité, et d'éviter, au contraire, de la placer sur une aire en carreaux, en pierre ou en plâtre. Indépendamment des croisées qui doivent s'ouvrir au niveau du sol, il convient encore de pratiquer quelques ouvertures à la partie supérieure du magasin pour favoriser le dégagement des vapeurs humides.

Il est également recommandé de ne jamais placer, dans quelque lieu que ce soit, les sacs de farine les uns sur les autres, soit en travers, soit debout, de manière qu'ils se touchent par tous les points de leurs surfaces ; l'air ne pouvant circuler tout autour des sacs, l'humidité qu'ils exhalent se concentre, et comme elle ne fait plus partie intégrante du corps d'où elle émane, elle réagit sur lui et le dispose à la fermentation en dégageant de la chaleur qui se propage rapidement du point où elle se produit aux extrémités de la masse ; la température s'élève toujours, le gluten se décompose et forme un aliment à la fermentation ; l'amidon comprimé ne peut se dilater, il devient visqueux, s'agglomère et la farine se prend en pelotes d'autant plus volumineuses et résistantes que l'on tarde à les diviser. Dans cet état la farine est impropre à la panification.

La farine peut donc se conserver, sans soins dispendieux, pendant une année et même plus longtemps lorsqu'elle est bien fabriquée, qu'elle provient de blé sec, et qu'elle est placée, en sacs isolés, dans un endroit suffisamment aéré.

Nous n'avons pas à nous occuper ici de l'opportunité des approvisionnements, soit en blé, soit en farine ; nous dirons seulement que le véritable embarras de leur application est moins l'entretien et la conservation, que leur formation, leur renouvellement et leur écoulement, lesquels ne peuvent s'effectuer par l'État sans des pertes considérables, quels que soient les avantages qui peuvent résulter de la vente au moment de l'écoulement, et sans nuire essentiellement à la liberté et aux intérêts du commerce.

Nous en citerons quelques exemples de notre époque seulement.

En 1789 et 1790, sous l'influence de Necker, un capital de 74 millions fut employé ; il en résulta une perte de 20 millions.

Dans les opérations Vanlerberghe en 1802 un capital de 22 millions eut pour dernier résultat une perte de 15,500,000 francs.

Dans celles de l'année 1806 un capital de 8 millions, et une perte de 2 millions.

Dans celles des années 1811, 1812 et 1813, un capital de 50 millions, et une perte de 13,500,000 francs.

Enfin, dans celles de 1816 et 1817, pour un capital de 68 millions, la perte fut de 20 millions.

Ainsi, en vingt-neuf années, sur un capital de 222 millions, l'État a perdu 71 millions.

Il ne s'ensuit pas qu'on doive abandonner les moyens de se préserver d'une disette locale et passagère; c'est la seule à craindre dans l'état actuel de notre agriculture. Il est du devoir, au contraire, d'un gouvernement prévoyant de rechercher les plus favorables et de les appliquer selon les circonstances et selon les intérêts généraux.

L'approvisionnement en farine, étant le plus simple et le seul praticable dans une grande ville, ne peut néanmoins se réaliser, avec toutes ses conséquences d'entretien, de conservation, de renouvellement et d'écoulement, sans le concours d'une boulangerie organisée administrativement, liée d'intérêts, d'ordre à l'administration, et pénétrée de ses devoirs, de son importance, de sa responsabilité et de sa considération... Nous en parlerons à l'article suivant.

## ORGANISATION DE LA BOULANGERIE, A PARIS.

Il n'est resté des règlements qui concernaient la banalité des fours et des moulins, que la taxe du pain, soumise encore aujourd'hui aux règlements administratifs. Quoique ces règlements ne soient que facultatifs pour les municipalités, nous avons bien peu de maires qui veulent s'en affranchir. A Paris seulement, et pendant le temps qui précéda l'organisation réglementaire de la boulangerie, le pain ne fut pas taxé. Les boulangers d'un même quartier se réunissaient et fixaient eux-mêmes le prix du pain, d'après le prix approximatif des farines; dans d'autres quartiers, on le taxait différemment. Il arrivait ainsi que, dans un même quartier, quelques boulangers, pour attirer dans leur établissement la clientèle de leurs voisins, manquaient eux-mêmes aux engagements qu'ils avaient pris avec ces derniers, et vendaient leur pain au-dessous du prix dont ils étaient convenus ensemble.

Il résultait de cette liberté et de cette concurrence de mauvaise foi, que les boulangers ne profitaient pas, non-seulement des circonstances qui pouvaient leur être légalement favorables, mais encore qu'elles les mettaient dans l'impuissance de lutter contre celles qui leur devenaient désavantageuses. Aussi, dans les moments calamiteux, quelques-uns, pour attendre un temps plus prospère, fermaient leur boutique et laissaient à leurs confrères la charge ruineuse et souvent dangereuse de pourvoir à la consommation journalière de la capitale. Le peuple, inquiet, se portait en foule dans les boulangeries qui restaient ouvertes et les dégarnissaient en un instant; les moins empressés, ne trouvant plus à compléter leur provision quotidienne, rendaient le boulanger resté fidèle à son service, responsable de circonstances auxquelles il était tout à fait étranger, et contre lesquelles, au contraire, il sacrifiait ses propres intérêts. La peur devenait générale, et les spéculateurs, profitant des désordres que la malveillance provoquait à dessein, cachaient leurs grains, dans l'espérance coupable d'en tirer plus tard un prix beaucoup plus élevé.

C'est ainsi qu'on a vu maintes fois l'abondance succéder à une fictive disette, avant même que la terre eût produit de nouvelles ressources.

La terre n'est pas, malheureusement, également fertile chaque année, et il survient une disette et une cherté de blé tous les dix à douze ans; et quand ce malheur arrive, les plus embarrassés sont ceux auxquels la répartition des subsistances est confiée.

De tout temps, le corps des boulangers a été l'objet d'une législation spéciale qui a pour base, d'une part, les garanties qu'ils doivent donner à la population dont ils s'engagent à assurer la subsistance, d'autre part les avantages légitimes qu'ils doivent retirer de leur industrie.

Cette industrie n'a donc jamais été libre, et son organisation a toujours été liée à l'ordre public.

Selon un règlement de 1366, les boulangers de Paris

n'approvisionnaient pas seuls cette capitale ; les forains y participaient aussi ; mais ils ne pouvaient apporter du pain pour le vendre à Paris que les jours ordinaires de marché. Leurs pains devaient être de même poids, de même farine et de même forme que ceux des boulangers de la ville.

Il leur était défendu de vendre en gros aux regrattiers. Il était dit, au sujet des forains : Celui qui prend une place dans un marché, pour y faire son commerce, contracte une espèce d'obligation, envers le public, de fournir cette place d'une quantité suffisante de pain chaque jour de marché ; sinon les magistrats de police le condamnent à une amende, et donnent cette place à un autre.

Ces dispositions paraissaient offrir de grandes gênes dans un commerce qui, par sa nature, devrait être le plus libre de tous. On a cherché à y substituer une liberté indéfinie, en autorisant d'apporter et de vendre du pain tous les jours et dans toutes les places ; mais on a prétendu y trouver plus d'inconvénients encore, et l'ancien système a prévalu. On craignait d'abandonner l'alimentation d'un million de citoyens aux caprices de gens qui n'apporteraient du pain à Paris que quand bon leur semblerait.

La boulangerie, fortement organisée, brisa, en 1372, les liens disciplinaires qui la régissaient, le joug des édits des rois et les règlements de police.

La famine désola presque aussitôt Paris.

La renaissance de l'ordre, après la guerre civile, fut marquée par la mise en vigueur des statuts que la corporation avait foulés aux pieds.

Le grand règlement de police, concernant les boulangers, qui était en vigueur en 1789, est du 21 novembre 1577, sous Henri III, adressé par lettres patentes au Parlement et au prévôt de Paris. Selon ce règlement, les boulangers devaient tenir en leur boutique trois sortes de pain, dont on fixait le poids et le prix, savoir : du pain blanc, du pain moyen et du pain noir, appelé anciennement pain de Brode, sous peine de punition corporelle ou de 20 livres parisis d'amende.

Le prix du pain devait être réglé aux quatre saisons de l'année, sur le prix du blé, aux trois premiers marchés du mois.

Les boulangers des villes ne pouvaient entrer aux marchés où se vendaient les grains qu'à onze heures en hiver, et à midi en été; les forains ne pouvaient y entrer qu'après, sous peine de confiscation des grains; les heures précédentes étaient réservées aux bourgeois, pour faciliter leurs achats.

Un règlement du 11 août 1776, accordait aux boulangers la faculté d'employer, en concurrence avec les pâtissiers, le beurre, le lait et les œufs dans leur pâte, et leurs droits de réception pour cette faveur étaient fixés à 500 livres.

Par le même règlement, les jurés de la communauté des boulangers de Paris étaient au nombre de six, dont trois étaient élus chaque année.

Les apprentis servaient cinq années consécutives en qualité d'apprentis, et quatre années en qualité de garçons, avant d'être reçus au chef-d'œuvre, duquel les fils de maître étaient exempts. L'ancien chef-d'œuvre était du pain de chapitre; le nouveau, de pain mollet et de pain blanc.

Il n'appartenait qu'aux maîtres boulangers de Paris

d'y tenir boutique pour y vendre du pain, sans préjudice, cependant, de la liberté accordée de tout temps aux boulangers forains et de la campagne, d'apporter du pain pour la provision de Paris, deux fois par semaine, et de l'exposer en vente dans les places publiques.

Les boulangers étaient encore tenus, par le même règlement, de marquer leur pain du nombre de livres qu'il pesait; et le poids devait répondre à la marque, sous peine de confiscation et d'amende.

La jurisprudence des arrêts était aussi très-favorable aux boulangers pour la répétition des deniers qui leur étaient dus à raison de leurs fournitures. Elle leur accordait une préférence sur le mobilier de leur débiteur; et, quoique l'article 126 de la Coutume de Paris ne leur accordât que six mois pour demander en justice le paiement du pain qu'ils avaient fourni, on ne les écoutait pas moins, au Châtelet de Paris, dans leur action, pour la fourniture d'une année entière. Il serait odieux, sans doute, disait-elle, de leur opposer une négligence qui souvent est le fruit de leur bienfaisance et de leur humanité. On ne saurait trop les affermir dans ces louables sentiments, en leur prouvant qu'ils n'en sont pas victimes.

Les édits des rois, les ordonnances qui avaient constitué la boulangerie en France, et dans la ville de Paris particulièrement, tombèrent devant le décret du 4 août 1789.

Cette institution fut abolie, comme tant d'autres, et le principe absolu de liberté industrielle mis à l'essai.

Des disettes réelles ou factices agitèrent le peuple; la foule, avant le jour, assiégeait les boulangeries; le pain manqua; des boutiques se fermèrent; le boulanger, libre, désertait une profession ruineuse alors et pleine de dangers de mort.

La ville créa une caisse de secours ; elle fut bientôt épuisée.

Aux douze cents boulangeries ouvertes alors dans Paris, les forains venaient joindre chaque jour leur tribut d'approvisionnement ; mais une disette se faisait-elle sentir, ou seulement Paris en voyait-il la menace, les forains cessaient de paraître, et les boulangers de la ville ne pouvaient plus suffire aux besoins de la consommation ; alors venaient les murmures du peuple, la foule ameutée dans les rues, le mal aigri dans le tumulte des rassemblements, la faim métamorphosée en révolte.

Dans cet état de choses, le boulanger peut aisément devenir un instrument de désordre : il fournit à la population son aliment de tous les jours ; s'il réduit encore le nombre de ses fournées après la disparition des forains, ou même s'il ne l'augmente pas, s'il élève le prix de son pain, tout un quartier s'agite, se déplace et souffre. Qui peut répondre alors que des malveillants n'exploiteront pas la facilité du peuple à s'inquiéter sur son existence ?

L'expérience du passé et la nature des faits éclairèrent le pouvoir révolutionnaire, qui sentit que cette industrie ne pouvait supporter l'application d'un principe absolu de liberté ; il ressaisit son action sur elle. Bientôt Napoléon, qui comprenait le pouvoir avec tant d'énergie, reconstitua la boulangerie. Il agissait dans des vues de bien public, et, pour légitimer le privilége de la vieille institution qu'il faisait revivre, il combina avec elle un système nouveau d'approvisionnement.

La ville fait une consommation de, au moins, dix-huit

cents sacs de farine par jour. Ce besoin journalier doit être satisfait, sans trouble, avec la plus parfaite régularité. Après le pain du jour, il faut celui du lendemain, c'est-à-dire la certitude de l'avoir : la tranquillité est à ce prix.

Il suffit de descendre sur la place publique dans des moments calamiteux, pour apprécier l'importance pour Paris d'un approvisionnement réel, et surtout un approvisionnement auquel le peuple croie.

C'est sur ces considérations puissantes que le gouvernement conçut la nécessité d'une boulangerie assez forte pour le seconder dans ses projets d'approvisionnement et dépendant de nouveaux règlements qu'il allait lui imposer.

Le 11 octobre 1801, les consuls de la république, sur le rapport du ministre de l'intérieur, arrêtèrent que, à l'avenir, nul ne pourrait exercer dans Paris la profession de boulanger, sans une permission spéciale du préfet de police et que sous les conditions suivantes : chaque boulanger serait tenu de verser, à titre de garantie, au magasin de la ville, quinze sacs de farine de première qualité, et du poids de 325 livres chacun. Ces quinze sacs ne pourraient être achetés à la Halle.

Chaque boulanger se soumettrait à avoir constamment dans son magasin un approvisionnement en farine de première qualité, de soixante sacs au moins pour les boulangers, faisant, par jour, six fournées de pain, et au-dessus ; de trente sacs au moins pour les boulangers faisant de quatre à six fournées ; de quinze sacs au moins, pour les boulangers faisant au-dessous de quatre fournées.

Le préfet de police s'assurerait si les boulangers ont

constamment en magasin la quantité de farine pour laquelle chacun d'eux aurait fait sa soumission.

Pour établir des rapports directs entre l'autorité et la boulangerie, le préfet de police réunirait auprès de lui vingt-quatre boulangers choisis parmi ceux qui exercent leur profession depuis longtemps. Ces vingt-quatre boulangers procéderaient, en présence du préfet ou d'un de ses délégués, à la nomination de quatre syndics, lesquels seraient chargés de la surveillance et de l'administration des farines déposées à titre de garantie.

Le gouvernement ferait délivrer, à titre de compensation de charges, à chaque boulanger muni d'une permission, une quittance des droits qu'il devra pour sa patente.

Aucun boulanger ne pourrait quitter sa profession que six mois après la déclaration qu'il devrait en faire au préfet de police qui, suivant les circonstances, pourrait prononcer, par voie administrative, une interdiction momentanée ou absolue de sa profession.

Tout boulanger qui quitterait sa profession sans y être autorisé par le préfet de police ou qui serait définitivement interdit, ne pourrait réclamer les quinze sacs de farine par lui fournis, à titre de garantie. Dans l'un et l'autre cas, les farines seraient vendues, et le produit en serait déposé à la Trésorerie.

A la première réquisition de tout boulanger qui, avec l'autorisation du préfet de police, renoncerait librement à l'exercice de sa profession, les quinze sacs de farine de garantie lui seraient restitués ou à ses héritiers en cas de mort dans l'exercice de sa profession ou à ses ayants cause.

La taxe du pain avait été laissée tacitement à l'appréciation du préfet qui la réglait suivant le mouvement du prix des farines, à des époques variables et souvent à la demande des boulangers.

Les fonctions de syndic de la boulangerie dureraient quatre ans. Ils seraient renouvelés par quart tous les ans, par quarante-huit électeurs réunis chez le préfet ; ceux-ci seraient choisis, tous les deux ans, un par quartier, chez le commissaire de police et par les boulangers du même quartier.

Napoléon, voulant donner aux facteurs de la Halle à farine, une garantie pour les ventes qu'ils font aux boulangers, quoique l'arrêté des consuls du 11 octobre 1801 interdît à ceux-ci l'achat de leur dépôt de garantie à la Halle aux farines, leur accorda, par décret du 27 février 1811, un privilége à l'instar de celui que les marchands fariniers ont droit d'exercer sur le cautionnement desdits facteurs, pour les farines qu'ils leur expédient.

Lorsqu'un boulanger quitterait son commerce par suite d'une faillite, ou pour contravention à l'arrêté du 11 octobre 1801, les facteurs de la Halle qui justifieraient, par le contrôle de l'inspecteur ou par toute autre pièce authentique, qu'il est leur débiteur pour farines livrées sur le carreau de la Halle, auraient un privilége sur le produit de la vente des quinze sacs formant son dépôt de garantie, dont la confiscation aurait été ordonnée.

En conséquence, ils seraient admis à exercer leurs droits en premier ordre, et de préférence à tout autre créancier, jusqu'à concurrence du montant de leur créance.

On voit que le pouvoir, dans les vues d'un intérêt public, avait espéré que les ressources de la boulangerie lui permettraient de réaliser ce nouveau système d'approvisionnement qu'il mettait à sa charge, en détruisant le principe de liberté absolue dont cette industrie jouissait auparavant, et en ne lui accordant, en compensation des obligations si lourdes qu'il lui imposait, que la décharge seulement de sa patente.

Plus de douze cents boulangers exerçaient au moment où ce décret fut rendu; huit cents furent seuls en état de s'y conformer, plus de quatre cents fermèrent boutique. C'étaient ceux-là qui, sans ressources, cuisaient ou cessaient de cuire selon les alternatives de gain ou de perte que présentait le commerce.

L'autorité reconnut qu'il était encore impossible aux huit cents boulangers restants de réaliser les garanties exigées pour l'approvisionnement, elle résolut d'en réduire le nombre.

L'administration voulait que l'amortissement des établissements fût fait à prix d'argent; il devait profiter à la boulangerie, celle-ci s'imposa les sacrifices nécessaires à son exécution.

Alors les syndics, accompagnés des électeurs boulangers, présentèrent au préfet de police, le 25 septembre 1807, un projet de réduction du nombre des établissements de boulangerie, lequel fut examiné article par article, en présence de ce magistrat, et adopté à l'unanimité.

Il fut décidé qu'à compter de l'année 1807, il serait établi une cotisation dont le produit serait destiné à l'acquisition des établissements de boulangerie que le préfet aurait décidé devoir être supprimés, à cause de leur faiblesse et de leur inutilité, ou dont la demande en suppression lui aurait été présentée et aurait été acceptée par lui.

Cette cotisation était payée par chaque établissement de boulangerie en activité, et pour chaque mutation d'établissement. Et dans le cas où les acquisitions eussent absorbé plus de moitié du produit de la cotisation, elle était prorogée pour l'année suivante, et ainsi de suite jusqu'à la réduction définitive fixée à six cents boulangeries.

La cotisation ne payait qu'une partie du fonds supprimé, les boulangers du quartier où cette suppression avait lieu payaient le reste, chacun dans une proportion qui variait suivant la distance qui le séparait de l'établissement supprimé.

Le nombre des boulangeries restantes arrêté d'abord à six cents, décrut, sans que l'autorité s'y opposât, et tomba à cinq cent soixante. Elle énonça même le projet de le limiter définitivement à cinq cents, pour favoriser sa surveillance et pour assurer à cette industrie la prospérité dont les garanties qu'elle lui demandait étaient la conséquence.

La boulangerie voulut encore sanctionner son organisation par un acte d'humanité qu'elle accomplit dignement. Elle reconnut que ce ne serait pas seconder les vues bienfaisantes du gouvernement qui emploie journellement tous ses soins à soulager l'honnête indigence ou l'humanité souffrante et qui, pour alléger les charges publiques, fait continuellement appel aux âmes sensibles et généreuses, si la boulangerie refusait de répondre à cet appel, pour l'aider à atteindre un but aussi recommandable. En conséquence, sur la demande des boulangers, le préfet de police arrêta, le 21 juin 1810, qu'il serait accordé des secours aux maîtres boulangers et à leurs veuves qui seraient tombés dans la misère, ainsi qu'aux garçons boulangers malades ou devenant trop vieux pour continuer leur profession.

Ces secours permanents pouvaient être d'une somme fixe dans le cas où les syndics, avec la protection du préfet, auraient fait placer celui qui en serait l'objet, dans un asile honorable.

Pour former la caisse de ces secours, chaque acquéreur d'établissement paierait, par forme de rétribution et pour droit de mutation une somme de 200 francs, et chaque maître qui vendrait librement son établissement, paierait la somme de 100 francs.

A côté des établissements solides et réguliers qui devaient pourvoir aux besoins de la ville, s'élevait, comme toujours, une classe de boulangers forains, accoutumés à disparaître dans les temps difficiles, pour revenir disputer aux premiers les bienfaits de l'abondance. Les marchés de Paris étaient le lieu habituel de leur commerce.

La police des marchés était donc importante; car le principe de l'organisation de la boulangerie n'existerait pas si les marchés pouvaient être un refuge ouvert à tous les forains, si, en concurrence avec des établissements fixes, grevés de charges, soumis à un approvisionnement onéreux et obligés à un service constant, les forains et les propriétaires des fours clandestins pouvaient élever ces échoppes éphémères où le commerce n'a que de bons jours, fuit les mauvais et échappe à toute charge comme à tout contrôle.

Une ordonnance de police, du 3 février 1802, avait d'abord fixé au nombre de dix la limite des marchés affectés à la vente du pain; désigné les mercredis et samedis à ce débit; prohibé le colportage et la vente du pain au regrat, dans quelque lieu que ce soit et d'en former des dépôts, sous peine de confiscation. Les traiteurs, aubergistes, cabaretiers et tous ceux qui font métier de donner à manger, ne pouvaient tenir chez eux d'autre pain que celui nécessaire à leur propre consommation et à celle de leurs hôtes.

Par arrêté de police du 30 mars 1807, les syndics des boulangers de Paris sont autorisés à faire, lorsqu'il sera nécessaire, des visites chez les personnes soupçonnées d'être en contravention avec le règlement précédent et de requérir l'assistance du commissaire de police pour procéder à la confiscation du pain exposé en vente.

Par ordonnance de police du 17 novembre 1808, le nombre des marchés où se vendait le pain, fut réduit à six; les boulangers de Paris y furent également admis avec une permission spéciale, et celui qui, pendant trois marchés consécutifs ne garnissait pas sa place, en était privé pour toujours, à moins de force majeure.

La boulangerie était alors organisée légalement; une perspective heureuse avait été ouverte devant elle. Reconnaissante, elle supporta, sans récrimination, sans restriction dans son service, les pertes devenues bientôt après nécessaires.

La disette de 1812 avait précédé la restauration de la royauté. Deux années s'étaient à peine écoulées que la France envahie fut dévastée par les armées étrangères; les blés étaient rares et chers. 1815 et 1816 furent encore des années stériles, et Paris, avec son immense population, augmentée d'une affluence considérable d'étrangers, Paris ne souffrit pas; la boulangerie souffrit seule. Elle fit d'énormes avances aux besoins de la ville en conservant le prix du pain au-dessous de celui de la farine. Alors on put apprécier le sens profond de l'administrateur qui l'avait préparée forte, et qui voulut avec l'empereur qu'elle fût capable de sacrifices.

La Restauration recueillit les fruits semés par la prévoyance de l'empire, elle usa d'abord du concours de la boulangerie tant qu'elle en eut besoin, mais elle s'écarta ensuite du principe de son organisation.

Le droit de patente dont l'abolition avait été accordée aux boulangers en compensation des lourdes charges que l'arrêté du 11 octobre 1801 leur avait imposées, fut rétabli par une ordonnance du roi en date du 2 décembre 1814.

Il fut répondu aux justes réclamations que les boulangers adressèrent à ce sujet à l'autorité, par le motif spécieux que dans Paris et la banlieue, la profession de boulanger était exercée par des individus non patentés qui, par leur existence et leur responsabilité, n'offraient pas à la surveillance administrative de l'autorité, les garanties qu'il importe d'exiger de la part des boulangers.

Cependant le gouvernement préparait déjà de nouvelles charges à imposer à la boulangerie, et pour la disposer à les accepter sans murmurer, le préfet de police rendit une ordonnance, le 18 avril 1818, par laquelle il était interdit aux boulangers des communes rurales d'apporter et de vendre du pain *blanc* sur les marchés, et d'en introduire dans Paris, sous quelque prétexte que ce fût. Ils ne pouvaient apporter que du pain *bis-blanc* ou *bis*, du poids de 2 kilogrammes et au-dessus, et de forme *ronde*, sous peine d'être privés de leur place.

Le pain bis-blanc ne pouvait être vendu que 10 centimes au moins au-dessous du pain de première qualité que les boulangers de Paris avaient seuls le droit de vendre sur les marchés. Ils pouvaient aussi vendre, en concurrence avec les forains, du pain bis-blanc et bis en se conformant à l'ordonnance de l'autorité.

Presque aussitôt nouvelle ordonnance royale ; nouvelle modification au décret du 11 octobre 1801, lequel doit être regardé comme la conséquence naturelle de la réduction du nombre des boulangers. L'approvisionnement est augmenté de trente mille sacs de farine ; sans autre compensation pour le boulanger qui doit faire l'énorme dépense de magasinage et d'entretien de son contingent, que les avantages de la mesure précédente ; encore fallait-il qu'elle fût maintenue, quoique insuffisante.

L'autorité considérant, avec raison, que depuis l'arrêté du 11 octobre 1801, le nombre des boulangers a été considérablement diminué par suite des rachats de fonds avec l'autorisation même de l'autorité, et que les boulangers qui exerçaient en ce moment avaient augmenté leur commerce en raison de ces réductions, sans que la quantité des farines formant leur dépôt et leur approvisionnement particulier eût été élevée dans la même proportion ; qu'il en résultait que la boulangerie ne présentait plus à l'administration la masse d'approvisionnement qu'elle s'était proposé d'assurer à la capitale ; qu'il était indispensable de le ramener à un taux suffisant pour répondre aux motifs de prévoyance qui l'ont fait instituer ; et que pour apporter, dans cette rectification, toute la justice nécessaire, la division des classes doit s'opérer suivant la quantité de sacs de farine qu'emploie chaque jour un boulanger, au lieu de se régler, ainsi que l'avait établi l'arrêté du 11 octobre 1801, sur le nombre des fournées, qui porte en lui-même un principe d'inégalité d'après la différence de capacité des fours.

En conséquence, le 21 octobre 1818, l'autorité ordonna que chaque boulanger serait tenu d'avoir à titre de garantie, au magasin de la ville, vingt sacs de farine de première qualité au lieu de quinze et du même poids.

Et dans son magasin un approvisionnement de même farine réparti par classe de boulangers, savoir :

| | |
|---|---|
| La première ............... | 140 sacs. |
| La deuxième............... | 110 — |
| La troisième............... | 80 — |
| La quatrième .............. | 30 — |

Le principe de la limitation de la boulangerie émané de la volonté du pouvoir et dont l'origine lui appartient est devenu une propriété des boulangers en vertu des rachats opérés par eux sous l'influence et avec l'approbation du premier magistrat de la ville. Cependant en 1826 quarante nouveaux fonds de boulangers furent ouverts, l'administration le voulut ; elle avait autorisé les suppressions, elle avait consenti à l'amortissement à prix d'or de deux cent quarante boulangeries, et quand le droit à la réduction eut été acheté sous ses auspices et payé par les cotisations de la boulangerie, elle fit revivre les fonds amortis, sous prétexte que la population de Paris avait augmenté considérablement de 1815 à 1826 et que cette mesure était justifiée par cette dernière circonstance qui détruisait l'équilibre de la consommation et de l'approvisionnement.

Quoique cette mesure fût jugée généralement d'une opportunité incontestable, elle n'en jeta pas moins l'inquiétude dans l'esprit des boulangers, sur l'avenir de la limitation de leurs établissements, et l'ordonnance suivante vint l'augmenter encore :

L'autorité avait alors jugé que six cents boulangers devaient suffire à préparer l'alimentation journalière de la capitale avec le concours de la vente aux marchés, telle qu'elle avait été réglée le 18 avril 1818. Néanmoins, le préfet de police rendit une ordonnance, le 15 octobre 1828, d'après laquelle tous les boulangers de Paris et des communes rurales, munis de permissions, furent autorisés à apporter *tous les jours*, sur *tous les marchés* de la capitale, *toute espèce de pain* de bonne qualité, quels qu'en soient la *forme et le poids*.

Dans cette occurrence inquiétante où la limitation était détruite indirectement par une concurrence plus défavorable que si elle eût été proclamée, les boulangers de Paris adressèrent un mémoire à l'autorité, le 9 novembre 1831, par lequel ils demandaient à former un approvisionnement de soixante mille cinq cents sacs de farine, répartis proportionnellement entre toutes les classes de boulangers, et déposés dans les greniers de la ville, avec un intérêt de six pour cent de capital (il eût été probablement réduit à cinq et même à quatre pour cent) et cinquante centimes seulement par sac et par an pour frais de renouvellement ; ce qui ferait avec l'approvisionnement que les boulangers sont obligés d'avoir dans leurs magasins particuliers, cent vingt et un mille sacs : lesquels suffisent à une consommation de plus de deux mois.

Ainsi la consommation serait à l'abri, pour plus de deux mois, des intempéries, des mouvements révolutionnaires et de toute éventualité qui, comme les disettes réelles, peuvent la compromettre.

Paris avec son immense population attire à lui tout seul, tout ce que produit la terre à plus de vingt lieues à la ronde. La circulation arrêtée dans ce rayon produit les effets de la stérilité même.

L'approvisionnement, placé entre les mains des boulangers, serait un moyen toujours à la disposition du pouvoir pour balancer, par un sage emploi, l'effet des intempéries ou des spéculations commerciales poussées, dans de certaines circonstances, jusqu'à une exagération condamnable.

L'administration n'aurait pas à s'inquiéter de la qualité des farines et de leur bonne conservation. Le boulanger, obligé chaque jour de soutenir la concurrence de ses confrères et de surveiller l'état de ses farines, y apporterait par devoir et par intérêt une constante sollicitude. D'un autre côté, l'écoulement journalier des produits de la fabrication faciliterait les renouvellements exigés par l'influence des saisons, puisque le chiffre de l'approvisionnement est calculé sur cette nécessité.

Cet approvisionnement serait certainement loin de suffire à assurer la sécurité dans Paris dans une année tout à fait calamiteuse; néanmoins, en garantissant une consommation moyenne de, au moins, deux mois et demi, il donnerait le temps à l'administration de réunir, sans secousse et avec autant de prudence que d'économie, le complément des ressources nécessaires.

L'approvisionnement réalisé sur les bases ci-dessus ferait une dépense annuelle, au prix moyen des farines dans un temps ordinaire, intérêts compris, de cent quatre-vingt mille francs.

Suivant les renseignements pris à la direction même de la dernière réserve faite au compte de l'État, celle-ci a coûté annuellement, déduction faite de ses bénéfices au moment de la vente de ses farines, intérêts du capital compris, la somme de cinq cent quarante-six mille francs. Il est vrai qu'elle payait aux boulangers 3 francs par sac et par an pour frais de conservation et de renouvellement, au lieu de 50 centimes qu'ils demandent. Il faut dire aussi que les farines originaires n'avaient pas la valeur, pour la qualité, de celles qui les ont remplacées.

Le mode proposé par les boulangers offrait donc chaque année une économie de 366,000 francs.

Mais les boulangers insistaient pour la réduction des six cents boulangeries existantes à cinq cent cinquante, comme impérieusement réclamée sous le triple rapport de la sûreté, de l'approvisionnement et de la concentration qui amenait avec elle de l'économie dans les frais généraux d'exploitation, en compensation de leurs charges et de l'intérêt du consommateur. Ils ne se sont pas préoccupés de la question de savoir à la charge de qui retomberaient les conséquences de l'extinction des cinquante fonds.

Ils demandaient en outre que le décret du 11 octobre 1801, d'après lequel les arrêtés de police autorisèrent l'amortissement des boulangeries inutiles et dont l'extinction leur avait coûté 1,300,000 francs, fût respecté, et la limitation consacrée par une ordonnance royale;

Que la commission de la taxe qui fixe le prix du pain, eût un caractère de stabilité, et des attributions fixes;

Que les frais de manutention fussent revisés et que l'allocation fût établie d'après une appréciation sévère, mais suffisante ;

Que la taxe fût mensuelle, comme plus utile au commerce, plus en harmonie avec l'approvisionnement et moins capable d'éveiller le trouble que celle de quinze jours,

Et enfin un principe de tolérance proportionnelle sur le poids du pain.

Nous parlerons un peu plus loin de ces dernières dispositions et de leurs conséquences en continuant l'histoire commentée de la boulangerie de Paris.

Soit que l'autorité n'eût pas reconnu, dans ce mémoire, une économie, des garanties et des avantages suffisants ; soit qu'elle voulût se réserver les modifications que le temps et les circonstances exigeraient ultérieurement dans l'organisation actuelle de la boulangerie ; soit enfin qu'elle eût l'espoir de pouvoir, un jour, s'arroger le droit d'imposer aux boulangers, sans conditions et sans compensation, ce que ceux-ci demandaient avec des conditions qui peut-être lui parurent exagérées, elle examina avec attention ce projet, mais n'y donna pas suite.

D'après une délibération du Conseil municipal de la ville de Paris, relative à une augmentation du dépôt de garantie et à un crédit de 36,000 francs pour subvenir, s'il y avait lieu, à l'indemnité à payer aux boulangers au sujet de ce dépôt, une ordonnance du roi, en date du 19 juillet 1836, prescrivit aux boulangers de joindre à leur dépôt de garantie, déposé dans les magasins de la ville, les trois cinquièmes de l'approvisionnement que chacun d'eux était tenu d'avoir dans ses magasins particuliers, savoir :

| | |
|---|---|
| Première classe............. | 84 sacs. |
| Deuxième classe............ | 66 — |
| Troisième classe............ | 48 — |
| Quatrième classe........... | 18 — |

C'était là peut-être un commencement d'exécution des projets de l'administration au sujet de l'avenir définitif de la boulangerie ; dans tous les cas, cette mesure devait être considérée, et elle le fut en effet, comme un engagement tacite de respecter le décret du 11 octobre 1801, et la limitation de la boulangerie en proportion de la population.

### DE LA TAXE PÉRIODIQUE DU PAIN ET DE L'ALLOCATION.

Le commerçant, l'industriel sont, dans un pays libre, seuls arbitres du prix, l'un de l'objet de son négoce, l'autre des produits de son industrie. S'ils vendent, les conditions de la vente sont débattues entre eux et l'acheteur ; une volonté étrangère n'intervient pas dans le contrat.

Sous ce rapport, la boulangerie, par son organisation, se trouve dans une situation exceptionnelle. Ce commerce intéresse directement la vie des citoyens ; il a une influence active sur la tranquillité publique le pouvoir doit intervenir ; et se placer entre le boulanger qui vend et le consommateur qui achète ; il doit fixer les conditions du marché et taxer le prix du pain.

L'administration, en exerçant ce droit, s'impose implicitement le devoir de satisfaire deux intérêts légitimes : celui du public, qui ne doit payer le pain que ce qu'il vaut ; celui du fabricant, qui doit recevoir le prix de la farine qu'il achète, de la main-d'œuvre qu'il emploie, et enfin le bénéfice qui fait le salaire de son travail et l'existence de sa famille.

Après la crainte de manquer de pain, le pauvre et l'ouvrier ont encore celle de le payer trop cher.

Les magistrats, pour prévenir ces inquiétudes, en fixent le prix; ils interviennent entre le boulanger et l'acheteur; ils taxent la marchandise et le travail, sans respect pour la liberté du commerce, mais par une haute considération d'ordre public.

Sous l'Empire, le gouvernement, confiant dans sa sollicitude pour la boulangerie, prit pour règle sa prévoyance et son sentiment des besoins généraux. En un mot, le pain fut taxé par le Préfet de police, qui seul se constitua l'arbitre de la taxe, à des époques variables, et selon le mouvement du prix des farines. Il n'y eut pas toujours harmonie entre le prix des farines et celui du pain, mais les besoins de la ville furent satisfaits, et, par de légales compensations, les intérêts de la boulangerie furent sagement ménagés.

Jusqu'en 1823, les magistrats suivirent ces errements; mais à cette époque l'administration, voulant entrer dans les voies régulières de la légalité, créa la taxe périodique sur des bases qui pussent éclairer le consommateur, et ne nuire aucunement aux intérêts des boulangers. En conséquence, elle décida que, à compter du 1er juillet 1823, le prix du pain serait taxé périodiquement, de quinze jours en quinze jours, d'après les mercuriales servant à établir le prix moyen des farines pendant la quinzaine précédente.

Mais, malheureusement, les bases sur lesquelles est fondée cette ordonnance ne représentent qu'une très-faible partie de la consommation générale de Paris, attendu que les boulangers ont la faculté d'acheter directement aux meuniers la quantité de farine qu'ils jugent convenable, et sans contrôle. Les mercuriales qui déterminent le prix du pain ne sont donc pas rigoureusement l'expression générale du prix moyen de la farine; cependant celui de la Halle aux farines, interprété fidèlement, a suffi, quant à présent, à l'exécution de l'ordonnance; et, pour en assurer la sincérité, une commission d'hommes spéciaux, parmi lesquels se trouve un syndic de la boulangerie, se réunit périodiquement, depuis 1830 seulement, au ministère de l'intérieur, pour vérifier et arrêter les mercuriales.

Il serait à désirer, ainsi que l'exprime le Mémoire des boulangers, que cette Commission fût définitivement organisée, que son existence et ses attributions fussent déterminées légalement, et qu'elles devinssent une garantie d'avenir pour tous les intérêts, et de moralité pour le contrôle.

Il serait à désirer aussi que l'autorité trouvât le moyen, sans blesser la liberté du commerce, de contrôler également toutes les farines que les boulangers achètent directement aux meuniers, à leur entrée dans Paris et à leur sortie, si elles sortaient, pour éviter le double emploi. Il faudrait peut-être aussi, pour qu'il n'y eût aucun doute sur la déclaration du prix d'achat, que les farines fussent vendues, au nom du fabricant, par des agents assermentés du gouvernement. Mais ne verrait-on pas dans cette mesure une atteinte à la liberté du commerce? De quelque manière qu'on s'y prît pour arriver à un contrôle général, sa réalisation détruirait toutes les préventions, régulariserait les intérêts des boulangers et garantirait ceux des consommateurs (1).

Les préjugés populaires sont difficiles à déraciner. Aussi, en taxant le pain, l'autorité a eu pour motif, pour raison première, de protéger les boulangers contre les erreurs des populations, toujours disposées à leur attribuer la hausse du pain et à les en rendre responsables; de prévenir aussi les consommateurs contre les prétentions, quelquefois cupides, des boulangers.

L'autorité a taxé le pain d'après les éléments suivants :

1° Le prix qu'a coûté la farine au boulanger;

2° Le remboursement de ses frais et de la manutention ;

3° Un excédant pour son salaire et l'entretien de sa famille.

Le salaire du fabricant, désigné sous le nom d'*allocation*, parce que le pouvoir le mesure et le lui alloue, a été établi par l'autorité, qui a fixé à cent deux pains de 2 kilogrammes le rendement d'un sac de farine du poids de 157 kilogrammes, et à 11 francs les frais de fabrication; ou bien, en réduisant par 100 kilogrammes de farine, le rendement en pains cuits est de 130 kilogrammes, et l'allocation est de 7 francs.

Dans l'impossibilité de pénétrer dans le détail des achats directs des farines, l'administration a supposé que

(1) Depuis 1854 il a été créé une caisse générale où les boulangers sont obligés de déclarer leurs achats de farine et d'en déposer le prix que les meuniers viennent toucher. Il est donc bien facile, connaissant tous les marchés, d'établir une moyenne pour la taxe du pain; mais, comme cela a été prévu par l'auteur, le commerce *a trouvé, à juste titre*, que cette mesure entravait sa liberté.

toutes les acquisitions faites par un boulanger, dans une quinzaine, lui ont coûté un prix moyen qui correspond à celui qui résulte des mercuriales prises à la Halle.

La commune déterminée ainsi est une fiction, mais c'est une fiction nécessaire dans l'état actuel des choses. L'autorité, qui procède dans un intérêt général, ne pouvait admettre que les données des cours publics. D'ailleurs, ces données, lorsqu'elles sont sincères, expriment, sinon le prix auquel le boulanger a acheté sa farine, celui du moins auquel il pouvait l'acheter.

Pour base des calculs de frais de manutention, l'administration a pris une boulangerie absorbant trois sacs de farine par jour. Nous produisons ici le tableau qui a été établi à cet effet, et un autre tableau présenté par les boulangers et ayant pour but de rectifier les omissions et les exagérations du premier.

TABLEAU.

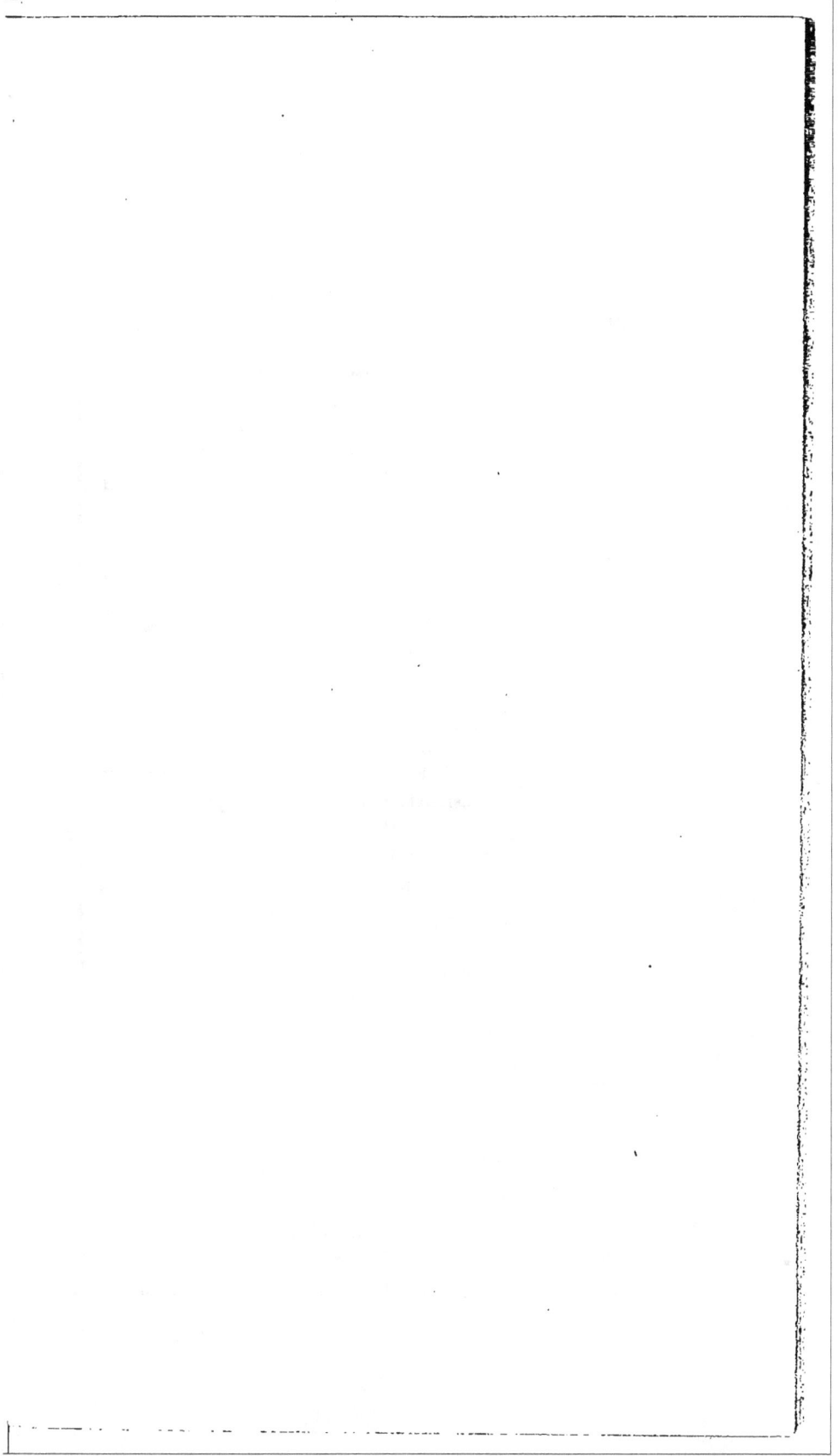

PREMIÈRE PARTIE DU

**FRAIS DE**

RÈGLEMENT ADOPTÉ EN 1822, SUR LE TERME MOYEN D'UN EMPLOI

OU 6 FOURNÉES, QUOIQUE CETTE FABRICATION PUISSE ÊTRE

| DÉTAIL DES FRAIS. | DÉPENSE ANNUELLE POUR 3 SACS. | | DÉPENSE JOURNALIÈRE POUR | | | |
|---|---|---|---|---|---|---|
| | | | 3 SACS. | | 1 SAC. | |
| **Frais généraux.** | | | | | | |
| | fr. | c. | fr. | c. | fr. | c. |
| **1.** — Achat de fonds de commerce... | 1,250 | » | 3 | 24 | 1 | 14 |
| **2.** — Loyer...................... | 1,000 | » | 2 | 73 | » | 91 |
| **3.** — Contributions................ | 205 | » | » | 56 | » | 19 |
| **4.** — Entretien de la manutention, renouvellement du matériel....... | 292 | » | » | 80 | » | 27 |
| **5.** — Montage des farines en magasin. | 273 | 75 | » | 75 | » | 25 |
| **6.** — Intérêt du capital placé en farines, au dépôt de garantie........ **7.** — Intérêt du capital placé en farines chez les boulangers......... Dépôt de prévoyance............ | 306 | 65 | » | 84 | » | 28 |
| TOTAL des frais généraux.. | 3,327 | 40 | 8 | 92 | 3 | 04 |
| **Frais particuliers.** | | | | | | |
| **8.** — Manutention, paie des ouvriers. | 3,741 | 25 | 10 | 25 | 3 | 41 |
| **9.** — Distribution de pain aux ouvriers........................ | 328 | 50 | » | 90 | » | 30 |
| **10.** — Combustible sous déduction de la braise...................... | 1,250 | » | 3 | 42 | 1 | 14 |
| **11.** — Éclairage du fournil, de la boutique......................... | 292 | » | » | 80 | » | 27 |
| **12.** — Levûre.................... | 328 | 50 | » | 90 | » | 30 |
| **13.** — Sel....................... | 182 | 50 | » | 50 | » | 17 |
| **14.** — Remoulage et fleurage....... | » | » | » | » | » | » |
| TOTAL des frais particuliers. | 6,122 | 75 | 16 | 77 | 5 | 59 |
| TOTAL général des frais... | 9,450 | 15 | 25 | 87 | 8 | 63 |

## TRAVAIL DE LA COMMISSION.

### FABRICATION.

PAR JOUR DE TROIS SACS DE FARINE DU POIDS DE 157 KIL. 5 HECT.

FAITE PAR BEAUCOUP DE BOULANGERS EN 5 FOURNÉES.

### OBSERVATIONS SUR LES ÉLÉMENTS DU CALCUL.

**1.** — L'acquisition a lieu sur le taux de 8,000 à 10,000 fr. par chaque sac fabriqué journellement, ci, pour 3 sacs, 25,000 fr. Intérêts, 1,250 fr.

**2.** — Les loyers varient de 600 à 1,800 fr. Le taux moyen de la totalité des loyers s'obtient en divisant la masse payée 530,320 fr., suivant les contributions, par le nombre des boulangers, 560 ; le quotient est de 947 fr. On alloue 1,000 fr.

**3.** — Patente, 40 fr.; droit proportionnel, 1/10e sur 1,000 fr., 100 fr.; portes et fenêtres, 15 fr.; personnel, 50 fr. Total de la contribution annuelle, 205 fr.

**4.** — Le capital estimatif du matériel est de 2,000 fr. On pourrait admettre le renouvellement par dixième ou 200 fr. de dépense annuelle, on la porte à 15 % de 2,000 fr. ci, 292 fr. (au lieu de 300 fr.)

**5.** — Prix exorbitant de 25 cent. alloués aux forts par sac; sur 1,095 sacs par an, ci, 273 fr. 75 c.

**6.** — Le dépôt de garantie se compose de 20 sacs par boulanger, ci, 20 sacs par 560 .......... 11,200 sacs.

Le dépôt chez les boulangers, variable avec la classe, en totalité de .......... 57,490

La totalité des farines en dépôt doit donc être en sacs de 157 kil. 5 hect. de .......... 68,690 sacs.

Terme moyen, le pain ressort à Paris à 60 cent. les 2 kil., ou pour la farine, à 50 fr. le sac. 68,691 sacs représentent un capital de 3,434,500 fr. dont l'intérêt à 5 % est de 171,725 fr., qui, divisés entre les 560 boulangers, représentent d'intérêt annuel par boulanger, 306 fr. 65 cent.

**7.** — Cet intérêt est large puisqu'il représente 6,133 fr. ou 122 sacs de farine première, ou la consommation du boulanger pour 34 jours, à 3 sacs par jour.

**8.** — Emploi de 3 ouvriers : 1er garçon à 3 fr. 75 c.; un gindre à 3 fr. 50 c.; un aide-porte-pain à 3 fr. (et souvent il est payé sur ses profits). Total, 10 fr. 25 c.

**9.** — Un kil. de pain par jour par garçon, ci, 3 kil. à 30 c., 90 c. par jour.

**10.** — On consomme pour 6 fournées 9/30es de voie de bois ; et souvent il suffit de 5 fournées pour cuire les 3 sacs. Une voie de bois produit 34 boisseaux de braise ; le bois se vend, terme moyen, 5 fr. la voie, et la braise, 40 c. le boisseau, quoique le boulanger en retire souvent 50 et 60 c.

La braise se vend : 34 boiss. à 40 c., 13 fr. 60 c., ou par 9/30es 4 fr. 08 c.

Le bois s'achète : 9/30es de voie à 25 fr. .......... 7 50

Différence qui représente le prix du combustible, par jour.. 3 fr. 42 c.

— — et par an.. 1,250 fr.

On est convaincu que c'est tout bénéfice, et que la braise couvre le prix du bois.

**11.** — 3 quinquets pendant 7 heures, ci, 21 heures; à une once d'huile par heure, 21 onces par jour; à 60 c. la livre, ci, 80 c.; la chandelle remplace l'huile au besoin, ci, 80 c.

**12.** — Pour 3 sacs, 2 kil. à 45 c. Total 90 c., ou par sac 0 hect. 33 déca, à 90 c.

**13.** — Pour 3 sacs 2 livres, ou 1 kil., à 44 fr. le quintal, ou 44 c. par sac (on alloue 50 c.).

La direction proposait 12 c. par sac, mais les négociants en farines livrent 1 sac de remoulage sur 100 sacs de farine.

*Nota.* — Les corrélations entre les colonnes ne peuvent être plus exactes à 1 ou 3 c. près.

## SECONDE PARTIE DU TRAVAIL DE LA COMMISSION.

### ALLOCATIONS.

| OBSERVATIONS SUR LES ÉLÉMENTS DU CALCUL. | DÉPENSE ANNUELLE POUR 3 SACS. | | DÉPENSE JOURNALIÈRE POUR 3 SACS. | | DÉPENSE JOURNALIÈRE POUR 1 SAC. | |
|---|---|---|---|---|---|---|
| | fr. | c. | fr. | c. | fr. | c. |
| D'après le tableau d'autre part, on reconnaît la dépense du boulanger à.. | 9,450 | 15 | 25 | 87 | 8 | 63 |
| La taxation étant de 10 fr. par sac, le premier bénéfice est de.......... | 10,950 | » | 30 | » | 10 | » |
| **1.** — Différence de ces allocations, ci.. | 1,499 | 85 | 4 | 13 | 1 | 37 |
| **2.** — Différence sur le rendement de la farine en pain. On compte que le sac de farine rend 102 pains de 2 kil.; le boulanger obtient, terme moyen, 105 pains ; déductions faites des pertes pour crédit, ci 3 pains à 60 c., 1 fr. 80 c. par sac.............. | 1,971 | » | 5 | 40 | 1 | 80 |
| **3.** — Bénéfice sur le prix du pain vendu sans être refroidi et au-dessus de la taxe. On réduit, malgré la preuve d'excédant, le pain vendu à 5 c. au-dessus de la taxe, au nombre de 21, ou par sac 1 fr. 05 c., ceci pour le pain de 1 liv. ou de 2 liv.......... | 1,149 | 75 | 3 | 15 | 1 | 05 |
| **4.** — Bénéfice sur la vente du pain de luxe. C'est faire la part de l'industrie que de réduire l'allocation sur 4 liv. par jour. Le kilogramme de pain se vend 80 c. au lieu de 30 c.; différence 50 c. par kilogramme ou 25 c. par livre; pour une consommation de moins de 4 liv................ | 1,000 | » | 2 | 73 | » | 91 |
| TOTAL du bénéfice...... | 5,620 | 60 | 15 | 41 | 5 | 13 |
| **5.** — On est convaincu que la vente de la braise couvre le prix d'acquisition du bois; ci à ajouter au bénéfice en sus de l'allocation de l'administration.......................... | 1,250 | » | 3 | 42 | 1 | 14 |
| TOTAL des bénéfices..... | 6,870 | 60 | 18 | 83 | 6 | 27 |

# TABLEAU RECTIFICATIF

## CE TABLEAU EST DIVISÉ EN DEUX PARTIES :

La première est consacrée à la rectification des erreurs contenues dans le travail qui précède la réparation des omissions faites par la commission.

La seconde est une réfutation des erreurs plus graves encore de la commission sur les produits imaginaires qu'elle attribue comme bénéfices à la boulangerie.

TABLEAU

DES ERREURS CONTENUES DANS LE TRAVAIL DE LA

| FRAIS GÉNÉRAUX. | FRAIS ANNUELS POUR 3 SACS. | | FRAIS JOURNALIERS POUR | | | |
|---|---|---|---|---|---|---|
| | | | 3 SACS. | | 1 SAC. | |
| | fr. | c. | fr. | c. | fr. | c. |
| **1.** — Achat du fonds de commerce.. | 1,620 | » | 4 | 43 | 1 | 48 |
| **2.** — Loyer...................... | 1,600 | » | 4 | 38 | 1 | 46 |
| **3.** — Contributions............... | 261 | 40 | » | 71 | » | 24 |
| **4.** — Entretien de la manutention, renouvellement du matériel......... | 450 | » | 1 | 23 | » | 41 |
| **5.** — Montage des farines en magasin. | 273 | 75 | » | 75 | » | 25 |
| **6** et **7**. — Intérêt du capital placé en farine : Chez les boulangers............. Au dépôt de garantie........... | 468 | » | 1 | 28 | » | 43 |
| TOTAL des frais généraux.. | 4,673 | 15 | 12 | 78 | 4 | 27 |

## RECTIFICATIF

COMMISSION RELATIF AUX FRAIS DE FABRICATION.

| OBSERVATIONS. |
|---|
| **1.** — L'acquisition a lieu sur le taux de 8,000 à 10,000 fr. par chaque sac fabriqué journellement ; la commission ne compte que 25,000 francs pour 3 sacs et l'intérêt à 5 °/₀ seulement ; on doit compter 27,000 francs de capital et l'intérêt au taux du commerce (6 °/₀), ci, 1,620 fr. au lieu de 1,250 francs.<br><br>**2.** — La Commission n'a pas pu, de bonne foi, baser le prix des loyers sur le relevé des Contributions; les déclarations faites au bureau des Contributions sont toujours au-dessous de la vérité, le propriétaire et le locataire y ayant un intérêt commun; cela est notoire, et il l'est aussi que les loyers des boulangers varient, suivant le quartier et les localités, de 1,200 francs à 2,000 francs et plus; terme moyen, 1,600 francs, ci, 1,600 francs au lieu de 1,000 francs.<br><br>**3.** — Le chiffre des contributions doit être changé; car il y a moins de boulangers imposées d'après 1,000 francs de loyer que d'après 1,200 francs, 1,400 et même 1,800 francs; terme moyen 1,400 francs, ce qui donne 261 fr. 40 c., au lieu de 205 francs.<br><br>**4.** — Le capital estimatif d'un matériel de boulangerie doit être porté à 3,000 francs au moins. L'entretien de ce matériel, notamment du four, étant très-onéreux, l'allocation de 15 °/₀ n'est pas exagérée, ci, 450 francs au lieu de 292 francs.<br><br>**5.** — Le prix de 25 centimes par sac n'est qu'exact, et il n'est rien alloué pour le versage, qui est d'ordinaire de 10 centimes par sac, ci, 273 fr. 75 c., prix maintenu.<br><br>**6** et **7.** — Le compte de la Commission fourmille d'erreurs qui doivent être rectifiées.<br>Le boulanger qui cuit trois sacs par jour est tenu à un approvisionnement de 130 sacs.<br>Le prix moyen de la farine est, au sçu de l'administration, de 60 à 62 francs, non de 50 francs. Nous avons opéré par 60 francs.<br>L'intérêt doit se compter à 6 °/₀ et non à 5 °/₀.<br>D'après ces bases, on portera pour cet article 468 francs au lieu de 306 francs.<br><br>Les frais généraux s'élèvent, par ces différentes rectifications, à 4,673 fr. 15 c., au lieu de 3,327 fr. 40 c. |

| FRAIS PARTICULIERS. | FRAIS ANNUELS POUR 3 SACS. | | FRAIS JOURNALIERS POUR | | | |
|---|---|---|---|---|---|---|
| | | | 3 SACS. | | 1 SAC. | |
| | fr. | c. | fr. | c. | fr. | c. |
| **8.** — Manutention, paye des ouvriers. | 4,288 | 75 | 11 | 75 | 3 | 92 |
| **9.** — Distribution de pain aux ouvriers. | 383 | 25 | 1 | 05 | » | 35 |
| **10°** — Combustible, sous réduction de la braise........................ | 1,934 | 50 | 5 | 30 | 1 | 77 |
| **11.** — Éclairage du fournil et de la boutique........................ | 292 | » | » | 80 | » | 27 |
| **12.** — Levûre.................... | 365 | » | 1 | » | » | 33 |
| **13.** — Sel...................... | 273 | 75 | » | 75 | » | 25 |
| **14.** — Remoulage et fleurage...... | 65 | 70 | » | 18 | » | 06 |
| TOTAL des frais particuliers. | 7,602 | 95 | 20 | 83 | 6 | 95 |

## OBSERVATIONS.

**8.** — Un gindre, 4 fr. par jour; un aide, 3 fr. 75 c.; un troisième, 2 fr. 75 c.; un porteur de pains, 1 fr. 25 c.; total, 11 fr. 75 c. Un porteur de pains est indispensable; le troisième, après avoir passé la nuit, n'en porte que peu et même souvent n'en porte pas; ci, 4,288 fr. 75 c. au lieu de 3,741 fr. 25 cent.

**9.** — Un kilogramme de pain par jour à 35 centimes, pour trois ouvriers, 1 fr. 05 c.; plus un petit pain le matin consacré par l'usage, et le pain consommé la nuit, qu'on peut évaluer à une demi-livre par ouvrier et que cependant on ne compte pas, ci, 383 fr. 25 c. au lieu de 328 fr. 50 c.

**10.** — A cet article, la Commission fait des calculs, présente des résultats, et déclare qu'ils sont faux! Elle a raison, car elle les a réduits au-dessous du vrai. Le prix du bois varie au chantier de 26 à 30 francs la voie; il faut y ajouter 50 centimes pour le cordage, 1 franc pour le transport : le prix du bois est donc de 29 fr. 50 c. et non de 25 francs.

Une voie de bois brûlé produit 34 boisseaux de braise; la braise se vend 40 centimes le boisseau; total, 13 fr. 60 c.

On emploie, pour six fournées de pain, 10/30es de voie de bois, ce qui fait .................................. 9 fr. 83 cent.

On en retire pour les 10/30es de braise... 4 53

Différence constatant le prix du combust. 5 fr. 30 c. par jour ou 88 c. 2/1000es par fournée.

Quant aux boulangers, s'il en existe qui vendent la braise au-dessus de de 40 centimes, ils ont, à raison de leur quartier, des frais de maison plus considérables, ci, 1,934 fr. 50 c. au lieu de 1,250 francs.

**11.** — Il y a inexactitude dans le prix de la chandelle et de l'huile, exactitude seulement dans la quantité que l'on consume. Cependant la somme de la Commission est maintenue.

**12.** — On emploie pour trois sacs un kilogramme un quart de levûre à 80 c. le kilogramme, 1 fr. par jour; l'allocation de la Commission est insuffisante, ci, 365 fr. au lieu de 328 fr. 50 c.

**13.** — On emploie pour trois sacs un kilogramme et demi de sel à 50 cent., 75 cent. par jour; l'allocation d'un kilog. n'est pas suffisante, ci, 273 fr. 75 c au lieu de 182 fr. 50 c.

**14.** — La halle ne livrant pas de fleurage, on doit ajouter 18 centimes par jour pour le sac qu'on y achète; les 12 centimes proposés par la Commission sont insuffisants. Les marchands livrent vingt boisseaux par cent sacs, ce qui fait ajouter 20/100es de boisseau; prix moyen de 90 cent.; 18 cent. pour 20/100es, ci, à ajouter 65 fr. 70 c.

| FRAIS OMIS. | FRAIS ANNUELS POUR 3 SACS. | FRAIS JOURNALIERS POUR 3 SACS. | FRAIS JOURNALIERS POUR 1 SAC. |
|---|---|---|---|
| | fr. c. | fr. c. | fr. c. |
| 1. — Taxe de la vérification des poids et mesures | 4 32 | » 01 | » » |
| 2. — Transport des farines de la Halle à la boulangerie | 91 25 | » 25 | » 08 |
| 3. — Combustible employé au chauffage de l'eau | 54 75 | » 15 | » 05 |
| TOTAL des frais omis | 150 32 | » 41 | » 13 |

| RÉSUMÉ DU DÉTAIL DES FRAIS RECTIFIÉS. | DÉPENSE ANNUELLE POUR 3 SACS par jour. | DÉPENSE JOURNALIÈRE POUR 3 SACS. | DÉPENSE JOURNALIÈRE POUR 1 SAC. |
|---|---|---|---|
| | fr. c. | fr. c. | fr. c. |
| TOTAL des frais généraux | 4,673 15 | 12 78 | 4 27 |
| — particuliers | 7,602 95 | 20 83 | 6 95 |
| — omis | 150 32 | » 41 | » 13 |
| TOTAL GÉNÉRAL des frais | 12,426 42 | 34 02 | 11 35 |
| La Commission n'ayant porté ses frais qu'à | 9,450 15 | 25 87 | 8 63 |
| Il en résulte une différence d'allocation de | 2,976 27 | 8 15 | 2 72 |

## FRAIS OMIS.

**1.** — Minimum fixé par la dernière ordonnance sur les poids et mesures, ci, à ajouter 4 fr. 32 c.

**2.** — Une boulangerie employant trois sacs de farine par jour, achète au moins un sac sur le carreau de la Halle. Le prix du transport varie suivant la distance, de 20 à 30 centimes par sac; prix moyen, 25 centimes, ci, à ajouter 91 fr. 25 c.

**3.** — Cette évaluation, oubliée par la Commission, ne peut pas être plus modérée, ci, à ajouter 54 fr. 75 c.

## OBSERVATIONS.

## EXAMEN DU TRAVAIL

RELATIF AUX BÉNÉFICES OU ALLOCATIONS EN

### TRAVAIL DE LA COMMISSION.

| OBSERVATIONS SUR LES ÉLÉMENTS DU CALCUL. | DÉPENSE ANNUELLE POUR 3 SACS. | | DÉPENSE JOURNALIÈRE POUR 3 SACS. | | 1 SAC. | |
|---|---|---|---|---|---|---|
| | fr. | c. | fr. | c. | fr. | c. |
| D'après le tableau d'autre part, on reconnait la dépense du boulanger à.. | 9,450 | 15 | 25 | 87 | 8 | 63 |
| La taxation étant de 10 fr. par sac, le premier bénéfice est de........... | 10,950 | » | 30 | » | 10 | » |
| **1.** — Différence de ces allocations, ci. | 1,499 | 85 | 4 | 13 | 1 | 37 |
| **2.** — Différence sur le rendement de la farine en pain. On compte que le sac de farine rend 102 pains de 2 kil. ; le boulanger obtient, terme moyen, 105 pains ; déduction faite des pertes pour crédit, ci 3 pains à 60 c., 1 fr. 80 par sac,................. | 1,971 | » | 5 | 40 | 1 | 80 |
| **3.** — Bénéfice sur le prix du pain vendu sans être refroidi et au-dessus de la taxe. — On réduit malgré la preuve d'excédant, le pain vendu à 5 c. au-dessus de la taxe, au nombre de 21, ou par sac 1 fr. 05 c., ceci pour le pain de 1 liv. et de 2 liv........... | 1,149 | 75 | 3 | 15 | 1 | 05 |
| **4.** — Bénéfice sur la vente du pain de luxe. C'est faire la part de l'industrie que de réduire l'allocation sur 4 liv. par jour. Le kilogramme de pain se vend 80 c. au lieu de 30 c., différence 50 c. par kilogramme ou 25 c. par livre; pour une consommation de moins de 4 liv................... | 1,000 | » | 2 | 73 | » | 91 |
| TOTAL du bénéfice........ | 5,620 | 60 | 15 | 41 | 5 | 13 |
| **5.** — On est convaincu que la vente de la braise couvre le prix d'acquisition du bois ; ci à ajouter au bénéfice en sus de l'allocation de l'administration........................... | 1,250 | » | 3 | 42 | 1 | 14 |
| TOTAL des bénéfices...... | 6,870 | 60 | 18 | 83 | 6. | 27 |

## DE LA COMMISSION

NATURE QU'ELLE ATTRIBUE A LA BOULANGERIE.

### RÉFUTATION.

**1.** — La somme de 1,499 fr. 85 c., bénéfice prétendu, est la différence entre l'allocation de 10,950 francs et l'évaluation des frais par l'Administration à 9,450 fr. 15 c.; cette somme est à remplacer par celle de 12,426 fr. 42 c., selon le tableau qui précède; la différence n'est plus 1,499 fr. 85 c., résultat positif, mais 1,476 fr. 42 c., résultat négatif ou perte réelle.

**2.** — Le compte rendu porte que le boulanger obtient, terme moyen, cent cinq pains de quatre livres de rendement, déduction faite des pertes pour le crédit; nous ne savons pas combien la Commission alloue pour ces pertes, dès lors nous ignorons ce qu'elle compte de rendement. Mais ce que nous n'ignorons pas, c'est que nous n'avons jamais trouvé de farines qui rendissent cent cinq pains. Les progrès de l'agriculture, en forçant la terre à produire en plus grande quantité, altèrent nécessairement la qualité de ses produits; les moyens actuellement employés pour moudre le blé, en donnant à la farine plus d'éclat, en détériorent aussi la qualité nutritive, et par conséquent le rendement. Des comptes suivis pendant plusieurs périodes et chez divers boulangers, ont généralement donné pour résultat 98, 99, 100, 101, 102 et 103 pains, maximum presque extraordinaire; quelques farines n'ont produit que 97 pains; ainsi le terme moyen est 100 pains. On ne peut donc tenir aucun compte des évaluations de la Commission. — Et d'ailleurs, pour avoir un compte juste de rendement, il faut le faire dans une boulangerie ordinaire, par les procédés et avec les ouvriers habituels; non pas dans une boulangerie spéciale, avec les levains préparés à cet effet, dont la fraicheur, la prise à point, et souvent aussi le travail de l'ouvrier stimulé par les juges de l'expérience, peuvent forcer le produit. La fraicheur des levains influe sur le rendement; plus un levain est à la chaleur, plus il fermente, et moins il rend. Du reste, il est constant qu'entre des essais aussi réguliers et le travail précité de nos établissements, il existe une différence de deux pains par sac à notre préjudice.

**2** *bis.* — Les pertes de crédit sont considérables dans les maisons de détail, et surtout chez les boulangers, dans les temps de cherté; la nécessité de cet aliment, les sollicitations réitérées des demandeurs, le tableau déchirant de leur misère, des motifs d'ordre public et souvent même de tranquillité personnelle, obligent presque malgré eux les boulangers à faire des crédits que d'avance ils savent ne pas pouvoir recouvrer. L'administration aurait dû offrir une compensation à nos pertes.

**3.** — Nous ne savons quelle différence de bénéfice il peut y avoir à vendre du pain chaud ou du pain froid. Quant au bénéfice du pain au-dessus de la taxe, le compte-rendu porte le nombre de ces pains à vingt et un par sac, ce qui est exorbitant, puisque cela suppose quarante-deux pains de deux livres par sac et cent vingt-six par trois sacs. Un grand nombre de boulangers n'en font pas, et il n'est même pas de boulanger employant trois sacs qui en fasse vingt-cinq à trente par sac. D'ailleurs les frais de fabrication sont plus considérables sur ces petits pains que sur ceux de quatre livres.

**4.** — La Commission, en annonçant un bénéfice sur la vente du pain de luxe, parle bien de la différence du prix du pain, mais non de celle de la farine, ni des charges extraordinaires qu'exige cette fabrication. D'ailleurs, cette vente est tout à fait temporaire et locale, et diminue beaucoup aux temps de cherté. On ne doit pas la compter comme bénéfice à tous les boulangers.

**5** — Dire que le prix de la braise couvre le prix du bois, c'est ajouter trop gratuitement une nouvelle erreur à celle qui est déjà réfutée à la première partie des frais, paragraphe n° 10.

## DU POIDS DU PAIN ET DE LA TOLÉRANCE.

Aucune loi n'astreint, et ne peut raisonnablement astreindre à une forme et à un poids déterminés. C'est cependant cette exactitude impossible dans le poids du pain cuit que l'autorité a exigée pendant longtemps, de la boulangerie, au nom de l'intérêt général.

Mais l'autorité, mieux éclairée, a supprimé cette ordonnance sans laquelle la tolérance n'a plus aucune acception ; et si nous en parlons c'est seulement comme souvenir historique, important du reste à consulter.

La surveillance du poids du pain par les agents de l'autorité causait quelquefois du scandale, souvent des procès et toujours des interprétations plus ou moins équivoques qui mettaient en doute la fidélité du marchand.

Il est du devoir de l'autorité qui veille à l'exécution de ses règlements de protéger aussi l'honneur du marchand contre les interprétations offensantes de ses agents, et contre des préjugés vulgaires qui ont pris leur origine dans une hostilité, mal raisonnée sans doute et néanmoins souvent justifiée, entre le consommateur et le fabricant.

Le pouvoir, s'autorisant d'un vieil usage, semblait avoir voulu que les boulangers fabriquassent tous leurs pains d'un poids uniforme et déterminé.

Mais la chaleur du four, en cuisant la pâte, lui fait perdre par l'évaporation une partie notable de l'eau qu'elle renferme. Cette eau était un élément du poids total qu'a dû calculer le boulanger. Il y a donc un déchet nécessaire entre la pâte qu'on met au four et le pain cuit que l'on retire.

Rien n'est plus difficile que l'appréciation de ce déchet. Il se produit sous diverses influences qu'il est impossible aux praticiens les plus exercés de pouvoir régler.

Les physiciens et les chimistes les plus habiles ont été appelés à se prononcer sur l'effet du feu et de la décroissance de poids que subit la pâte ; la réunion de leurs lumières n'a rien pu produire de précis. On conclura aisément qu'un boulanger ne saurait être coupable de ne pouvoir résoudre un problème insoluble.

Cependant, à défaut de règles d'une exactitude parfaite, on a cherché des règles approximatives.

Déjà en 1778 plusieurs des principaux boulangers de Paris, sentant l'extrême difficulté de donner au pain le poids juste sur le pied duquel il était vendu, et désirant n'être plus exposés aux amendes qu'on prononce contre eux lorsque le pain n'a pas le poids prescrit, présentèrent un mémoire à M. le lieutenant général de police, par lequel ils demandèrent que le pain ne fût vendu qu'au poids : non qu'ils voulussent s'écarter de l'usage où ils sont de faire des pains de quatre, de deux et d'une livre, et de les maintenir, autant qu'il est possible, dans ces poids différents ; mais ils représentaient combien il était affligeant pour eux de se trouver garants, sous des peines humiliantes, d'une précision qui ne dépendait pas d'eux ; et ils offraient, ou de suppléer en pain à ce qu'il y aurait de moins sur ceux qu'ils vendaient, ou d'accorder une diminution proportionnelle, sur le prix courant, aux consommateurs.

Et ce ne fut que soixante-dix ans après qu'on reconnut que la première de ces deux propositions était rationnelle et qu'on en fit l'application définitivement.

Le 12 octobre 1781, une commission composée de Tillet, membre de l'Académie des sciences, Boscheron, Broc, Leroux et Garin, et nommée par le gouvernement, se réunit à l'école de boulangerie pour y commencer les expériences qu'exigeait cet article de police assez curieux en lui-même, et aussi intéressant pour la tranquillité des boulangers, qu'il mérite d'attention pour la justice due au peuple.

*Extrait du rapport de cette commission.*

« Lorsque la pâte eut été préparée de la manière or- « dinaire et que la pesée en eut été faite avec exactitude « sur le pied de neuf livres pour les pains de huit livres; « de quatre livres dix onces pour ceux de quatre livres ; « de deux livres six onces pour ceux de deux livres.

« Les boulangers sont dans l'usage autorisé d'em- « ployer des poids tarés dans les proportions précé- « dentes. Le déchet qu'éprouve la pâte au four roule à « peu près sur ces différences.

« Lorsque ces différents pains eurent pris leur apprêt « dans les pannetons, on les mit au four, en observant « un ordre déterminé, et on garda le même ordre en les « retirant du four, après qu'il eut été reconnu qu'ils « étaient suffisamment cuits.

« On procéda sur-le-champ à la pesée de tous ces « pains, sous les yeux des magistrats qui les avaient vu « mettre au four, et que l'importance de l'objet, leur « zèle surtout, rendaient attentifs au résultat de cette « opération exécutée à l'école de boulangerie, le 21 no- « vembre 1781.

### Premier quartier du four.

PAINS DE 4 LIVRES DE LA FORME ORDINAIRE ET PESÉS EN PATE A 4 LIVRES 10 ONCES.

| N° | | livres | onces | gros |
|---|---|---|---|---|
| N° 1 | ne pesait plus que | 3 livres | 14 onces | 2 gros. |
| 2 | — | 3 | 15 | 0 |
| 3 | — | 4 | 0 | 5 |
| 4 | — | 3 | 15 | 2 |
| 5 | — | 3 | 15 | 0 |
| 6 | — | 3 | 12 | 0 |
| 7 | — | 3 | 14 | 4 |
| 8 | — | 3 | 13 | 6 |
| 9 | — | 3 | 14 | 6 |
| 10 | — | 3 | 14 | 1 |
| 11 | — | 3 | 13 | 6 |
| 12 | — | 3 | 14 | 4 |
| 13 | — | 3 | 14 | 4 |
| 14 | — | 3 | 15 | 2 |
| 15 | — | 3 | 12 | 0 |
| 16 | — | 3 | 14 | 0 |
| 17 | — | 3 | 13 | 0 |
| 18 | — | 3 | 13 | 0 |

### Second quartier du four.

PAINS DE 4 LIVRES COMME CI-DESSUS.

| N° | | livres | onces | gros |
|---|---|---|---|---|
| N° 1 | ne pesait plus que | 3 livres | 13 onces | 4 gros. |
| 2 | — | 3 | 13 | 2 |
| 3 | — | 3 | 13 | 4 |
| 4 | — | 3 | 13 | 0 |
| 5 | — | 3 | 15 | 2 |
| 6 | — | 3 | 12 | 4 |
| 7 | — | 3 | 12 | 7 |
| 8 | — | 3 | 14 | 4 |
| 9 | — | 3 | 14 | 0 |
| 10 | — | 3 | 13 | 4 |
| 11 | — | 3 | 12 | 4 |
| 12 | — | 3 | 14 | 0 |
| 13 | — | 3 | 13 | 4 |
| 14 | — | 3 | 12 | 0 |

| N° | | livres | onces | gros |
|---|---|---|---|---|
| N° 15 | ne pesait plus que | 3 livres | 18 onces | 4 gros. |
| 16 | — | 3 | 13 | 4 |
| 17 | — | 3 | 13 | 3 |

### Cœur du four.

PAINS LONGS DE 4 LIVRES, PESÉS A 4 LIVRES 10 ONCES.

| N° | | livres | onces | gros |
|---|---|---|---|---|
| N° 1 | ne pesait plus que | 3 livres | 9 onces | 4 gros. |
| 2 | — | 3 | 9 | 5 |
| 3 | — | 3 | 7 | 0 |
| 4 | — | 3 | 8 | 6 |
| 5 | — | 3 | 5 | 0 |
| 6 | — | 3 | 9 | 2 |
| 7 | — | 3 | 7 | 0 |
| 8 | — | 3 | 8 | 4 |
| 9 | — | 3 | 7 | 0 |
| 10 | — | 3 | 10 | 0 |
| 11 | — | 3 | 7 | 0 |
| 12 | — | 3 | 9 | 0 |

PAINS LONGS DE 2 LIVRES, PESÉS A 2 LIVRES 6 ONCES.

| N° | | livres | onces | gros |
|---|---|---|---|---|
| N° 1 | ne pesait plus que | 1 livre | 13 onces | 4 gros. |
| 2 | — | 1 | 14 | 1 |
| 3 | — | 1 | 13 | 5 |
| 4 | — | 1 | 12 | 4 |
| 5 | — | 1 | 12 | 7 |

### Cœur du four.

PAINS DE 8 LIVRES, PESÉS A 9 LIVRES.

| N° | | livres | onces | gros |
|---|---|---|---|---|
| N° 1 | ne pesait plus que | 8 livres | 0 once | 4 gros. |
| 2 | — | 7 | 12 | 4 |

PAINS POUR LA SOUPE, RONDS ET PLATS, PESÉS A 4 LIVRES 10 ONCES.

| N° | | livres | onces | gros |
|---|---|---|---|---|
| N° 1 | ne pesait plus que | 3 livres | 3 onces | 4 gros. |
| 2 | — | 3 | 0 | 4 |

PAIN DE 2 LIVRES PESÉ A 2 LIVRES 6 ONCES.

Il ne pesait plus que 1 livre 7 onces 3 gros.

PAIN EN COURONNE, PESÉ A 2 LIVRES 6 ONCES.

Il ne pesait plus que 1 livre 11 onces 2 gros.

## RÉCAPITULATION.

| | | | | | | |
|---|---|---|---|---|---|---|
| Les 18 | pains pèsent | 69 liv. | 15 onces | 2 gros. | Ils doivent peser | 72 liv. |
| Les 17 | — | 65 | 4 | 2 | — | 68 |
| Les 12 | — | 42 | 1 | 5 | — | 48 |
| Les 5 | — | 9 | 2 | 5 | — | 10 |
| Les 3 | — | 7 | 11 | 3 | — | 10 |
| Les 2 | — | 15 | 13 | 0 | — | 16 |
| Le 1 | — | 1 | 11 | 2 | — | 2 |
| | | 211 liv. | 11 onces | 3 gros. | | 226 liv. |

Perte générale.......... 14 livres 4 onces 5 gros.

« On voit par ce tableau fidèle des produits de notre « expérience, que l'inégalité de poids a lieu dans tous « les cantons du four ; que la perte sur le poids s'est « faite en raison de la surface des pains, puisque les « douze pains longs ont perdu, l'un dans l'autre, 5 li- « vres 14 onces 3 gros ; tandis que les dix-huit pains « du premier quartier, qui étaient de la forme ordi- « naire, n'ont perdu que 2 livres 6 gros, et que les dix- « sept pains du second quartier, pareils à ceux du « premier pour la forme, n'ont éprouvé que 2 livres « 11 onces de déchet.

« On remarque que, par la même raison, les pains « plats pour la soupe sont très-éloignés du poids de « 4 ou de 2 livres, auquel on aurait pu s'attendre si « on ne les eût pas aplatis, afin qu'ils présentassent « plus de surface ; et que la perte du second de ces « pains destinés pour la soupe, a été jusqu'à 15 on- « ces, 4 gros, en dehors de la tare ; c'est-à-dire, à un

« quart environ du poids dont aurait dû être ce pain « d'une forme particulière.

« Les deux pains préparés pour être de huit livres « chacun après leur cuisson, prouvent seuls la grande « différence, à l'égard du poids, que produit sur le pain « la forme qu'on lui a donnée. Le premier de ces deux « pains dont on avait maintenu la forme en le mettant « au four, et le second qu'on avait un peu aplati avant « de l'y mettre, étaient tous deux, plus ou moins, au- « dessous de leur poids, et avaient perdu en total 13 on- « ces 3/4. Il en a été ainsi du pain en couronne ; le « déchet s'y est trouvé de 4 onces 6 gros au-dessous « du poids légal, parce que ce pain, étant très-ouvert « dans son milieu, et n'ayant que peu d'épaisseur, pré- « sente beaucoup de surface et donne même, par sa « forme spéciale, une issue plus facile aux vapeurs « aqueuses, par les gerçures qui se forment toujours à « sa croûte supérieure.

« Il convient d'observer que les déchets considérables, « produits dans cette expérience, sont une instruction « pour les boulangers ; ils les avertissent que si l'égalité « du poids dans le pain au sortir du four, ne peut s'ob- « tenir, quelque précaution qu'on prenne pour y par- « venir, il reste néanmoins une certaine attention à « donner à la chaleur du four, ce dont un boulanger ne « doit jamais se dispenser, pour garantir le pain d'un « déchet extraordinaire.

« Quoique la connaissance du degré de chaleur qu'un « four doit avoir pendant la cuisson du pain eût paru « plus propre à satisfaire la curiosité qu'à conduire à « un avantage réel, nous cherchâmes cependant à l'ac- « quérir, mais sans être distraits sur le fond de notre

« expérience et sur les observations plus essentielles qui « nous y intéressaient.

« Nous fîmes construire en conséquence un thermo- « mètre à mercure, Réaumur, il était monté sur une « lame de cuivre qui portait des divisions graduées jus- « qu'au nombre de 310 ; deux espèces d'anses de fil « de fer passaient au-dessous de la lame de cuivre, « y étaient écartées l'une de l'autre d'un demi-pied en- « viron, et maintenues dans cette distance, elles se « réunissaient ensuite au-dessus de cette lame, à la « hauteur de 5 à 6 pouces, et y étaient attachées en- « semble par un autre fil de fer; ces deux anses qui, « ainsi disposées, laissaient entre elles un passage libre « au manche d'une pelle de four, donnaient la facilité « par là de transporter le thermomètre sur les premiers « de ces pains, et vers le milieu du four, dont aussitôt « on ferma l'entrée. Après qu'il y fut resté dix minutes, « on le retira, et il marquait 185 degrés pendant la « cuisson du pain.

« Il résulte de ces expériences que, plus les pains « présentent de surface, soit par leur largeur, soit par « leur longueur, suivant le goût des consommateurs, « plus ils perdent de leur poids au four ; tandis qu'au « contraire, les pains très-arrondis souffrent beaucoup « moins de la dessiccation et n'ont pas besoin de l'excé- « dant de pâte qu'exigent les pains plus développés en « surface.

« Il résulte enfin des faits que nous avons constatés « que le séjour du pain dans le four pendant quelques « minutes au delà du temps convenable pour sa cuisson, « y occasionne une diminution sur le poids, et qu'elle est « plus ou moins considérable suivant que le pain se

« trouve placé dans les endroits du four qui, vers la fin « de l'enfournement, ont plus ou moins perdu de la « grande chaleur qu'ils avaient acquise.

« Lorsqu'on se plaint de l'inégalité du poids des pains « de quatre livres et autres, de la forme ordinaire, les « boulangers représentent qu'elle a souvent lieu par « des inconvénients dont il leur est très-difficile de se « garantir ; ils font observer que la pesée de la pâte est « confiée à des ouvriers qui n'y portent pas toujours l'at- « tention qu'elle demande ; que ces ouvriers, dont le tra- « vail se fait avec beaucoup de célérité, et qui sont « souvent excédés de fatigue, manient la balance sans « précaution, y laissent quelquefois une portion de la pâte « qui appartient au pain qu'on vient de peser.

« Les boulangers insistent aussi sur la difficulté de « régler, comme il le faut, la chaleur du four et de con- « naître le degré précis de la cuisson du pain ; sur le « danger qu'il y a de l'y laisser un peu trop longtemps, « pour le poids qu'il doit avoir au sortir du four : ils « représentent enfin qu'ils trouvent ordinairement très- « peu de ressources dans leurs ouvriers pour une manu- « tention aussi délicate que la leur ; qu'ils y veillent à la « vérité, mais que le fort du travail, sa continuité, les « veilles qu'il exige les absorbent entièrement, et que « leur vigilance ne saurait remédier à tous les incon- « vénients dont leurs opérations sont menacées, surtout « par les ouvriers, plus laborieux par habitude que ja- « loux par goût, de bien saisir les règles de leur art.

« Nous ferons observer que l'acide carbonique ne se « dilate et les vapeurs aqueuses ne se dégagent du pain, « dans un temps donné, et sous l'influence de la chaleur, « qu'en raison de sa surface et des issues plus ou moins

« libres par lesquelles ces corps s'échappent. C'est « même par suite de l'effort que font ces vapeurs pour « se dégager, et de l'obstacle que leur oppose le tissu « cellulaire, que l'intérieur du pain se développe en tous « sens, se tuméfie, augmente de volume et acquiert de « la légèreté.

« Si le pain conserve à peu près son volume pendant « la cuisson et si la croûte se forme rapidement, qu'elle « soit épaisse et, en quelque sorte, imperméable, il ne « laisse au dégagement des vapeurs aqueuses qu'une issue « insuffisante ; alors il pourra arriver que ce pain perdra « beaucoup moins de son poids, dans un temps limité, « qu'un autre qui sera crevassé, fendu, coupé ou piqué.

« Quoi qu'il en soit de la cause de cette inégalité, il est « démontré par l'expérience, qu'elle a lieu d'une ma- « nière plus ou moins marquée, quelques précautions « que l'on prenne pour la prévenir.

« S'il est d'une exacte équité, s'il faut nécessairement « que le consommateur reçoive la quantité de pain qu'il « paie, il est juste aussi que la probité du boulanger soit « à l'abri de tout soupçon.

« Dans cet état de choses, les boulangers proposent « de parfaire le poids manquant du pain avec d'autre « pain de même nature, ou de consentir à une diminu- « tion proportionnelle sur le prix du pain qui n'aurait « pas le poids annoncé.

« En considérant les choses sous ce point de vue, on « sent tout d'un coup que la justice est dans la main du « consommateur qui tient la balance ; que les boulangers « ont autant de surveillants, et de surveillants continuels, « qu'il y a de particuliers attentifs à leurs intérêts.

« Tant que la société se repose sur la vigilance des

« magistrats, ses plaintes sont rares, mais son intérêt « peut être lésé, parce que les magistrats, avec les intentions les plus pures, ne sauraient obvier aux imperfections de l'art, et pourraient frapper souvent un « boulanger de bonne foi, en croyant punir un homme « infidèle.

« Il ne s'agit pas ici d'un commerce comme celui de « l'orfévrerie, où la loi veille pour le peuple, où une « inspection rigide devient nécessaire, parce que le titre « des matières, la valeur intrinsèque des choses, passe « les connaissances vulgaires, et demande qu'une autorité éclairée la fixe.

« Cependant, malgré la précision d'exécution, le « gouvernement, dans la fabrication des monnaies de « France, accorde une tolérance de quelques millièmes « en dessus ou en dessous du titre.

« Il est question ici de l'aliment de première nécessité ; le peuple l'a sans cesse sous la main, et il en a le « choix dans toutes les boulangeries qui existent; il sait « en apprécier la qualité suivant son goût; il lui est également facile d'en connaître le poids, de se faire rendre sur-le-champ la justice qui lui est due sous ce dernier rapport; alors sa garantie est complète; il sait le « prix de ce qu'il achète par la taxe ; il juge de sa qualité par les apparences, et il en constate lui-même le « poids.

« L'essence d'une loi générale et des règlements particuliers qui en découlent, se traduit, pour ceux qui y « sont assujettis, par la possibilité de l'exécuter. La mauvaise foi seule cherche des prétextes pour l'enfreindre. Une loi coactive qui, malgré les apparences capables d'en imposer, est en défaut sur le point essentiel,

« cette loi, attaquable dans son principe, ne subsiste « qu'au milieu des abus; et si un homme, fidèle à ses « devoirs, s'y soumet d'abord au hasard, sans craindre « de compromettre ses intérêts, il ne tarde pas à s'aper- « cevoir des difficultés matérielles et insurmontables « qu'elle présente; il s'en écarte peu à peu, et finit « par voir dans la loi même, la raison de s'y sous- « traire.

« Il est nécessaire que tout règlement se base sur « l'expérience; sans cette condition essentielle, il tombe « bientôt par lui-même, ou, s'il subsiste par voie d'au- « torité, il fournit sans cesse matière à de justes récla- « mations.

« Les abus sont presque toujours à côté des meil- « leurs règlements, et le seul moyen de les préve- « nir, c'est de s'appuyer sur des principes invariables « tels, que, sous aucun prétexte, on ne puisse les com- « battre. »

Ainsi s'expriment les savants; ainsi ils raisonnent, d'après des opérations faites régulièrement, le thermomètre à la main pour mesurer la chaleur, la balance pour peser la quantité de farine, et le litre pour mesurer celle de l'eau. De leur part tout est précision; mais le phénomène physique qu'ils veulent saisir, malgré tant de soins, leur échappe.

Gens de science, ils avouent que la science est en défaut.

Que sera-ce donc du praticien? Il ne peut tout faire lui-même, il lui faut le concours des ouvriers. Mais ce dont il faut tenir compte encore, c'est le dérangement, la lassitude, l'indisposition et des ouvriers et du maître qui, dans toutes les saisons, la nuit, dans un étroit espace, sous le feu du four, se livrent à une fabrication aussi pénible que la boulangerie.

C'est à ce fait, déduit de l'expérience, que les boulangers ont dû la règle de tolérance que leur a accordée le Préfet de police par son ordonnance en date du 9 juin 1817.

Dans cette ordonnance, l'autorité, rendant hommage aux faits seulement, accordait aux boulangers une excuse légale lorsque le pain, par eux exposé en vente, variait de poids dans les proportions qui suivent :

| | | | |
|---|---|---|---|
| 5 onces sur un pain | | de.................. | 6 kilogr. |
| 4 | — | de.................. | 4 |
| 3 à 4 | — | de .................. | 3 |
| 4 à 5 | — | long................ | 2 |
| 2 à 3 | — | de forme ordinaire.. | 2 |
| 1 1/2 | — | ordinaire de........ | 1 |
| 1 | — | — de........ | 0$^{kil}$,500 |

Enfin, l'autorité, jalouse de faire donner aux consommateurs le poids de la marchandise qu'ils achetaient, et aux boulangers les moyens de faire respecter leur moralité, accorda à ceux-ci, en 1840, le 2 novembre, ce que les boulangers de 1778 avaient en vain sollicité, la vente du pain au poids, constaté entre le vendeur et l'acheteur, soit qu'elle s'applique à des pains entiers, soit qu'elle porte sur des fractions de pain. La taxe fixera le prix du kilogramme de pain.

Ne sont point soumis à la taxe tout pain d'un kilogramme ou d'un poids inférieur, tout pain de première qualité du poids de 2 kilogrammes, dont la longueur excéderait 70 centimètres. Le prix du kilogramme de ces espèces de pain sera réglé de gré à gré entre les boulangers et les consommateurs.

On peut donc ainsi résumer aujourd'hui l'organisation de la boulangerie de Paris :

Six cents boulangers, ayant acheté la limitation à ce nombre la somme de un million deux cent quatre-vingt-sept mille huit cent soixante-six francs, par cotisation approuvée de l'autorité;

Une avance, sans intérêts, d'une pareille somme, à peu près, pour l'approvisionnement imposé à la boulangerie, savoir :

52,146 sacs, déposés comme garantie dans les magasins de la ville, et entretenus aux frais de la boulangerie;

26,764 sacs déposés, savoir : 16,059 sacs dans les magasins de la ville, et 10,765 sacs aux domiciles des boulangers, comme approvisionnement.

Et comme règlements généraux, la taxe périodique tous les quinze jours, et la concurrence sur les marchés de la ville par les boulangers forains, lesquels n'ont aucune charge de dépôt de garantie ni de contingent à domicile.

On doit considérer la boulangerie de Paris comme une compagnie de six cents actionnaires travaillant chacun pour son compte, et ayant contracté l'engagement de pourvoir à l'approvisionnement de la capitale pendant un certain temps, incessamment renouvelé, moyennant une garantie stable, qui assure la limitation du nombre des boulangers, en rapport avec la population.

Il y a tout lieu d'espérer que les législateurs, éclairés par l'expérience des temps, et inspirés par un sentiment de justice et d'ordre public, accorderont, par une loi, à des hommes qui ont fait leurs preuves de dévouement, de toutes les manières, depuis quarante-cinq ans, une garantie qu'ils ne pourraient refuser à une compagnie qui se présenterait, si la boulangerie n'était pas organisée, et si des besoins impérieux forçaient de la créer.

De Maistre voyait dans la liberté illimitée du commerce un symptôme de décomposition sociale mille fois plus menaçant que les indices révolutionnaires. Si cette opinion a quelque vérité, c'est à la boulangerie particulièrement qu'il convient de l'appliquer.

Si le commerce de la boulangerie dans les grandes villes devenait entièrement libre, comme l'entendent certains réformateurs de prétendus abus qui n'existent que dans leur imagination, et qui dénaturent au profit de leur opinion ou de leurs projets spéculatifs les enseignements de l'histoire, non-seulement l'approvisionnement serait compromis, mais encore l'alimentation d'une grande population tomberait entre les mains de vrais monopoleurs, qui créeraient, à l'aide d'actions industrielles, de grandes boulangeries, dans lesquelles le consommateur ne trouverait ni commodité ni avantage dans les jours d'abondance, ni sécurité dans les moments calamiteux; elles deviendraient, au contraire, un facile élément de désordre aux jours de révolution.

## DU PAIN DE SECONDE QUALITÉ.

Le pain de seconde qualité n'existe à Paris que de nom.

Le pain est un aliment auquel tout le monde a droit, car chacun a droit à l'existence ; et quoiqu'il soit le produit perfectionné de l'intelligence et du travail, il n'appartient pas exclusivement, pour cela, à celui qui peut l'acquérir.

Ceux envers qui la nature fut injuste et la fortune rebelle, doivent participer aussi à la jouissance du pain.

Le temps n'est peut-être pas très-éloigné où la société, dégagée de toute préoccupation d'agitation, pourra se livrer en toute liberté à ses inspirations humanitaires, qui lui font pressentir le devoir de concourir en commun à assurer aux invalides de l'industrie, de la production et de la conservation, une existence au moins égale à l'existence créée par l'État en faveur des mutilés de la gloire, et tout aussi honorable.

Lorsque, dans une famille nombreuse, toutes les ressources réunies suffisent à peine à son existence, la plus stricte économie sur les objets mêmes de première nécessité devient un impérieux devoir.

Celui qui est réduit aux aliments simples mais nutritifs, et qui n'a besoin, pour aiguiser son appétit, d'autres stimulants que l'exercice du travail, n'a rien à envier à l'oisif opulent dont le goût usé et l'estomac blasé ne peuvent se passer de mets recherchés. Mais la privation devrait être inconnue à l'humanité ; et lorsque, malheureusement, elle se dévoile à côté du luxe et au milieu de l'abondance, le doute, plus que l'égoïsme, nous rend indifférents et injustes.

Entre l'abondance et la privation, il y a le nécessaire auquel les hommes valides ont droit par le travail, et les invalides par la société.

Le pain est une indispensable partie du nécessaire : doit-il être égal, de qualité apparente, pour tous? La prévoyance vient démontrer le contraire.

Les fruits, arrivés à leur maturité, n'ont besoin d'aucune préparation dans leurs usages alimentaires. Mais comme les espèces en sont très-variées, et que la culture de chacune d'elles demande des soins, une étude et un travail particuliers, l'industrie en règle la valeur.

La température et l'hydratation suffisent aux légumineux pour les préparer à l'alimentation ; les céréales, au contraire, exigent une épuration et une préparation, à l'aide desquelles l'aliment qui en résulte se présente sous une forme unique, mais d'un aspect et d'un caractère variés.

Chacun a le droit de préparer et d'épurer ses aliments comme il lui convient ; par conséquent, le pain ne peut être d'une qualité uniforme ; et, d'ailleurs, il ne serait possible de le produire ainsi qu'en altérant ses propriétés alimentaires.

La farine n'a-t-elle pas besoin d'être épurée à plusieurs degrés pour être entièrement propre à l'usage auquel elle est destinée ? En effet, après la mouture, la réunion de tous les éléments du blé réduit à sa plus simple expression la dilatation de l'un d'eux, de laquelle dépend la valeur nutritive de cette céréale.

La farine brute, par la présence du son seulement, est réduite à un développement au-dessous de six fois de celui de la farine première ; le gluten de celle-ci atteint, à son maximum de dilatation, cinquante degrés à l'aleuromètre, représentés par un développement de sept fois son volume, lequel forme l'équivalent alimentaire du pain. Le gluten de la farine, première et seconde réunies, ne se dilate plus que de six fois son volume ; celui de la farine, première, seconde et troisième réunies, que de cinq fois, et enfin le gluten de la farine brute, lequel se trouve cependant au même état que dans les farines précédentes, si les unes ou les autres n'ont pas passé une fois de plus sous la meule, ne se dilate plus que de deux fois son volume. Cette différence entre cette dernière et les autres résulte de la réunion de tous les corps hétérogènes que l'épuration sépare.

Si les charges de celui auquel le pain sert de principale nourriture le réduisent à l'alimentation la plus simple et la plus commune, qu'il soit certain au moins de pouvoir se la procurer en quantité suffisante et de nature à satisfaire ses besoins.

Les circonstances les plus favorables procurent aux habitants des campagnes les moyens de produire et de se procurer facilement les aliments de première nécessité, et de les préparer selon leur goût et leurs habitudes.

Dans les grandes villes, à Paris surtout, si le pain de première qualité est préparé avec une perfection qui ne laisse rien à désirer, celui de seconde qualité ne lui ressemble pas sous ce dernier rapport; et le peu qu'on en trouve, semble destiné à faire ressortir la supériorité du premier et à justifier la répugnance que sa mauvaise qualité fait éprouver. La différence, cependant, ne doit pas être aussi manifeste que l'intérêt particulier de quelques boulangers veut bien le faire supposer.

Que le mot *pain bis* disparaisse du vocabulaire de la superstition, et qu'il soit remplacé par celui de pain de seconde qualité, le préjugé s'effacera devant les efforts consciencieux de l'art pour arriver à la perfection.

Un seul établissement, à Paris, témoigne de la supériorité que peut atteindre la fabrication du pain de seconde qualité : c'est la Boulangerie générale des hospices et hôpitaux civils de la capitale. Là, la panification s'exécute suivant les règles les plus rigoureuses de l'art, et la réception des farines est soumise à l'examen d'experts, praticiens expérimentés et désintéressés.

## DU PAIN DISTRIBUÉ AUX INDIGENTS DE PARIS.

Quoique ce que nous allons exposer ne soit plus appliqué aux indigents de Paris, il convient cependant de le signaler comme souvenir historique, administratif et pratique de la boulangerie.

La ville de Paris fait, tous les ans, d'immenses sacrifices pour le soulagement des classes pauvres, mais les perturbations politiques engendrent une nouvelle classe d'indigents, de ces honnêtes et malheureux ouvriers qui, tous à la fois, manquent de travail.

Si le pain de seconde qualité, bien fabriqué, était répandu dans le commerce, nul doute qu'il ne suffît aux rigoureux besoins de cette partie intéressante de la population que la nécessité oblige à s'imposer des privations momentanées.

Dans quelques quartiers de Paris, tous les boulangers concouraient à la fourniture du pain des indigents; dans d'autres, les préférés des comités de bienfaisance en avaient seuls le privilége. Les premiers, dans la minime quantité qu'ils eurent à placer, ne trouvèrent pas les ressources suffisantes pour une bonne fabrication; les seconds n'apportèrent peut-être pas tous les soins que leur imposait cette préférence. Toujours est-il que l'indigent, dégoûté du pain bis qu'on lui présentait, transigeait et acceptait en échange un pain de première qualité moyennant un supplément de 20 centimes, lesquels représentent une différence de 20 francs entre les farines de première qualité et celles de seconde.

Le maximum de la différence ne dépasse pas 10 francs.

L'administration des hospices passe des marchés de

farine, par adjudication cachetée, pour le service des hospices, hôpitaux et établissements de bienfaisance. La réception de ces farines a lieu à la Boulangerie générale, comme nous l'avons dit, d'après l'examen d'experts choisis, moitié par l'administration et moitié désignés par la Chambre du commerce, parmi les praticiens qui offrent le plus de garanties en connaissances pratiques et en moralité.

Lorsque la fourniture de quinze jours est effectuée, le chef de la boulangerie fait préparer un pain d'échantillon sur chaque fourniture; les experts sont appelés; ils visitent les farines sac par sac pour constater leur identité, les comparent entre elles et les classent par ordre, suivant leur nuance comparée avec le type qui a servi de règle aux adjudicataires; ils examinent ensuite le pain qui provient de chaque livraison et classent définitivement les farines suivant leur qualité panifiable. Il arrive presque toujours que le classement sur la nuance ne correspond pas avec celui du pain. Ce dernier est le plus concluant.

Le fournisseur, dont les farines ont été reconnues, par les experts, impropres au service, doit les remplacer par d'autres d'une qualité supérieure, et si celles-ci sont encore refusées, l'administration est en droit, en vertu du cahier des charges d'adjudication, de s'en procurer de convenables dans le commerce et au compte du fournisseur.

Le caractère des experts est à l'abri de tout soupçon de partialité; ils ont demandé à ignorer complétement le nom de l'adjudicataire (1).

Les bureaux de charité de Paris distribuaient par an le

(1) Depuis quelques années l'administration des hospice as fait construire un moulin dans la Boulangerie même des hospices, qui achète maintenant le blé et fabrique elle-même la farine qu'elle emploie.

produit, en pain, de 1,260,000 kilogrammes de farine de seconde qualité par l'intermédiaire des boulangers auxquels ils avaient accordé le privilége de cette fourniture. Ceux-ci n'étaient que les manutentionnaires de l'administration des hospices qui, leur adressait la farine nécessaire à cette distribution.

Afin d'éviter toute espèce de réclamation de la part des boulangers sur la qualité de la farine, l'administration choisissait toujours celles qui avaient été placées en premier ordre par les experts.

Les boulangers recevaient, en outre, des bureaux de bienfaisance, pour frais de fabrication, une allocation de 5 centimes par pain, à raison de 99 pains de 2 kilogrammes pour 150 kilogrammes de farine.

La ville de Paris dispense, en faveur des indigents, de ressources limitées; elle a voulu en étendre les bienfaits en créant une distribution de pain moins cher que le pain ordinaire, d'une qualité presque égale et dont la différence ne fût que dans la blancheur.

Cette condition a-t-elle été observée par les boulangers privilégiés des bureaux de bienfaisance? A voir l'empressement qu'avaient les indigents à échanger leurs cartes de pain de seconde qualité pour un pain blanc, moyennant un supplément de 20 centimes payés de leurs deniers; à en juger par la différence qui existe entre le pain de seconde de la boulangerie et celui de la manutention des hospices, il serait permis d'en douter.

Cette dernière circonstance pouvait faire soupçonner aussi que les boulangers altéraient ou remplaçaient les farines que l'administration des hospices leur adressait, s'ils n'eussent, à toutes les époques, donné la preuve de leur désintéressement et de leur dévouement à seconder les efforts bienfaisants de l'administration. Elle prouve seulement, mieux que ne le pourrait faire le raisonnement, les avantages de toute nature, qui résultent d'une fabrication spéciale et suivie avec ordre.

La commission municipale de la ville de Paris, éclairée par ces faits, et reconnaissant à l'infortuné que le malheur force à faire du pain son unique nourriture, le droit à un aliment supérieur, a décidé qu'à compter du 1er janvier 1850, la somme de 319,000 francs dont elle dispose pour l'acquisition des farines secondes, serait versée dans la caisse des bureaux de bienfaisance et qu'elle serait destinée à payer le pain blanc pris par chaque indigent, muni d'une carte, chez tous les boulangers indistinctement.

Tout en rendant hommage aux bonnes intentions de la commission municipale, on est forcé de reconnaître que cette mesure réduit singulièrement les secours qu'elle accorde aux indigents; n'eût-il pas été plus efficace de créer une boulangerie spéciale annexe à celle des hospices et soumise aux mêmes règles de fabrication et à la même surveillance pour la réception des farines que dans ce dernier établissement.

Ce qu'il est impossible aux boulangers de la ville d'exécuter isolément, un établissement de cette nature l'accomplirait à la satisfaction des consommateurs et de l'autorité municipale. La qualité du pain qui en serait distribué servirait de type à celui que cherche vainement à se procurer l'ouvrier nécessiteux.

### PAIN DE SECONDE QUALITÉ SUR LES MARCHÉS DE PARIS.

L'approvisionnement de seconde qualité, sur les marchés de Paris, abandonné sans contrôle et sans surveillance, à la concurrence de quelques boulangers de faubourgs, de beaucoup de boulangers de banlieue, de plusieurs boulangeries à procédés clandestins de fabrication, n'offre pas aux familles nécessiteuses la perfection de produits, à laquelle elles ont droit de prétendre.

En matière d'aliments de première nécessité, la libre concurrence, sans l'intervention et la surveillance de l'autorité, se réduit à une lutte d'intérêts dont le fabricant se réserve tous les avantages.

La concurrence dans la boulangerie de Paris pour la supériorité de fabrication du pain ordinaire, se répand rarement hors de la limite d'un quartier. Les traditions de l'art sont également observées partout en ce qui concerne cette sorte de pain; mais les fournisseurs des maisons opulentes, des restaurateurs recherchés pour leur luxe de table et des hôtels où s'arrêtent les étrangers de distinction, donnent tous leurs soins, de préférence, aux petits pains de table qu'ils fabriquent avec une rare perfection et à l'aide de procédés particuliers qu'ils tâchent, autant que possible, de tenir secrets, mais que le conseil de salubrité surveille dans l'intérêt du consommateur. Le pain blanc ordinaire de ces établissements ne diffère en rien de celui des boulangeries vulgaires ; il représente un type connu qui résulte d'une seule sorte de farine dite de première.

En dehors des hospices, le véritable type du pain de seconde qualité, provenant de farines secondes pures, est complétement inconnu à Paris.

Aucun des boulangers qui participent à l'approvisionnement des marchés, ne met en pratique les moyens employés à la Boulangerie générale des hospices, soit dans le choix des farines, soit dans la régularité de la panification. Les uns unissent ensemble les farines de seconde et de troisième qualité mélangées très-souvent de farines de seigle et d'orge; d'autres mettent en usage des procédés clandestins et réprouvés, entre autres une mixture amylacée de diverses substances étrangères au blé et quelquefois aux céréales.

Mais que l'autorité favorise la production parfaite du pain de seconde qualité; qu'elle en surveille incessamment la nature, en le comparant avec le type des hospices, ou avec celui qui proviendrait d'une boulangerie spéciale créée à cet effet, et surtout qu'elle n'admette dans les marchés que du pain de cette espèce, la concurrence forcera bientôt les boulangers à se renseigner sur les moyens d'exécution les plus favorables à sa perfection, et à suivre les traditions qu'on observe dans cet établissement, unique en son genre.

Enfin, nous déclarons avec la plus profonde conviction, nous en avons d'ailleurs l'exemple tous les jours par nos expertises à la boulangerie des hospices, que cette espèce de pain ne le cède en rien, pour son alimentation, au pain de première qualité, et qu'il n'y a entre eux qu'une légère différence de nuance. S'il était répandu abondamment dans Paris, il rendrait un immense service aux familles nécessiteuses, et honorerait l'autorité qui aurait remplacé le vain nom par la chose même (1).

(1) Depuis quelque temps la Boulangerie des hospices alimente les marchés.

# CHAPITRE IV

## DU BLÉ

### PARMENTIER. — DUMAS. — RASPAIL.

Tout industriel qui veut perfectionner l'art qu'il exerce, ou tout au moins le pratiquer avec fruit, doit connaître l'origine, la composition et la nature des substances qu'il emploie, surtout lorsque celles-ci, sous sa main, se transforment et acquièrent des propriétés nouvelles.

Quoique, depuis longtemps, les boulangers eussent abandonné l'usage d'acheter et de moudre eux-mêmes leur blé ou de le faire moudre par des meuniers, ils n'en doivent pas moins avoir des notions générales sur sa nature, sa composition, et sur les diverses influences sous lesquelles ses éléments principaux peuvent se modifier, avant ou après sa conversion en farine.

Davy a, le premier, signalé à l'attention des chimistes l'influence qu'exerce le climat sur les quantités respectives des corps qui entrent dans la structure d'une graine. Il a fait voir, toutes choses égales d'ailleurs, que les blés du Midi renferment plus de gluten que ceux du Nord, et qu'il s'y trouve dans un état d'agrégation et d'hydratation différent, duquel la mouture et la panification se ressentent.

La nature du blé dépend donc du concours de beaucoup de circonstances, qu'il est quelquefois impossible de prévoir et d'empêcher, mais qu'on peut apprécier par l'observation : tels sont le climat, la nature du terrain et la qualité et l'abondance du fumage ; ce qui fait, selon Raspail, qu'une analyse chimique ne doit jamais être considérée comme exprimant une loi générale de composition quantitative.

Les accidents qui surviennent aux végétaux dès qu'ils se développent, pendant qu'ils croissent, et jusqu'à ce qu'ils soient parvenus à une parfaite maturité, sont infinis.

On sait que si, pendant la floraison, il tombe des pluies abondantes, accompagnées de vents et d'orages, toutes les poussières des étamines sont délayées, enlevées, et le blé qui n'a pas été fécondé demeure petit et vide : on sait que quand les blés sont encore verts, s'il survient tout à coup de grandes chaleurs, sa tige, au lieu de grossir, se dessèche ; les grains mûrissent trop promptement ; ils n'ont pas le temps, par conséquent, de se remplir suffisamment de farine. On sait aussi que les vents impétueux faisant verser le blé, sa tige, plus ou moins ployée, souffre une espèce d'étranglement ; la séve, interrompue dans son cours, ne monte plus jusque dans l'épi, et le grain, s'il n'est pas encore bien avancé, prend peu de nourriture, reste petit et maigre. Enfin, on sait encore qu'une pluie froide et continuelle, pénétrant jusque dans la texture du grain encore mou, se combine avec ses parties constituantes, leur fait occuper plus de volume, d'où il résulte un blé renflé assez gros, mais léger, à cause de l'abondance de son écorce et de la dilatation du tissu cellulaire ; la farine qui en résulte boit peu d'eau au pétrissage, n'est presque point de garde, et s'altère promptement sous les influences atmosphériques; souvent même, lorsque cette pluie se prolonge plus longtemps, les blés germent dans l'épi, et alors la perte est irréparable.

### COMPOSITION MATÉRIELLE DU BLÉ SELON M. DUMAS.

Le grain des céréales, et celui du froment en particulier, renferme un assemblage de principes immédiats qui le rend parfaitement propre à la nourriture d'un grand nombre d'animaux. Parmi ces principes, on distingue une matière azotée neutre plus ou moins abondante, des matières grasses répandues particulièrement dans le son, de la fécule et des sels alcalins et terreux. Tous ces produits jouent un rôle également indispensable dans la nutrition ou l'entretien de la vie.

On voit, par cette courte définition, admirable de simplicité et de précision, que l'illustre savant qui l'a formulée n'a pas voulu établir de loi générale sur la composition atomique des éléments, ni même quantitative, des corps dont le blé est formé.

Cependant, Proust avait trouvé que 100 parties de froment donnaient :

| | |
|---|---|
| Résine jaune | 1,0 |
| Extrait gommeux et sucré | 12,0 |
| Gluten | 12,5 |
| Amidon | 74,5 |

Tout en nous inclinant devant une autorité aussi imposante, et en reconnaissant que les sels alcalins et terreux dont parle M. Dumas entrent dans la composition des quatre corps cités plus haut, nous sommes étonné, puisque c'est une analyse quantitative, de ne pas y voir figurer l'eau à l'état libre et l'eau de végétation.

La résine jaune, suivant Raspail, provient du péricarpe ; l'embryon donne une résine verte qui a échappé à Proust. Mais, outre ces substances, il existe, dans les farines les plus pures, des débris du péricarpe et de leur embryon, qui ont dû être mis sur le compte de l'amidon et du gluten. L'huile a été perdue de vue, parce que ses globules, montant en suspension, accroissent la masse de l'extrait, ou imprègnent le gluten et en sont absorbés.

### DESCRIPTION MICROSCOPIQUE DES ORGANES QUE LA MOUTURE CONFOND DANS LA FARINE DE BLÉ, D'APRÈS M. RASPAIL.

Une coupe longitudinale du grain mûr de froment, pratiquée le long du sillon médian, que l'on observe sur la face postérieure du grain, présente : 1° le péricarpe, qui, sur le côté opposé, tapisse l'intérieur du sillon médian ; 2° le périsperme, blanc et farineux ; 3° l'embryon, dont l'empreinte se voit sur le péricarpe, à la base de toute graine de graminacée.

Avant la fécondation de l'ovaire, le péricarpe se composait de deux couches, l'une extérieure, blanche, très-épaisse, remplie de fécule, et l'autre plus mince, verte, tapissant l'intérieur de la cavité formée par la couche extérieure, et susceptible, à une certaine époque, de se séparer de la couche blanche, en conservant pourtant des traces de leur adhérence primitive.

A mesure que la maturité approche, on voit la couche externe et blanche perdre peu à peu sa fécule et son épaisseur ; ses cellules, se dépouillant progressivement de leur substance nutritive, s'appliquent les unes contre les autres, et, réduites alors à la minime épaisseur de leurs parois, elles finissent par ne plus présenter, malgré leur grand nombre, que la consistance d'un épiderme ordinaire.

La couche interne, au contraire, de verte qu'elle était dans le principe, finit par devenir rougeâtre, changement uniquement dû à une modification de la résine de ses cellules, et c'est cette résine desséchée qui rend le grain des céréales imperméable à l'eau, partout ailleurs que sur le hile, par lequel le grain tenait à l'articulation de la fleur.

Le périsperme est recouvert d'une couche à cellules hexagonales, noires par réfraction, et blanches par réflexion. Cette couche simple paraît tenir la place, chez les graminées, du test des autres grains. Une tranche longitudinale du grain de blé présente tous ces organes dans leur position respective : couche blanche et externe du péricarpe, couche résineuse et interne du même organe, espèce de test qui enveloppe le périsperme farineux, mais qui, sur l'embryon, ne s'offre plus avec ses cellules hexagonales.

A la base du grain de toutes les céréales se trouvent deux écailles, épaisses avant la fécondation, et qui s'amincissent avant la maturité. Dans leurs interstices s'insèrent les étamines, et ce double système d'organes forme l'analogue des corolles monopétales des végétaux d'un ordre supérieur.

L'embryon se compose : 1° d'un cotylédon charnu, triangulaire, qui est chargé de transmettre au végétal en miniature les produits organisateurs de la décomposition du périsperme, contre lequel il est appliqué par sa face postérieure ; cet organe est traversé d'une grosse nervure verdâtre ; 2° de la plumule, formée par des emboîtements de feuilles en miniature, non encore fendues par devant, et assez nombreuses même avant la germination ; 3° d'un cône radiculaire, ne renfermant point de substance verte, mais offrant des emboîtements analogues à ceux de la plumule qui lui est opposée, quoique plus épais et moins nombreux.

Voilà l'énumération analytique de tous les organes dont la mouture mêle et confond les fragments plus ou moins divisés dans la farine des céréales : amidon, gluten, embryon, diverses couches du péricarpe, écailles corolloïdes et filaments des étamines.

Il résulte de cet exposé, qui émane d'un savant dont les travaux d'observations microscopiques font aujourd'hui autorité dans l'étude des sciences naturelles, que le même grain de blé contient plusieurs parties essentiellement distinctes entre elles en qualité, en dureté, en densité, et même en coloration. Béguillet a dit : Il y a des gruaux adhérents aux deux écorces, un germe et des appendices, la partie voisine qui est blanche, dure, ferme, savoureuse comme l'amande; enfin, la pulpe ou le cœur du grain, qui donne la première et la seconde farine. Il est évident que des parties si distinctes doivent donner des gruaux et des farines de qualités différentes.

La meunerie a bien compris, par expérience, la nécessité de réduire au même degré tous les corps farineux du blé, quelle que fût leur densité, en ménageant toutefois la substance corticale et colorée, pour l'extraire ensuite par l'épuration. Mais elle est arrivée, lorsqu'elle le veut, à dissimuler avec habileté non-seulement les imperfections de la mouture, mais encore la mauvaise nature du blé. Heureusement pour la boulangerie, que la science a mis à sa disposition des moyens simples et certains d'investigation.

## PRODUITS DU GRAIN PAR LA MOUTURE.

Il fut un temps où les boulangers achetaient eux-mêmes leurs blés et les faisaient moudre à façon, ou dans leurs propres moulins ; mais aujourd'hui que la boulangerie et la meunerie forment deux industries distinctes et importantes ; que la première a acquis dans les grandes villes un développement en rapport avec l'accroissement de la population et les exigences du consommateur ; et que la seconde, en suivant les progrès de l'esprit humain, s'est perfectionnée et compliquée de telle sorte qu'il ne lui est plus permis de faire des moutures interrompues et séparées pour le compte des boulangers, selon leurs besoins et leurs prétentions ; qu'elle n'est devenue une grande et belle industrie que depuis l'époque où le meunier l'a exploitée pour son propre compte ; elles sont alors devenues indépendantes l'une del'autre. D'ailleurs les connaissances qu'il faut posséder pour exercer l'une ou l'autre de ces industries sont tout à fait différentes et ne peuvent être confondues dans l'exploitation commune.

Sans entrer dans les détails de la meunerie, nous devons cependant donner ici un aperçu des produits de la mouture.

Les anciens procédés de mouture, dite *mouture économique*, dans laquelle on se servait de meules de 5 pieds de diamètre, tournant avec une vitesse de soixante tours par minute, ont presque généralement disparu et ont fait place à la *mouture anglaise* et à la *mouture à gruaux blancs*.

Le tableau suivant est le résultat de l'ancienne mouture, sur 100 parties de blé.

| | | | |
|---|---|---|---|
| Farine blanche | 1re farine dite de blé...... | 38k,33 | 66k,00 |
| | 2e — de 1er gruau. | 19,16 | |
| | 3e — de 2e — | 8,51 | |
| Farine bise... | 4e — de 3e — | 5,00 | 8,35 |
| | 5e — de 4e — | 3,35 | |
| Issues........ | sons, gros et menus....... | 10,82 | 25,32 |
| | remoulage et recoupe..... | 12,50 | |
| Déchets | ........................................ | | 2,33 |
| | | | 100k,00 |

*Mouture anglaise.* — La mouture anglaise est fort simple; elle consiste à écraser tout le grain, du premier coup, de façon à atteindre les parties farineuses qu'il suffit ensuite de séparer du son au moyen d'un blutage ordinaire et d'un repassage dans des bluteaux à brosses, tournant avec une vitesse de neuf cents tours par minute. Les meules doivent être assez serrées et tourner rapidement pour cet effet; elles font cent vingt-quatre tours par minute, mais elles n'ont que quatre pieds de diamètre, et de plus elles sont rhabillées différemment; au lieu d'être piquetées au hasard elles sont creusées de sillons qui rayonnent et s'élargissent du centre à la circonférence; les rayons en sont taillés en biseau. Toute la mouture passe dans un réfrigérant muni d'un agitateur, afin d'éviter les altérations que produisait l'échauffement de la farine. Voici les résultats ordinaires de cette mouture, pour 100 kilogr. de blé demi-dur, bien dégagé de toutes ses impuretés hétérogènes :

| | |
|---|---|
| Farine à pain blanc | 58 kilogr. |
| Id. — demi-blanc | 14 |
| Sons, gros et petits | 26 |
| Déchets | 2 |
| | 100 kilogr. |

FARINE DE GRUAU DESTINÉE A LA FABRICATION DU PAIN DE LUXE.

Le procédé de mouture de ces farines consiste à écraser et concasser le grain, de façon à séparer non-seulement les parties corticales externes, mais encore celles qui sont repliées dans l'intérieur du grain, puis à moudre les gruaux épurés par le travail du bluteries, du tamis à la main et du lenturlu, où la rotation les dégage de la folle poussière.

Voicì les produits de cette mouture sur 100 setiers de blé de 165 litres, pesant, chaque setier, 125 kilogrammes :

MATIÈRE PREMIÈRE, 100 SETIERS DE BLÉ, PESANT 12,500 KILOGR.

| | | | | | |
|---|---|---|---|---|---|
| Criblures ou petit blé | | | | | 100 kil. |
| Produits. | Farine à vermicelle | 16 sacs | × | 159 kil. | 9,699 |
| | — de gruaux n° 1. | 16 | × | 159 | |
| | — — n° 2. | 5 | × | 159 | |
| | — blanche | 9 | × | 159 | |
| | — bise | 15 | × | 159 | |
| Issues | Son | 15 | × | 50 | 2,500 |
| | Recoupe | 10 | × | 80 | |
| | Remoulage | 10 sacs de 150 à 100 | | | |
| Déchets | | | | | 201 |
| | | | | ÉGALE | 12,500 kil. |

# CHAPITRE V

## DES FARINES

Nous avons dit que le grain des céréales renfermait un assemblage de principes immédiats qui le rendent parfaitement propre à la nourriture d'un grand nombre d'animaux. Celui du froment se distingue par une organisation spéciale, qui lui donne la propriété de concourir puissamment à l'alimentation de l'homme.

Sous sa forme primitive, la réunion de tous les éléments du blé est indispensable aux fonctions qu'ils remplissent dans la nutrition; le blé peut, dans cet état, servir de nourriture unique à l'homme.

Sous celle de farine, la matière qui l'enveloppait et le protégeait momentanément contre les influences atmosphériques est de nature à en altérer la blancheur, et même à en modifier défavorablement les propriétés alimentaires lorsqu'on la transforme en pain.

Parmi les principes élémentaires qui composent la farine, on distingue une matière azotée, neutre, plus ou moins abondante, des matières grasses, de la fécule et des sels alcalins ou terreux. Tous ces produits jouent un rôle également indispensable dans la nutrition et l'entretien de la vie.

Nous n'entreprendrons pas ici de faire la description élémentaire de tous ces corps. Nous indiquerons seulement, et en moyenne, leurs proportions, parce qu'elles varient considérablement, selon la nature du terrain où a crû le grain, la qualité et l'abondance du fumage, et selon l'origine de la semence. Nous nous occuperons principalement des corps qui jouent le plus grand rôle dans la panification.

Davy a, le premier, signalé l'influence qu'exerce le climat sur les quantités respectives des matières qui rentrent dans la structure d'une graine. Il a fait voir, toutes choses égales d'ailleurs, que les blés du Midi renferment plus de gluten que ceux du Nord, ce qui signifie, d'après Raspail, que le tissu cellulaire des uns se prête mieux à la malaxation que celui des autres ; d'où il résulte, pour nous, que les premiers sont plus favorables à la panification et à l'alimentation que les seconds.

L'agriculture a répandu dans le monde l'usage général du blé, en s'occupant sans cesse de sa reproduction. L'industrie a créé des machines pour le nettoyer, l'écraser et le convertir en farine, comme plus propre, sous cette forme, à en prendre une autre, celle du pain, qui convient plus généralement aux besoins de la vie.

L'art raisonné de convertir le blé en farine consiste moins à réduire en poudre toutes les parties du grain qu'à détacher la farine des sons et pellicules auxquels elle est adhérente, et que le blutage élimine en même temps qu'il classe les produits de la mouture en raison de leur finesse, de leur blancheur et de la sorte de farine qu'on se propose d'obtenir.

La farine, épurée de tout ce qui peut altérer sa blancheur, et classée sous la dénomination de farine première, deuxième, troisième et quatrième, n'a éprouvé par le blutage aucune modification dans ses éléments; mais sa nuance, quel qu'en soit, éclat, ne peut rien faire préjuger de sa qualité, elle égare même, souvent, le jugement de l'observateur qui s'arrête à ce seul moyen d'investigation.

Dans la mouture, au contraire, les diverses espèces de grains, leur densité, leur forme, leur nature originaire, le plus ou moins d'eau qui les ont pénétrés et leur altération accidentelle d'une part, et, d'une autre, la composition matérielle des meules, leur rhabillage, leur pression et la rapidité raisonnée avec laquelle l'une d'elles tourne sur l'autre, tout est un sujet d'observations constantes, d'études approfondies, d'application intelligente des appareils mécaniques, dont les fonctions peuvent modifier et même compromettre les principes organiques du grain, si le meunier néglige d'observer la moindre règle de son art, ou s'il se préoccupe trop de la blancheur de la farine.

On sait que le tissu cellulaire du blé doit être déchiré, par la mouture, de telle sorte qu'il ne perde rien de son élasticité primitive. C'est donc à ce dernier et seul caractère qu'on peut apprécier la véritable valeur de la farine, plutôt qu'à la blancheur, qui ne s'obtient souvent qu'aux dépens de la qualité.

## DE LA COMPOSITION ÉLÉMENTAIRE DES FARINES.

Il est impossible de considérer une analyse chimique des farines, d'après les proportions variées des éléments des diverses sortes de blé, comme exprimant une loi générale de composition ; cependant nous allons rapporter les résultats d'analyses faites par Vauquelin sur diverses farines.

| | FARINE brute DE FROMENT. | FARINE de MÉTEIL. | FARINE de blé dur D'ODESSA. | FARINE de blé tendre D'ODESSA. | FARINE de blé tendre D'ODESSA. 2e qualité. |
|---|---|---|---|---|---|
| Eau .......... | 10,000 | 6,000 | 12,000 | 10,000 | 8,000 |
| Gluten........ | 10,900 | 9,800 | 14,550 | 12,000 | 12,000 |
| Amidon....... | 71,490 | 75,500 | 56,550 | 62,000 | 70,840 |
| Glucose....... | 4,720 | 4,220 | 8,480 | 7,300 | 4,900 |
| Dextrine...... | 3,320 | 3,280 | 4,900 | 5,800 | 4,000 |
| Son resté sur le tamis....... | 0,000 | 1,200 | 2,300 | 1,200 | 0,000 |
| | 100,430 | 100,000 | 98,780 | 98,300 | 99,740 |

Il est évident que ces nombres, qui présentent les caractères d'une certaine précision, ne se trouveraient pas toujours les mêmes dans plusieurs analyses de la même farine, exécutées exactement d'après les procédés indiqués par Vauquelin. En pratique, ils ne doivent être considérés que comme des évaluations approximatives, mais elles sont suffisantes.

Dans ces analyses, l'humidité ne représente que la quantité d'eau étrangère à la constitution chimique des éléments de la farine. Le gluten élastique peut seul être extrait dans toute sa pureté; reste à constater son état d'agrégation, qui a une grande importance dans la panification et dans la nutrition. L'amidon, en se précipitant, abandonne le gluten, divisé et décomposé, qu'il avait entraîné sous la forme de matière gommo-glutineuse, laquelle est un mélange de gluten tenant en dissolution de la gomme, du sucre, de l'huile et des téguments de la fécule. La matière sucrée n'est pas seulement du sucre, mais elle est un peu de dextrine, pouvant se transformer à tout moment en glucose sous l'influence du gluten décomposé et converti en ferment.

Quoi qu'il en soit, nous continuerons à donner les produits comparatifs d'autres analyses analogues.

| | FARINE des BOULANGERS de Paris. | FARINE de SERVICE dite seconde. | FARINE des HOSPICES 1re qualité. | FARINE des HOSPICES 2e qualité. |
|---|---|---|---|---|
| Eau | 10,000 | 12,000 | 8,000 | 12,000 |
| Gluten | 10,200 | 7,300 | 10,300 | 9,020 |
| Amidon | 72,800 | 72,000 | 71,200 | 67,780 |
| Glucose | 4,200 | 5,420 | 4,800 | 4,800 |
| Dextrine | 2,800 | 3,300 | 3,600 | 4,600 |
| Son resté apr. le lavage | 0,000 | 0,000 | 0,000 | 2,000 |
| | 100,000 | 100,020 | 97,900 | 100,200 |

QUANTITÉS MOYENNES D'AMIDON SEC CONTENUES DANS LES FARINES SUR 100 PARTIES.

| | |
|---|---|
| Farine brute de froment | 0,7149 |
| — de méteil | 0,7550 |
| — de blé dur d'Odessa | 0,5650 |
| — de blé tendre d'Odessa | 0,6400 |
| — — 2e qualité | 0,7542 |
| — des boulangers de Paris | 0,7280 |
| — de service (dite seconde) | 0,7200 |
| — des hospices 1re qualité | 0,7120 |
| — — 2e qualité | 0,6778 |

QUANTITÉS MOYENNES DE GLUTEN, SEC ET HUMIDE, CONTENUES DANS LES FARINES SUR 100 PARTIES.

| | HUMIDE. | SEC. |
|---|---|---|
| Farine brute de froment | 29,00 | 11,00 |
| — de méteil | 25,60 | 9,80 |
| — de blé tendre d'Odessa | 30,20 | 12,06 |
| — — 2e qualité | 34,00 | 12,10 |
| — de blé dur d'Odessa | 30,00 | 14,55 |
| — des boulangers de Paris | 26,40 | 10,20 |
| — de service (dite seconde) | 18,00 | 7,30 |
| — des hospices 1re qualité | 23,30 | 10,30 |
| — — 2e qualité | 21,10 | 9,02 |

On ne peut attribuer la grande différence qui existe entre la quantité de gluten des farines des blés d'Odessa moulus en France, et celle des blés de notre pays, qu'à la nature du sol et du climat ; car nous avons ensemencé des blés d'Odessa, et ils n'ont pas produit plus de gluten que nos meilleurs blés. Cette différence est aussi sensible sur nos propres blés d'une année à une autre, lorsqu'une année pluvieuse succède à une année sèche.

Vauquelin conseille de comparer les glutens à l'état sec. Cette méthode peut être plus rigoureuse pour la théorie, parce qu'on n'est jamais sûr que la quantité d'eau retenue par le gluten soit toujours la même. Mais, en pratique, il est important de constater la quantité d'eau que le gluten a retenue; elle dénote l'état d'élasticité de ce dernier, la conservation de ses propriétés après la mouture, qui aurait pu les compromettre, et les ressources qu'il offre dans la panification.

Le gluten frais, selon M. Dumas, contient environ les deux tiers de son poids d'humidité ; il se réduit, par une dessiccation complète, à peu près au tiers de son poids, et, à cet égard, il n'y a pas une grande différence entre les glutens provenant de diverses farines. Sur les cinquante ou cinquante-cinq parties d'eau qu'un quintal de farine absorbe, plus de la moitié est prise par le gluten, et le reste sert à dissoudre les corps solubles et à mouiller les surfaces d'amidon, comme elle mouillerait les surfaces d'un sable aussi divisé que l'amidon.

Cependant, la farine provenant du blé dur d'Odessa, qui contient près d'un tiers de gluten de plus que les autres farines, n'absorbe pas beaucoup plus d'eau qu'elles. Mais on peut, jusqu'à un certain point, s'expliquer cette anomalie par l'état de l'amidon de cette farine, qui, loin de former une poudre impalpable et moelleuse, se montre en petits grains durs, demi-transparents, et comme cornés, d'où il résulte qu'il faut moins d'eau pour le mouiller que s'il était complétement divisé.

Cela peut dépendre aussi, selon nous, de l'état moléculaire du gluten des blés durs, dont le tissu cellulaire est plus susceptible de se casser que de se déchirer par l'action de la meule.

Les farines contiennent toujours de l'eau libre, qu'elles ont puisée dans l'atmosphère depuis leur mouture, ou que le blé contenait avant cette opération. Le minimum est de 6 p. 100, et le maximum de 20 ou 25; en moyenne, il faut compter sur 17 p. 100 dans les années humides, et 13 p. 100 dans les années sèches. Dans les analyses de Vauquelin, la dessiccation était imparfaite.

Mais ce que nous savons fort bien, c'est que la farine desséchée et exposée dans un lieu humide ne tarde pas à s'échauffer, à se pelotonner et à se gâter. Si on la pèse alors, on trouvera qu'elle a augmenté de 12 à 15 p. 100, et souvent plus. L'amidon le plus sec ne présente aucun de ces phénomènes ; cependant il a tiré aussi de l'humidité de l'air ; mais il n'offre pas des altérations si fréquentes dans les matières azotées, telles que le gluten.

Du reste, cette alternative de dessiccation et d'hydratation est très-préjudiciable aux propriétés originaires des éléments de la farine.

Nous avons fait une analyse comparative d'une farine de première qualité, et provenant de blés de Beauce, dans son état ordinaire, avec la même farine étuvée de la même manière qu'on le pratique pour les expéditions d'outre-mer ; nous avons trouvé la même quantité de gluten dans l'une comme dans l'autre, mais dans un état d'agrégation bien différent. Dans la première, il était souple, moelleux, élastique et s'étirant parfaitement bien ; dans la seconde, au contraire, le gluten se trouvait grenu, sans cohésion, sans élasticité, se cassant plutôt que de s'allonger, et abandonnant son eau avec une grande facilité ; d'où nous avons conclu que l'eau retirée par la chaleur avait permis à celle-ci de dessécher toutes les parties déchirées de chaque molécule de gluten, de manière qu'elles ne pouvaient plus se souder par la malaxation, quelque prolongée qu'elle fût, et redonner au gluten son élasticité naturelle.

L'influence de l'humidité prolongée sur les farines est très-redoutable : d'une part, elle produit une altération du gluten qui rend celles-ci impropres à une bonne panification ; de l'autre, elle favorise la formation des sporules de divers champignons, qui, plus tard, se développent abondamment dans le pain. Les farines des blés de 1841 ont produit, en 1842, pendant un été très-chaud, cet inconvénient au plus haut degré.

### FARINE D'ORGE.

Einhoff a établi que l'orge mûr se compose, sur 100 parties, de :

| | |
|---|---|
| Eau | 11,20 |
| Enveloppe ou son | 18,75 |
| Farine | 70,05 |
| | 100,00 |

Que 100 parties de farine se composent de :

| | |
|---|---|
| Eau | 9,37 |
| Amidon et gluten réunis | 67,18 |
| Fibre mêlée à du gluten et de l'amidon | 7,29 |
| Albumine végétale coagulée par la chaleur | 1,15 |
| Gluten dissous | 3,52 |
| Sucre | 5,21 |
| Gomme | 4,62 |
| Phosphate de chaux | 0,24 |
| Perte | 1,42 |
| | 100,00 |

Ce qu'il importe de savoir pour celui qui voudrait employer l'orge dans la panification, c'est que le gluten qu'il contient n'est pas malaxable, qu'il est difficile d'en établir, même approximativement, les proportions, et que, par conséquent, il ne peut entrer dans la fabrication du pain.

### FARINE DE SEIGLE.

A côté de l'orge et du froment vient se placer le seigle, qui, dans quelques pays, constitue, pour la majeure partie, la pâte du pain de la classe pauvre, et que la classe plus aisée fait entrer quelquefois, par goût, dans le pain.

Le pain de seigle ne convient qu'aux estomacs robustes et vigoureux, parce qu'il se digère difficilement.

La farine de seigle est composée, sur 100 parties, de :

| | |
|---|---|
| Amidon | 61,0 |
| Gluten | 9,5 |
| Albumine | 3,3 |
| Glucose | 3,3 |
| Dextrine | 11,0 |
| Matière grasse | 3,0 |
| Fibre végétale | 6,4 |
| Perte et phosphate terreux et magnésien. | 3,5 |
| | 100,00 |

Le gluten de seigle est pauvre en fibrine; il n'a pas la même cohésion, et il n'offre pas cette consistance plastique que le gluten de froment nous présente, et à laquelle le pain doit sa légèreté; aussi résiste-t-il à la malaxation, qui est impuissante à établir la moindre cohésion entre ses molécules, celles-ci ne se rétablissent que sous l'influence de la matière grasse, laquelle imprime à la panification un caractère qui fait toujours reconnaître la présence de n'importe quelle quantité de farine de seigle mélangée à celle de froment.

Quoique la farine de seigle soit moins blanche que celle de froment, elle produit un pain agréable, qui a la propriété d'être hygrométrique, et de se conserver frais pendant fort longtemps; mais il est toujours lourd et aqueux.

La farine de seigle mélangée, dans une faible proportion, avec la farine de froment, ôte de la blancheur au pain et modifie sa légèreté; mais elle en prolonge la fraîcheur et lui donne un goût très-agréable. C'est ainsi qu'on l'emploie, dans les ménages de la campagne, pour les besoins communs.

On ferait d'excellent pain de farine pure de seigle en ajoutant une certaine proportion de gluten pur et frais de froment, emprunté à la fabrication d'amidon par les procédés mécaniques; de cette manière, le pain de seigle serait aussi léger que le pain de froment.

### FARINE DE SARRASIN.

On fait avec la farine du grain de sarrasin un pain noirâtre, un peu rouge, dont la saveur est un peu meilleure que celle du pain d'orge. Ce pain est humide, et passe plus vite que le pain de seigle; on l'emploie seul, ou on le mêle avec d'autres grains; il nourrit moins que le froment, le seigle et l'orge.

D'après Zenneck, la farine de sarrasin se composerait, pour 100 parties, de :

| | |
|---|---|
| Fibre végétale | 26,9431 |
| Fécule | 52,2954 |
| Gluten | 10,4734 |
| Albumine | 0,2272 |
| Matière extractive oxygénée | 2,5378 |
| — avec sucre | 3,0681 |
| Gomme avec mucilage | 2,8030 |
| Résine | 0,3636 |
| Perte | 1,2884 |
| | 100,0000 |

Cette analyse date de 1830. Il ne nous appartient pas d'en commenter l'exactitude; mais Raspail trouve le luxe des décimales d'une prétention exorbitante; il dit que la fibre végétale, n'est autre chose que le péricarpe et le test, qui ne sont rien moins que fibreux. La résine provient des débris les plus fins de ce son échappé au tamisage; l'albumine n'est autre qu'une dissolution de gluten, et il ne comprend pas ce que c'est que la gomme avec mucilage, la matière extractive oxygénée, et la matière extractive au sucre. Quoi qu'il en soit, pour nous, boulanger, nous n'avons à nous occuper que des proportions d'amidon et de gluten.

### FARINE DE FÉVEROLES.

Les légumineuses offrent une composition analogue à celle des céréales. Elles possèdent abondamment de la fécule et du gluten; mais celui-ci y prend différents caractères, selon que, pendant la durée de la germination et de la manipulation, il se développe un acide plus ou moins abondant. Aussi, chez les unes, le gluten se trouve-t-il malaxable; chez les autres, est-il en suspension et non susceptible d'être malaxé; enfin, chez d'autres, se présente-t-il, au microscope, sous forme de globules oléagineux, qui se coagulent et s'agglomèrent entre eux par la présence d'un alcali. C'est cette substance qui se rapproche, à divers titres, du caséum et de la fibrine, que M. Dumas nomme Légumine. Elle se trouve dans quelques-unes des légumineuses en quantité aussi considérable que le gluten dans le froment des pays chauds; mais elle ne se prête pas à la malaxation, et elle ne possède pas cette élasticité sans laquelle il est impossible de faire de bon pain. Cependant, dans la féverole, elle jouit d'une propriété extraordinaire que la science n'a pas encore définie : c'est que sa farine, mélangée dans une faible proportion avec celle du froment, exalte l'élasticité du gluten de cette dernière, et fait considérablement développer la légèreté du pain; mais elle en ternit beaucoup la blancheur et lui donne en outre une teinte rougeâtre qui décèle facilement sa présence. Elle a le caractère spécial de se rougir promptement et considérablement sous l'influence de l'air, de l'humidité et de la chaleur, et des émanations acides et alcalines. Les meuniers s'en servent quelquefois pour donner du corps à leurs farines. Mélangée seulement dans une proportion de 1 p. 100, elle donne au pain une belle physionomie, sous le rapport de la légèreté, mais elle réduit la nuance à celui de deuxième qualité. Au contraire, elle favorise la farine de froment, fraîchement faite, d'une teinte jaunâtre qui la fait rechercher.

La féverole ne diffère de la fève de marais que par sa petitesse et sa couleur qui est jaune foncé; la cuisson ne l'amollit pas parfaitement; c'est ce qui a engagé les Anglais, chez qui elle est fort commune et très-employée, à la faire moudre pour en faire du pain aux chevaux.

Pline rapporte que les fèves étaient, de tous les légumes, ceux qu'on révérait le plus; parce que, dit cet auteur, on avait *tenté* d'en faire du pain. Il ajoute qu'on en vendait la farine publiquement, et que l'usage en était fort commun, tant pour la nourriture des hommes que pour celle des bestiaux. Il y avait, selon ce naturaliste, des nations qui mêlaient cette farine avec celle de froment.

Mais alors, l'agriculture, la meunerie et la boulangerie étaient loin d'être ce qu'elles sont aujourd'hui, et le caractère des divers éléments qui constituent les céréales, n'était pas apprécié comme il l'a été depuis.

Voici, d'après M. Dumas, la composition de la farine de fèves de marais, sur 100 parties :

| | |
|---|---|
| Amidon..................... | 34,0 |
| Légumine.................... | 10,0 |
| A REPORTER..... | 44,0 |

| | |
|---|---|
| Report..... | 44,0 |
| Albumine..................... | 1,0 |
| Dextrine..................... | 4,5 |
| Extrait amer................. | 3,5 |
| Fibre amylacée............... | 16,0 |
| Sels......................... | 1,0 |
| Son.......................... | 10,0 |
| Eau.......................... | 20,0 |
| | 100,0 |

Nous ne parlerons pas des farines de haricots, de maïs et de riz, qui ne s'emploient pas en boulangerie par la raison qu'elles ne contiennent pas de gluten. Cependant on a essayé, à plusieurs reprises, et toujours infructueusement, d'introduire dans la panification ces deux dernières, ainsi que la pomme de terre, dont nous nous occuperons plus loin, sous diverses formes, et dans le but seulement de faire retenir au pain une plus grande quantité d'eau, mais en définitive, comme le fait très-bien observer M. Dumas, un homme qui mange un pain pareil, ne consomme en réalité que le pain supposé sec qui entre dans son estomac, quoiqu'il ingère en même temps de l'eau qui ne participe en aucune manière à la nutrition.

Et d'ailleurs, lors même qu'il serait possible, en mélangeant ces substances avec la farine de froment, de faire du pain passable, pourquoi intervertir leur destination naturelle? La forme des aliments ne doit-elle pas être variée, selon la nature et la proportion des éléments qui les composent, ne fût-ce que pour ne pas exciter la satiété? L'art culinaire sait très-bien développer les éléments nutritifs des légumineux; dans la panification, ils sont réduits, en même temps qu'ils compromettent ceux du froment.

## DU GLUTEN.

Il est démontré par les observations des savants en général et par celles de Raspail en particulier, que le gluten est le tissu cellulaire du périsperme des céréales, mais il se présente sous divers caractères : les unes fournissent du gluten à la malaxation, c'est-à-dire que cette substance peut, sous l'influence de l'eau et de la pression, s'isoler de tous les corps qui l'accompagnent, et les autres n'en offrent pas la moindre trace.

Les tissus des végétaux varient à l'infini sous le rapport de leur élasticité ; les tissus les plus ligneux ont commencé par être élastiques et glutineux, et ils ont passé insensiblement par tous les intermédiaires de ces deux états extrêmes.

On sait que le grain de froment fournit en abondance du gluten (10 à 12 pour 100), que l'orge en fournit fort peu (3 pour 100), que le gluten joue dans le froment le même rôle que le tissu cellulaire de l'orge ; la seule différence, c'est que dans le premier, les parois des cellules sont élastiques, et que dans l'autre, elles sont cassantes. Cependant, dans le même grain d'orge, on trouve des couches de cellules glutineuses, élastiques et susceptibles, par la malaxation, de ressouder leurs bords déchirés ; mais les couches voisines se refusent par leur rigidité à ce genre de rapprochement et nuisent par cela même à l'élasticité des premières, quoique celles-ci occupent de préférence le centre du grain, et que les autres soient placées vers la périphérie.

Les expériences de Beccari qui, le premier, est parvenu

à isoler le gluten, des corps qui l'accompagnent dans le grain, ont démontré que la même espèce de céréales peut offrir ou refuser du gluten à la malaxation, selon la nature du sol et la diversité des fumages et des expositions de la récolte ; ces deux espèces d'agents naturels influent sur la nature et les modifications des tissus, l'eau de végétation joue aussi un grand rôle dans l'arrangement moléculaire de cette membrane.

Toutes les fois que le gluten d'une céréale ne se présente pas, dans la malaxation, sous la forme que caractérise sa cohésion, on est sûr de le retrouver après cette opération, sous forme d'albumine végétale, qui est sa constitution naturelle moins le ligneux, mais alors il ne remplit plus, dans la panification, les fonctions qui le distinguent.

Pour jeter un plus grand jour sur ce double phénomène, il est bon de chercher à reconnaître, à l'aide de quel mécanisme, le gluten manifeste sa présence dans l'acte de la manipulation.

Quand les divers éléments de la farine de froment que la mouture a confondus, sont mélangés avec l'eau, les parcelles blanches, minces et extrêmement diaphanes des cellules glutineuses se rencontrent par les faces de leurs parois, sans s'associer; mais dès qu'un mouvement un peu brusque les rapproche par leurs bords déchirés, dès ce moment, ces parcelles isolées se soudent, et on les voit rouler de compagnie dans le liquide, entraînant avec elles les molécules d'amidon qu'elles renfermaient, mais elles ne contractent aucune adhérence, et le moindre effort, la plus légère pression ou même le simple frottement peuvent suffire pour rétablir la solution de continuité qui existait auparavant.

Le but de la malaxation continue est donc non-seulement de presser les unes contre les autres les parcelles glutineuses de la farine par leurs bords déchirés pour les souder ensemble, mais encore de les maintenir ainsi pour faciliter ultérieurement l'élasticité du gluten. Cette conséquence fait déjà préjuger l'usage du pétrissage dans la panification.

Pour juger de la quantité de gluten que contenaient les farines, Beccari se contentait de déposer la farine sur un tamis et de la tenir, sans autre mouvement, sous un filet d'eau ; aussi obtenait-il moins de gluten que Kessel Meyer qui avait soin de former d'abord une pâte avec la farine et de l'eau, et de la pétrir continuellement sous un filet d'eau jusqu'à ce que celle-ci ne passât plus laiteuse. Dans le premier procédé, le poids de l'eau qui tombe, rapproche quelques parcelles, mais en éloigne, en isole ou en désagrége un plus grand nombre qui passe en conséquence à travers le tamis. Dans le second procédé, au contraire, la main comprime, roule en tous sens, rapproche par tous les points de contact les parcelles éparses, et ne permet à l'eau d'emporter que les grains arrondis et glissants d'amidon.

Quelques préparateurs enferment le pâton de farine et d'eau dans un nouet de toile et le pressent ainsi en tous sens sous un filet d'eau jusqu'à ce que celle-ci en sorte limpide; de cette manière tout le gluten désagrégé reste dans le linge, mais le gluten collant, élastique pénètre à travers les mailles du tissu et il est impossible de l'en faire sortir pour constater exactement sa quantité. Il convient beaucoup mieux de malaxer le pâton dans le creux de la main à demi fermée, et en agitant légèrement les doigts, sans frottement, sous un filet d'eau et au-dessus d'un petit tamis pour recueillir les parcelles de gluten qui peuvent s'échapper. Nous ajouterons à ces renseignements pratiques, pour ceux qui n'ont pas l'expérience des manipulations, qu'il est non moins important de savoir préparer le pâton de manière qu'aucun atome de farine ne soit perdu. A cet effet, on prépare un culot de plomb pesant 33$^{gr}$,33 pour peser la farine. Nous indiquons ce chiffre fractionné parce qu'il représente une division de 100 et qu'il offre toujours, après la malaxation, au moins, les 7 grammes de gluten hydraté, nécessaires à l'expérience de la dilatation par l'aleuromètre dont nous parlerons plus loin. On se sert pour faire la pâte, d'un bol de verre ou de porcelaine. Sur les 33,33 de farine on verse toujours la moitié de son poids d'eau mesurée dans une éprouvette graduée. On mélange avec une baguette de verre (tube à agiter), et lorsque le mélange est à peu près terminé, on peut, sans inconvénient, en réunir les parties avec les doigts, en faisant d'abord glisser celles qui restent adhérentes à la baguette de verre, et, avec le pâton, on peut essuyer complétement l'intérieur du bol.

Les parcelles de farine sont incapables de se ressouder à sec; c'est en s'imbibant d'eau qu'elles contractent de l'élasticité, et la quantité qu'elles en absorbent dépend absolument de la nature, du caractère, et de la conservation intégrale de leur tissu glutineux.

### CARACTÈRES DU GLUTEN.

Le gluten s'offre sous la forme d'une masse molle, élastique, plus ou moins grisâtre, et d'une odeur spermatique bien caractérisée. Abandonné au contact de l'air et en masse, il se putréfie promptement, puis il sèche et prend une couleur noirâtre; dans cet état et même divisé, il ne peut plus reprendre son élasticité avec le concours de l'eau.

C'est à tort que le savant dans l'ouvrage duquel nous avons puisé ces renseignements, prétend que le gluten prend diverses colorations selon les sécrétions de la main qui l'a malaxé. Pour notre instruction scientifique et nos besoins commerciaux, nous avons fait une multitude d'expériences, toutes dans les mêmes conditions ; nous avons même conservé une grande partie de leurs produits, et chacun d'eux présente une différence légère ou prononcée de coloration qui dépend de leur seule nature originaire.

Le gluten séché spontanément contracte une couleur jaune luisante ; il reste inaltérable au contact de l'air, et il conserve toutes ses propriétés primitives ; réduit en gruau ou semoule, il reprend son élasticité sous l'influence de l'eau. Dans ce dernier état, il offre une grande ressource par la conservation d'une substance alimentaire aussi précieuse.

Abandonné au contact de l'air, le gluten, après avoir été mêlé au sucre, fournit de l'alcool, sur lequel il réagit ensuite comme ferment, et à l'égal de la diastase, avec laquelle il a beaucoup d'analogie. Dans cet état de décomposition, il détermine la formation de l'acide acétique.

L'eau bouillante rend le gluten moins élastique et lui fait perdre son caractère glutineux ; elle le rend visqueux et le coagule ensuite. Cette dernière observation trouve son appréciation dans l'acte de la panification. Les boulangers n'emploient jamais d'eau bouillante, il est vrai, mais ils s'en servent quelquefois à une température assez élevée pour produire sur le gluten un effet à peu près analogue.

L'alcool rend également le gluten visqueux, mais il lui enlève encore certaines substances étrangères et une légère partie de sa propre substance.

L'acide acétique, l'acide hydrochlorique et l'acide phosphorique, l'ammoniaque concentrée et la potasse caustique dissolvent le gluten, d'autant plus que leurs proportions sont plus grandes, qu'ils sont plus concentrés, et que le gluten est plus divisé. Aussi remarque-t-on que l'acide phosphorique dissout plus de gluten sec que de gluten humide. Ces divers dissolvants offrent des phénomènes de coloration dont nous n'avons pas à nous occuper ici.

Les plus lents, mais les plus efficaces de tous les agents destructeurs du gluten, c'est l'eau à une température élevée et l'air réunis. L'eau amollit le tissu du gluten et le rend visqueux, et aussitôt que le sucre se présente sous la forme de glucose, l'air le transforme d'abord en alcool et en acide carbonique, puis ensuite l'alcool en acide acétique, et le gluten disparaît complétement dans les produits ammoniacaux ; et si, à la place du sucre, c'est une substance gommeuse, amylacée ou féculente qui se présente, il la transforme en dextrine ou en glucose, et la fermentation qui se produit la transforme également en alcool et en acide acétique. Si, dans ces circonstances, le gluten a de l'analogie avec la diastase, c'est qu'il participe de son germe comme celui de l'orge arrêté dans son développement par la dessiccation, et auquel le gluten rend toute son énergie.

Le gluten frais, abandonné à une température de

150 degrés, se dilate complétement et prend un caractère friable. C'est cette propriété qui nous a donné les moyens de constater avec précision sa puissance expansible à l'aide de l'aleuromètre.

## GLUTEN DES AMIDONNIERS.

Dans la fabrication de l'amidon, le gluten des céréales s'extrait par deux procédés, dont l'un, ne datant que de peu, doit être préféré à l'ancien, quoiqu'il paraisse être plus à la convenance du laboratoire que de la fabrique; il réclame plus de frais d'exécution et une opération mécanique continue, cependant, il doit avoir la préférence par la beauté de ses produits et l'utilisation des matières qui se trouvent perdues dans l'ancien procédé; par suite, il y avait une perte pour le fabricant, et insalubrité pour le voisinage.

En effet, jusque dans ces derniers temps, c'était par la décomposition putride du gluten que l'on préparait l'amidon du commerce, à l'aide de la fermentation spontanée qui, lorsqu'elle avait passé par tous les degrés, offrait un mélange composé d'une eau sure, rendue opaline par la quantité considérable de gluten décomposé, de son, de téguments éclatés et de globules oléagineux qu'elle tenait en suspension. Cette eau sure était composée d'acide acétique, d'alcool, d'acétate d'ammoniaque et de phosphate de chaux, provenant de la décomposition du gluten par la fermentation. Cette eau sure était réservée pour une opération subséquente, et employée alors comme ferment, afin d'accélérer la fermentation d'une masse de gluten décomposé qui surnageait, entraînant avec lui tous les autres corps flottants que l'on rejetait avec les miasmes putrides qui s'en exhalaient.

Si nous avons donné ces quelques détails étrangers à la panification, c'est pour prévenir des ravages que la fermentation poussée à sa dernière limite peut exercer sur le gluten.

La fermentation panaire ne doit jamais arriver à ce degré de réaction ; mais chaque phase par laquelle elle passe porte toujours atteinte à la constitution organique du gluten.

Nous revenons à l'ancien procédé de fabrication de l'amidon ; il est très-favorable à l'extraction de l'amidon des blés et farines avariés, de l'orge et du seigle, dont le gluten n'est pas malaxable; il continuera d'être pratiqué, malgré son insalubrité, qu'on détruira peut-être un jour, parce qu'il est conforme à la loi qui défend, dans l'intérêt de l'alimentation, d'employer d'autres céréales.

A l'égard du froment, dont le gluten est malaxable, celui-ci peut être extrait par des moyens mécaniques. M. Martin fut le premier qui en fit l'application, et il obtint le plus éclatant succès par rapport à la facilité d'exécution ; mais les produits, tout parfaits qu'ils étaient, n'avaient pas encore résolu la question d'économie.

Le gluten que M. Martin retirait du froment avait conservé toute son élasticité ; mais il ne pouvait se conserver longtemps à l'état humide sans se corrompre profondément au bout de quelques jours; alors il perdait toutes ses propriétés panifiables, et il devenait plus insalubre encore que par l'ancien système, parce qu'on ne pouvait pas l'écouler avec le liquide.

MM. Véron frères, de Poitiers, trouvèrent le moyen de conserver au gluten frais toutes ses propriétés, en le convertissant, aussitôt son extraction, en un produit d'une plus grande valeur industrielle, d'une conservation parfaite et d'un écoulement facile, tout en simplifiant l'ensemble de l'opération et en diminuant les frais d'exploitation.

Après avoir extrait du froment le gluten frais par le procédé mécanique de malaxation de M. Martin, MM. Véron le granulent et le sèchent immédiatement, au moyen d'un pétrissage fait avec de la farine, également de froment, à poids égal de gluten, et d'une trituration mécanique dont le résultat produit des granules oblongs composés de gluten, renfermant de la farine interposée, lesquels sont desséchés dans une étuve à courant d'air, chauffée de 40 à 50 degrés; enfin au moyen de tamisages à travers des canevas métalliques à mailles, offrant des ouvertures graduées donnant directement des grains de quatre grosseurs différentes, mais d'une qualité identique.

Ce produit granulé renferme 27,2 de gluten sur 100, c'est-à-dire plus du triple de la meilleure farine. En cet état, il a la propriété d'être inaltérable à l'air, et de se conserver parfaitement intact pendant fort longtemps.

On voit que l'invention de MM. Véron n'est que le complément de celle de M. Martin. Cette dernière est indispensable à l'autre. Mais toutes les deux réunies répondent-elles complétement aux exigences de la salubrité, du commerce, de l'industrie et de l'économie politique?

L'extraction du gluten par la malaxation mécanique n'empêche pas l'eau de lavage d'entraîner, avec l'amidon, le gluten, qui n'est pas malaxable, la matière mucoso-sucrée, l'albumine et d'autres corps solubles, lesquels ne peuvent se séparer de l'amidon et s'extraire que par la fermentation; et si le gluten désagrégé et l'albumine se trouvent en excès sur la substance mucoso-sucrée, il y a fermentation putride et dégagement de miasmes insalubres, moins abondants, il est vrai, que par l'ancien procédé, mais non moins nuisibles. L'expérience parviendra peut-être un jour à les neutraliser.

D'un côté, si la loi interdit aux amidonniers l'usage du froment de bonne qualité, c'est qu'elle a voulu réserver exclusivement cette céréale aux besoins de l'alimentation. Il est vrai que, par le procédé de MM. Véron, toute la partie nutritive du froment est préparée de manière qu'elle se trouve presque inaltérable, tandis que, dans le blé ou dans la farine, elle ne peut se conserver guère au delà d'une récolte à l'autre, à moins de les mettre à l'abri des influences atmosphériques.

D'un autre côté, il ne faut pas se dissimuler que MM. Véron n'emploient le froment qu'à l'état de farine dépouillée de tout le son et des produits inférieurs qui résultent de la mouture et du blutage; en un mot, ce sont des farines premières du commerce.

Si ce genre de fabrication, tout parfait qu'il soit, venait à se généraliser, quel usage ferait-on des céréales et des farines avariées? Nous livrons ces réflexions à l'appréciation des économistes.

Dailly, maître de poste à Paris, et propriétaire d'une quantité considérable de chevaux, avait saisi, avec cet esprit d'observation qui le distinguait, les avantages de l'application du procédé Martin à l'usage auquel il le destinait. Il avait établi une amidonnerie et une féculerie. Dans l'une, il ne se servait que de céréales impropres au commerce; il les faisait macérer pendant quelques jours dans l'eau, puis elles étaient entraînées par un petit courant d'eau à travers des appareils mécaniques qui les malaxaient. Le gluten, auquel adhérait profondément le son, était recueilli sur un tamis, à travers les mailles duquel passait l'amidon. Il ajoutait, avant la corruption du gluten, qu'il avait le temps de laisser égoutter, tous les téguments de pommes de terre séchés qui provenaient de sa féculerie, et il en faisait fabriquer du pain qui alimentait parfaitement ses chevaux.

### DE L'APPLICATION EN BOULANGERIE, DU GLUTEN DES AMIDONNIERS, A L'ÉTAT FRAIS OU GRANULÉ.

Nous sommes un des premiers qui ayons constaté les propriétés élastiques du gluten granulé, à l'aide de l'aleuromètre, instrument dont nous parlerons plus loin. La science est venue ensuite démontrer ses avantages pratiques et économiques, l'expérience les consacrera.

A l'état frais, le gluten ne peut être employé que presque aussitôt qu'il a été extrait de la farine, sans quoi il devient visqueux avant sa décomposition, et il n'offre plus qu'une substance plutôt nuisible que favorable à l'usage auquel on le destine.

Les boulangers se trouvent-ils dans la nécessité, ou ont-ils intérêt à ajouter à leurs farines du gluten, pour les rendre meilleures et plus productives?

Il n'appartient à qui que ce soit de régler la nature des végétaux. Celle des céréales est extrêmement variable, quant à leurs proportions élémentaires. Les farines destinées à la consommation alimentaire sont soumises à l'examen des boulangers qui, par expérience, en apprécient la valeur; et, de plus, ils ont à leur disposition les moyens simples et certains de s'assurer de la quantité de gluten qu'elles contiennent et de son élasticité. S'ils y ajoutent du gluten étranger, c'est qu'ils ont reconnu qu'elles ne sont pas complétement propres à une bonne panification. Dans ce cas, la réhabilitation élève le prix de ces farines au-dessus de celles de première qualité, et elle ne donne pas au pain la même blancheur que ces dernières. Il y a donc désavantage pour les boulangers, d'autant plus qu'ils n'ont pas le choix du gluten frais, comme ils l'ont de la farine, et qu'il peut être plus ou moins élastique, selon la provenance.

D'un autre côté, le gluten extrait de la farine par la malaxation et le lavage n'est plus dans les conditions moléculaires où il était avant cette opération et même à son état originaire. Dans le grain, il forme un tissu cellulaire aboutissant au germe sans solution de continuité. Dans la farine, ce tissu est déchiré, il est vrai; mais chaque molécule forme une enveloppe à laquelle adhèrent naturellement les grains d'amidon, qui, une fois enlevés, laissent le gluten se contracter, et ses molécules ne se soudent ensemble, pour former une membrane élastique, que par une malaxation prolongée. Dans cet état, il s'est emparé de toute l'eau qu'il pourrait absorber dans la panification. Sous ce rapport, son adjonction est donc encore sans intérêt; et, de plus, étant membraneux et indissoluble, il ne s'unit que très-difficilement à la pâte avec laquelle on veut le mélanger.

Le gluten granulé au degré le plus fin n'offre pas les mêmes inconvénients. Chacune de ses molécules est interposée d'une molécule de farine, avec le concours de laquelle il a été séché. Sous cette forme, il représente exactement les gruaux d'une farine ronde moulue par l'ancien système de mouture. Il a l'avantage, sur le gluten frais et pur, de se combiner plus facilement avec l'eau, si on le fait préalablement macérer dans ce liquide pendant quelques minutes avant de le mélanger avec la farine ; et même il conviendrait mieux d'employer à cet usage toute l'eau, destinée au pétrissage, et d'y ajouter la farine ensuite, pour pratiquer ce dernier avec succès. De cette manière, le gluten granulé trouve son application dans la fabrication du pain de luxe, auquel il donne plus de légèreté.

La farine de seigle ne contient qu'une très-faible partie de gluten malaxable ; aussi, mélangée avec la même quantité de farine de froment, elle ne produit qu'un pain lourd, aqueux, gras et trop facilement digestif, mais d'un goût assez agréable. C'est pourquoi ce pain est ordonné pour de certaines affections organiques. Si elle était mélangée avec seulement le quart de son poids de gluten granulé, elle produirait, sans l'adjonction de farine de froment, un pain très-léger, aussi agréable au goût que le précédent, et non moins efficace pour les prescriptions médicales.

Le gluten granulé, livré au commerce pour la préparation des pâtes alimentaires, aura aussi ses falsifications, soit qu'il ait séché, au lieu de farine de froment, avec de la farine de seigle, d'orge, de féveroles, de haricots, de maïs et autres, ou de la fécule de pommes de terre. Mais la science donne les moyens faciles de reconnaître ces falsifications. Nous les examinerons plus loin.

# ALEUROMÈTRE.

## MOYEN DE RECONNAITRE LES PROPRIÉTÉS PANIFIABLES DE LA FARINE DE FROMENT, PAR LA DILATATION DU GLUTEN.

La boulangerie en général, et particulièrement celle de Paris, tributaire de la meunerie, est exposée à recevoir de cette dernière des produits imparfaits, falsifiés ou altérés, surtout depuis que la mouture américaine, dite *anglaise*, a remplacé victorieusement l'ancienne mouture, dont les boulangers avaient au moins la facilité d'apprécier à peu près les produits en farine, au simple toucher. La partie gruauleuse du blé que la meule à la française n'avait pu atteindre roulait sous leurs doigts exercés, et était pour eux le caractère certain que le blé n'avait passé sous la meule que le nombre de fois nécessaire, et de manière que le frottement ou la rapidité de la rotation n'eussent pas produit un trop grand dégagement de chaleur. Mais maintenant, par la mouture anglaise, le blé est divisé également et presque réduit en poudre impalpable, si ce n'est l'humidité qu'il a conservée, et qui lui donne du *corps*, de manière à rendre la farine propre à une panification plus facile à pratiquer, il est vrai, mais plus propre aussi à mettre en défaut, sur sa qualité apparente, l'expérience du praticien le plus exercé.

Pour apprécier et constater les qualités panifiables de la farine de froment, il est non-seulement indispensable de bien connaître la nature et les propriétés des corps qui la composent, mais encore la manière dont l'eau se comporte avec eux pour bien former la pâte.

Le gluten et l'amidon composent presque à eux seuls

la totalité de la farine de froment, et participent simultanément aux phénomènes et à l'accomplissement de la panification.

Si les propriétés de ces deux corps sont aujourd'hui bien définies par la science, il en est cependant de certaines qui, n'ayant pas encore été assez sérieusement examinées, n'en jouent pas moins un rôle très-important dans la préparation du pain, par leur mélange ou combinaison avec l'eau.

L'amidon, d'abord, est insoluble dans l'eau, quelle que soit la température de cette dernière; seulement, à plus de 70 degrés, l'amidon se dilate et change de forme; celle-ci, de régulière qu'elle était, devient très-irrégulière et affecte celle d'une espèce de végétation. C'est ainsi qu'apparaissent l'empois, et particulièrement la mie du pain, vus au microscope. Ainsi l'empois n'est pas une dissolution, mais bien une dilatation de l'amidon dans l'eau saturée des matières solubles qu'il contient, de même que la mie de pain, laquelle pourrait être regardée comme de l'empois concentré, contracté et enveloppé de gluten dilaté lui-même. Le maximum de dilatation de l'amidon n'a lieu que dans quinze fois son poids d'eau, et même plus, puisque l'amidon peut augmenter jusqu'à trente fois son volume ; mais, dans la panification, l'amidon, qui, par sa nature, n'absorbe pas d'eau, en est seulement mouillé, et ne se conserve ainsi humide que parce que le gluten qui l'enveloppe complétement, et qui forme des cellules dans lesquelles il l'enferme, lui cède l'excès d'eau dont il est lui-même saturé. Conséquemment, l'amidon ne peut que médiocrement se développer; aussi ne joue-t-il qu'un rôle passif dans l'accomplissement de la panification.

Le gluten, au contraire, possède une grande affinité pour l'eau ; il en absorbe, sans se dissoudre, à la température ordinaire, une proportion que nous fixerons plus loin. C'est à l'aide de cette combinaison qu'il acquiert le caractère particulier d'élasticité qui le rend entièrement propre à la panification ; mais encore faut-il que le gluten, pour obtenir sous l'influence de l'eau ces propriétés élastiques, se trouve, dans la farine, dans des conditions d'agrégation complète, que diverses circonstances peuvent altérer sensiblement, telles qu'une mouture trop accélérée, ou quand les meules sont trop rapprochées, ou quand la rotation de la meule tournante est trop rapide. Dans ces circonstances, la chaleur qui se produit vaporise l'humidité, sèche les bords déchirés du tissu glutineux, échauffe le gluten, divise les molécules et leur ôte la faculté de se réunir à la malaxation sous la forme de membrane élastique. Il en est de même pour le résultat, lorsque, dans la panification, la fermentation a passé sa limite alcoolique : une partie du gluten, celle surtout qui se trouve à l'état visqueux ou désagrégé par la mouture, est dissoute par l'acide acétique qui s'est formé, et l'autre partie, qui a échappé à la décomposition, n'offre plus assez de résistance au dégagement de l'acide carbonique. Le développement de la pâte ne s'effectue pas alors convenablement.

Ainsi, des deux corps principaux dont la farine est composée, le gluten seul jouit de la propriété de se combiner avec l'eau dans des proportions qui varient suivant sa nature, et c'est précisément de cette combinaison que résulte son élasticité, sans laquelle la panification est impraticable.

On voit que la conservation moléculaire du gluten

dépend de plusieurs circonstances dont le praticien éclairé est absolument maître.

Le gluten, divisé ou désagrégé, se combine peu avec l'eau, ne se dilate pas, et se conduit à peu près comme l'amidon simplement mouillé d'eau. Dans cet état, il ne peut plus servir que d'élément à la fermentation, et nuire, par conséquent, à la panification, puisqu'il augmente les produits de la fermentation aux dépens de sa propre résistance élastique, sans laquelle l'acide carbonique ou la force expansive se dégage librement, sans laisser la trace nécessaire qui caractérise son passage.

Si l'absorption de l'eau dans la farine est favorable aux intérêts du boulanger, à cause des produits qu'il en retire, elle ne l'est pas moins à la manipulation, et, nous dirons mieux, à l'intérêt du consommateur, car elle est limitée par la nature même des éléments de la farine, et il n'appartient pas au boulanger de la régler arbitrairement sans risquer de compromettre sa fabrication. Cependant, il ne faut pas confondre l'eau que la farine retient mécaniquement, et celle qu'elle absorbe à l'état de combinaison : la première ne modifie en rien les propriétés des corps qui constituent la farine ; elle les abandonne promptement par évaporation ; tandis que l'eau de combinaison acquiert et donne des propriétés nouvelles aux corps auxquels elle s'assimile.

Le gluten élastique, non-seulement se combine avec l'eau, mais il en retient encore mécaniquement ce qu'il cède à l'amidon, pour favoriser la dilatation de ce dernier, laquelle se borne à des limites très-restreintes, puisque son maximum de dilatation ne s'effectue que dans un grand excès d'eau.

Plusieurs expériences nous ont démontré que, dans 25 grammes de farine composée de :

| | |
|---|---|
| Amidon, sucre, albumine, etc.. | 19gr,09 |
| Gluten sec.................... | 2 , 64 |
| Eau de végétation............. | 3 , 27 |
| | 25gr,00 |

et 12gr,50 d'eau pour former la pâte, les 19gr,09 d'amidon, sucre, etc, n'absorbaient que 7gr,74 d'eau tandis que 2gr,64 seulement de gluten sec en absorbaient 4gr,76 dont 4gr,01 à l'état de combinaison et 0gr,75 à l'état libre : c'est cette dernière que le gluten cède à l'amidon au fur et à mesure que celui-ci en perd par évaporation.

Les farines qui ont subi un commencement de fermentation, celles dont on a retiré une partie de l'eau de végétation par dessiccation comme cela se pratique pour les expéditions maritimes, et celles qui proviennent d'une mouture pendant laquelle la température s'est trop élevée, quoique sèches et avides d'eau, en retiennent beaucoup moins que celles dont l'eau de végétation a conservé la souplesse.

Il résulte donc de la combinaison de l'eau avec le gluten, que la farine acquiert toutes les propriétés panifiables qui lui sont nécessaires, surtout celle d'une résistance élastique à l'aide de laquelle la pâte se développe sous l'influence de l'un des produits de la fermentation, mais de la fermentation limitée dans sa réaction afin qu'elle n'opère pas la décomposition du gluten.

Ainsi pour apprécier les propriétés panifiables de la farine de froment, il convient non-seulement de constater la quantité de gluten que celle-ci contient, afin de juger la nature originaire du blé d'où elle provient, mais encore de comparer l'élasticité de ce gluten, pour s'assurer s'il n'a pas été altéré par la mouture, la dessiccation, la fermentation, ou par toute autre cause que ce soit.

Pendant presque tout le temps de notre carrière industrielle, nous n'avons eu à notre disposition que le lavage et la malaxation pour nous rendre compte de la qualité des farines par la quantité de gluten qu'elles contenaient, mais celui-ci se présentait sous une forme et des caractères variables qui pouvaient laisser dans notre esprit des doutes sur les diverses altérations qu'il avait pu éprouver, et sur les conséquences qui devaient en résulter dans la panification, quoique nous les pressentissions. Bien que nous l'exposassions à la température élevée de notre four, bien qu'il se dilatât selon la nature de son organisation, il affectait une forme irrégulière dont il était difficile, pour ne pas dire impossible, d'évaluer exactement le volume, et de comparer entre eux plusieurs échantillons surtout lorsqu'ils offraient quelque analogie.

Une circonstance fortuite se présenta inopinément à nos observations et servit à nous démontrer que la quantité de gluten extraite de la farine ne représentait seulement que la nature originaire du blé, mais que la constatation exacte de sa dilatation dévoilait les propriétés panifiables de la farine et même les altérations causées par l'humidité seulement soit dans le grain, soit dans la farine.

L'un des plus habiles meuniers du rayon d'approvisionnement de la capitale était parvenu, à grands frais de fabrication, à livrer des produits d'une blancheur que ses confrères ne pouvaient pas atteindre; et cependant il ne pouvait acquérir la réputation justement méritée de quelques-uns d'entre eux. Doutant, ou ayant intérêt à répandre le doute, sur nos moyens d'investigation, il nous présenta deux échantillons de ses farines. Dans l'un la farine était douce au toucher, un peu sèche et d'une blancheur éclatante, dans l'autre, elle se trouvait rugueuse, gruauleuse, humide et d'une blancheur jaunâtre que les boulangers apprécient avec raison.

La première produisit beaucoup moins de gluten à la malaxation que celle des meuniers à la réputation desquels il aspirait.

Et la seconde nous donna une quantité de gluten extraordinaire, mais il ne prit aucun développement sous l'influence d'une température élevée.

Ces deux sortes de farines provenaient des mêmes blés et de la même mouture. L'une, la plus blanche, était destinée à l'usage de la boulangerie, et l'autre à celui des vermicelliers ; celle-ci enfin représentait des déchets de gruau. D'où nous conclûmes naturellement que, dans cette fabrication, la plus grande partie de la matière organique du grain avait passé, décomposée, dans les déchets, et que les propriétés panifiables de la farine avaient été sacrifiées à la blancheur.

Éclairé par ces faits et guidé par de nombreuses expériences, nous eûmes l'idée de donner au gluten dilaté une forme régulière et unique d'après laquelle on pût constater avec précision et d'une manière invariable sa force expansive. Nous créâmes l'aleuromètre.

## DESCRIPTION DE L'ALEUROMÈTRE.

Cet instrument se compose de quatre pièces distinctes :

La première, le fourneau, est une espèce d'enveloppe

ouverte à sa partie supérieure, pour recevoir l'étuve et terminée à la partie inférieure par un fond sur lequel on place une cassolette à alcool. Ou bien c'est un cercle qui reçoit l'étuve et qui est lui-même supporté par trois pieds auxquels est fixé le fond.

La seconde pièce est l'étuve; celle-ci est un cylindre terminé par un fond sphérique, dans lequel on met jusqu'à la hauteur d'un trait marqué dans l'intérieur, de l'huile de pied de bœuf de préférence aux autres huiles, qui répandent une odeur désagréable. Sa partie supérieure est terminée par un couvercle qui s'enlève à volonté et au centre duquel est fixé un fourreau fermé seulement à la base, lequel plonge dans l'huile en fermant l'étuve. Ce fourreau sert à recevoir alternativement le thermomètre formant bouchon et marquant 200 degrés, 50 par 50, ou l'aleuromètre. Le thermomètre est la troisième pièce.

La quatrième partie enfin, est l'aleuromètre, proprement dit; il est formé d'un petit cylindre de 11 centimètres, 3 de haut sans le bouchon, et de 2 centimètres, 6 de diamètre et fermé à vis à sa partie inférieure par une petite cuvette de 1 centimètre 2, compris dans la hauteur générale et à sa partie supérieure par un chapiteau à vis également et au centre duquel passe une tige mobile, graduée, divisée en 25 degrés dont un espace net en bas qui représente l'épaisseur du chapiteau; cette tige est enfin terminée par une plaque circulaire et légèrement bombée. Du dessous de cette plaque jusqu'à la partie supérieure de la cuvette qui termine l'instrument, se trouve un espace vide dont la hauteur égale les 25 degrés de la tige.

Cette dernière partie de l'instrument, l'aleuromètre seul, sans l'étuve et le thermomètre, est suffisant aux besoins du boulanger, attendu que son four, dans lequel il peut le déposer verticalement, remplace parfaitement l'étuve et le fourneau qui n'ont été ajoutés que pour les besoins de la science. Cependant la température des fours des boulangers n'étant ni égale, ni régulière dans toutes leurs parties, il pourrait en résulter de légères modifications, fort peu appréciables du reste, mais pour la rectitude de l'opération, il convient mieux de se servir de l'aleuromètre complet.

### MANIÈRE DE PROCÉDER.

On prépare une pâte composée de 30 grammes de la farine que l'on veut essayer et 15 grammes d'eau. Il vaudrait mieux peut-être, pour éviter les calculs de proportions, prendre 33 grammes de farine 33 centigrammes, et 17 grammes d'eau. A l'effet de ne pas perdre un atome de farine, on prépare la pâte dans un bol de verre ou de porcelaine à l'aide d'un tube à agiter en verre. On malaxe cette pâte dans le creux de la main en la pressant légèrement avec les doigts, et en la retournant sans cesse pour soumettre toutes les surfaces à l'action d'un filet d'eau, ou en plongeant continuellement la main dans une cuvette à moitié remplie d'eau ; mais dans ce cas, on termine la malaxation sous un filet d'eau jusqu'à ce que celle-ci s'échappe limpide. Le gluten alors est débarrassé non-seulement de l'amidon qu'il tenait enfermé dans son tissu, mais encore de tous les corps solubles qui l'accompagnaient. Dans cet état, on le serre fortement dans la main pour en exprimer une partie de l'eau qu'il retient encore mécaniquement et on le pèse ; puis on en extrait 7 grammes dont on réunit toutes les parties incohérentes ou qui tendent à se désunir, afin d'en former une petite boule que l'on roule dans de l'amidon sec et pulvérisé, ou mieux encore dans de la fécule du commerce pour lui ôter toute adhérence dans l'instrument pendant la dilatation ; et enfin on dépose cette boule de gluten, ainsi préparée, les aspérités réunies en dessous, dans la cuvette de l'aleuromètre, graissé légèrement à l'avance dans toutes ses parties intérieures. La tige graduée seule n'a pas besoin d'être graissée, mais le dessous de la plaque doit l'être.

Pendant l'extraction du gluten, on chauffe l'étuve à l'aide de l'alcool enflammé que contient la cassolette ou cuvette et, lorsque le thermomètre, placé dans le fourreau qui plonge dans l'huile, marque 150 degrés, on remplace celui-ci immédiatement par l'aleuromètre, dansla cuvette duquel on vient de déposer le gluten. On laisse encore brûler l'alcool pendant 10 minutes, puis on retire la lampe et on l'éteint ; 10 autres minutes après, ce qui fait 20 minutes, on retire le gluten dilaté de l'aleuromètre, après avoir constaté, toutefois, le nombre de degrés que la tige, en s'élevant, a mis à découvert.

Le gluten, sous l'influence de l'eau qu'il contient et qui se dégage sous forme de vapeur, laquelle remplace ici l'acide carbonique de la fermentation, comme effet mécanique, se dilate, se soulève et se solidifie en se moulant sur la forme intérieure de l'aleuromètre. Dans son développement, il parcourt d'abord l'espace vide de 25 degrés qui le séparait de la tige, en acquérant assez de force pour soulever celle-ci jusqu'à quelquefois son maximum de dilatation, laquelle est exprimée par les 50 degrés mis à découvert au-dessus du chapiteau.

Il peut arriver que le gluten, dans son développement,

n'atteigne pas la tige, c'est-à-dire qu'il n'ait pas 25 degrés de dilatation ; alors la farine d'où proviendrait un pareil gluten devra être considérée comme impropre à aucune panification.

L'intérieur du cylindre de gluten retiré de l'aleuromètre représente exactement le squelette du pain. Il arrive quelquefois que ce cylindre se contracte immédiatement aussitôt qu'il est formé, et qu'il ne présente plus une surface unie à sa sortie de l'aleuromètre ; alors l'observateur peut conclure, selon la contraction qu'il aura éprouvée, de l'état d'altération des blés par l'humidité avant qu'ils eussent été convertis en farine. Il est important pour cette observation que le gluten ne reste dans l'aleuromètre que le temps que nous avons indiqué.

**ESSAIS DE DIVERSES FARINES PAR LA MALAXATION ET PAR LA DILATATION DU GLUTEN A L'ALEUROMÈTRE.**

| FARINES. | GLUTEN HYDRATÉ. | DILATATION de 7 GRAMMES DE GLUTEN. |
|---|---|---|
| Farines d'Étampes..... | 33 p. 100. | 29 degrés. |
| — d'Étampes..... | 33 — | 35 — |
| — de Chartres ... | 33 — | 36 — |
| — de Brie........ | 35 — | 32 — |
| — de Brie 1842.. | 38 — | 29 — |
| — de blé de Berg. | 30 — | 39 — |
| — de blé de Berg. | 32 — | 50 maximum. |
| Gluten granulé n° 1.. | .............. | 38 |
| — plus fin n° 2.. | .............. | 50 — |

## APPRÉCIATEUR ROBINE.

Robine, un des boulangers de Paris les plus instruits et que la mort a enlevé trop tôt à l'étude de l'observation pratique, avait vérifié que le gluten acquiert de la fermeté dans l'eau froide, s'amollit dans l'eau chaude, perd sa consistance dans l'eau prête à bouillir, que les acides minéraux le convertissent en une matière qu'il compare au bitume, que les acides végétaux le dissolvent plus ou moins; et enfin qu'il peut être totalement dissous par le levain, lorsque celui-ci a passé la limite de la fermentation alcoolique et qu'il y a eu formation d'acide acétique.

Robine, s'appuyant sur la solubilité du gluten dans l'acide acétique, l'a trituré dans cet acide à un degré convenable.

Pour cet effet, il a fait établir un instrument qu'il nomme *appréciateur des farines* et dont la construction est fondée sur la propriété que possède l'acide acétique faible de dissoudre tout le gluten et la matière albumineuse contenus dans une farine, sans toucher à la matière amylacée et sur la densité qu'acquiert la solution de ces substances dans l'acide acétique. On conçoit alors qu'ayant un poids déterminé de farine à traiter par cet acide titré, celui-ci dissoudra non-seulement tout le gluten, mais encore la matière albumineuse qu'elle contient, et fournira une liqueur d'autant plus dense qu'il y aura eu plus de matières décomposées. Si l'on plonge dans ce liquide un aréomètre propre à déterminer sa densité, on verra qu'il s'enfoncera d'autant moins que la liqueur sera plus dense et d'autant plus qu'elle le sera moins. Ainsi Robine prétend que plus une farine contient de gluten et d'albumine, plus elle donne de densité à la liqueur qui les dissout, et plus elle doit rendre de pain à la panification. Et pour en établir la quantité dont l'expérience lui en a démontré l'exactitude, il divise l'échelle de son aréomètre de telle manière que chaque degré représente un pain du poids de 2 kilogrammes et il le plonge dans la dissolution. Le nombre de degrés qui se trouvent au-dessus du niveau du liquide, indique le nombre de pains de 2 kilogrammes que 157 kilogrammes de farine peuvent produire, et il ajoute : *Pourvu toutefois que le gluten soit de bonne nature.*

Nous ferons remarquer ici que cette dernière réticence de Robine ne doit pas être considérée comme une naïveté échappée à une préoccupation d'esprit. Il a voulu constater, ainsi que nous l'avons démontré plus haut, que l'absorption de l'eau par la farine constitue le rendement en pain, qu'elle dépend de la qualité de cette dernière, et que cette qualité est la conséquence de la nature du gluten. Robine a prétendu étendre la limite de l'observation jusqu'à indiquer le chiffre probable du rendement ; mais comme il ne pouvait arriver à ce résultat en isolant préalablement le gluten, attendu que, dans cet état, l'acide acétique ne le dissout pas aussi facilement qu'il peut suivant lui, le faire à l'état de division dans la farine, cet observateur procède par la preuve pour démontrer la règle.

*Manière d'opérer.* — On prend 24 grammes de farine de première qualité ou 32 grammes de celles de deuxième qualité ; on la jette dans un mortier de porcelaine et on donne deux ou trois tours de pilon, afin d'écraser les grumeaux ; on y ajoute 183 grammes d'acide acétique préparé comme il a été dit ci-dessus; on triture pendant dix minutes, afin de favoriser la dissolution complète du gluten, puis on verse le tout dans un verre à expérience, qu'on couvre avec du papier et qu'on place dans de l'eau à 15 degrés au-dessus de zéro; on laisse reposer pendant une heure la solution, qui est laiteuse. Il se produit alors un précipité formé de deux couches : l'une inférieure, composée d'amidon, l'autre, supérieure, composée de son : le liquide surnageant tient en dissolution le gluten dans l'acide acétique. La surface du liquide se couvre d'une écume que l'on enlève avec une cuillère. Par la seule inspection des produits ainsi séparés, on peut reconnaître approximativement la qualité de la farine, la blancheur et la qualité du pain qu'elle doit rendre.

Au bout d'une heure, on décante la liqueur claire dans une éprouvette; on attend deux ou trois minutes, puis on plonge l'appréciateur dans le liquide, et on examine jusqu'à quel degré l'instrument s'enfonce; ce degré indique la quantité de pains de 2 kilogrammes qu'elle doit donner pour 157 kilogrammes de farine. Une farine ordinaire de bonne qualité doit marquer de 101 à 104 degrés à l'appréciateur.

Si l'on veut poursuivre l'expérience plus loin pour connaître exactement la nature du gluten, sa qualité ou la quantité dissoute, on sature à plusieurs reprises le liquide avec du bicarbonate de soude; il se produit une effervescence avec dégagement d'acide carbonique qui provient de la décomposition du carbonate par l'acide acétique; le gluten, isolé de son dissolvant, vient nager à la surface du liquide qui change de couleur; on le recueille sur une toile très-serrée, on le lave à l'eau froide, et on obtient alors le gluten entier jouissant de toutes ses propriétés.

S'il en était ainsi que Robine le prétend, surtout dans ce dernier paragraphe de son mémoire, non-seulement les boulangers trouveraient, dans l'application de sa méthode, les moyens assurés de reconnaître les propriétés panifiables de la farine de froment, mais encore de réhabiliter le gluten décomposé des farines avariées ; et de plus, le problème de salubrité dans la fabrication de l'amidon par la fermentation serait résolu, tandis qu'au contraire l'acide acétique ne fait que hâter la fermentation putride du gluten, et s'il était saturé d'une base avant le développement de la fermentation, le gluten, privé de son ligneux, ne reprendrait jamais ses propriétés élastiques sans lesquelles la panification est impraticable.

L'honorable et savant rapporteur, chargé par la Société d'encouragement pour l'industrie nationale, de l'édifier sur la valeur de la méthode que Robine présentait à son jugement, s'est borné, par des considérations générales, à en faire ressortir l'efficacité, et à la proclamer. Par une réserve que tout le monde comprendra, nous n'ajouterons personnellement à ce que nous avons dit ci-dessus que les observations que M. Dumas a publiées dans son *Traité de chimie organique*.

« Ce procédé offre quelques chances d'erreur provenant de la présence de sels ou matières solubles, telles que la dextrine, la matière mucoso-sucrée, ou formée par l'altération du gluten. »

« Ces moyens seraient, en tout cas, insuffisants pour déterminer la valeur ou la pureté d'une farine, essayée sans objet de comparaison, car dans les différentes espèces des blés blancs ou tendres, demi-durs et durs ou cornés, le gluten varie dans le rapport de 0,8 à 0,20 et au delà. »

« Mais la nature du gluten peut, dans tous les cas, fournir d'utiles indications sur la qualité de la farine, plus il est souple, élastique, tenace, extensible, homogène, exempt de mauvaise odeur et de coloration brune, plus il se soulève par sa dessiccation rapide au four, et plus il est probable que la farine dont il provient est de bonne qualité. »

« C'est qu'effectivement plusieurs altérations des blés et des farines, notamment celles qui ont lieu par suite de la germination dans les gerbes, de la fermentation du grain humide ou de celle de la farine elle-même, changent les caractères du gluten sans que sa décomposition chimique soit altérée ou à peine ; il est devenu moins élastique, en partie soluble ; il se soulève alors bien moins par le dégagement de la vapeur, sa couleur est ou paraît plus brune, son odeur est souvent désagréable. »

« Dans les farines avariées, le gluten a pu disparaître et se trouve remplacé par des sels ammoniacaux. Alors la chaux en dégage l'ammoniaque à froid. Dans un état d'altération moins avancé, le gluten est seulement dépourvu d'élasticité, sa mollesse est plus ou moins grande.

« Il importe donc beaucoup d'employer l'aleuromètre pour constater le degré d'élasticité du gluten.

« Cet essai est de la plus grande utilité, ajoute M. Dumas, car il démontre à la fois, la proportion du gluten et sa valeur réelle comme aliment et comme agent de panification.

## AMIDON. — FÉCULE.

L'amidon peut être considéré comme une sécrétion vésiculaire et gommeuse du tissu glutineux du froment et de quelques céréales, auquel il reste adhérent par un seul point que *Raspail* appelle le hile du grain de fécule; ce lien, qui participe essentiellement de l'organisation du tissu qui lui a donné naissance, est très-fragile, il se brise facilement au moindre frottement, et ne laisse aucune trace apparente de sa liaison sur la surface des grains d'amidon extraits de la plante, dans leur état d'intégrité.

La fécule résulte également du tissu cellulaire de la pomme de terre et des légumineux amylacés.

La composition chimique de l'un et de l'autre de ces deux corps est identiquement la même; ils ne diffèrent que par leur forme; elle est uniforme dans le premier, et invariable par la solidité de ses vésicules et moins régulière et plus volumineuse dans le second à cause de la flexibilité des siennes.

Dans les végétaux, les fécules ne diffèrent physiquement entre elles que par un arrangement moléculaire qui résulte de la quantité d'eau qui les entoure, laquelle augmente dans la végétation et le développement des organes qui les renferment; elles ne deviennent complétement uniformes, dans chaque espèce, que par une dessiccation modérée qui isole chaque grain et fait contracter la vésicule sur la surface de laquelle se manifestent des plis plus ou moins apparents. L'amidon, par sa densité, est exempt de ces déformations, aussi retrouve-t-on toujours ses grains réguliers et uniformes.

Dans cet état de dessiccation, la fécule est composée de 24 parties de charbon et de 10 parties d'eau.

La fécule qui paraît être formée, dans l'intérieur de ses vésicules, de couches concentriques de gomme juxtaposées, est aussi inaltérable à l'air que dans l'eau pure à la température ordinaire; mais si l'eau contient des matières animales dont la décomposition spontanée, par la fermentation, est susceptible d'en élever la température, la première couche de fécule déposée au fond du liquide, après un séjour prolongé, est attaquée et successivement toutes les autres jusqu'à ce qu'il ne reste plus que des vésicules et une dissolution gommeuse qui les surmonte.

La plupart des fécules, obtenues à l'état de pureté, se présentent sous la forme d'une poudre blanche, cristalline, sans saveur ni odeur, craquant sous les doigts et insoluble dans l'eau froide, l'alcool et l'éther.

Examinée au microscope, cette poudre mélangée à l'eau, n'offre plus que des grains arrondis, isolés, de formes sphéroïdales et égales en volume dans le froment et quelques autres céréales; ils représentent un semis uniforme de petites perles transparentes et brillantes.

Les fécules de plusieurs autres végétaux se présentent sous des formes variées, non-seulement dans les diverses espèces, mais encore dans le même végétal, ce qui leur donne une sorte de physionomie spéciale qui ne permet pas de les confondre.

La fécule n'est insoluble qu'autant que ses vésicules restent intactes, mais la gomme qu'elles renferment est complétement soluble.

A froid, la potasse fait crever les téguments de la fécule hydratée. L'acide sulfurique et quelques autres acides ne produisent le même effet que parce qu'ils élèvent la température de l'eau à un degré suffisant pour faire éclater les vésicules.

L'eau à la température de 72 degrés, fait également crever les vésicules ; à 100 degrés, elles acquièrent un développement considérable, elles se pressent les unes contre les autres, elles adhèrent par leurs parties les moins résistantes, elles occupent tout le volume du mélange et lui donnent la consistance gélatineuse que chacun connaît sous le nom d'empois. Mais si l'eau est en excès, les téguments flottent dans le liquide pendant quelque temps, et finissent par se précipiter. L'alcool les coagule. Mais ce précipité, si la température s'est élevée vers 150° contient une grande quantité de petits granules à contour circulaire de deux millièmes de millimètre de diamètre et parfaitement uniformes. Ces granules se redissolvent dans l'eau bouillante. C'est ce qui fait conjecturer (Raspail) que la fécule contient de la fécule.

Si l'on jette de la fécule dans un excès d'eau en ébullition et qu'on examine ensuite le liquide au microscope, après le refroidissement, pour éviter que la vapeur d'eau n'obscurcisse le porte-objet, on verra flotter dans le liquide des vésicules infiniment légères et transparentes, plus grandes vingt et trente fois que les plus gros grains de la même fécule ; et plus on prolongera l'ébullition, plus ces vésicules s'étendront et deviendront transparentes, et celles des granules inférieurs éclateront à leur tour. Les infiniment petits échapperont à l'observation microscopique, mais n'en existeront pas moins.

La vésicule principale de toutes les fécules, en général, se déchire, sans le concours de l'eau, par la chaleur ou la trituration. Dans le premier cas, la torréfaction colore en jaune la fécule, et l'empois qui en résulte à froid, participe de cette coloration qui rend impraticable son application industrielle. La trituration n'offre de l'intérêt que pour l'observation et la démonstration, attendu qu'elle ne peut se pratiquer que sur une petite quantité de fécule ; car il faut que chaque grain passe isolément sous la pression et le frottement du pilon ; dans une masse, les grains de fécule s'interposent et se protégent réciproquement contre son action ; il n'y a que les grains qui se trouvent placés directement entre le mortier et le pilon qui se trouvent déchirés, et encore faut-il que le mortier et son pilon soient d'une nature particulière, car si leurs parois sont lisses et unies, le pilon n'a aucune action sur les grains de fécule qui glissent sans se déchirer.

Naturellement les fécules qui se présentent sous des formes irrégulières sont plus ou moins favorables à la trituration. Cette opération nous facilitera les moyens de reconnaître la présence de la fécule de pomme de terre dans la fécule du froment.

Une solution aqueuse ou alcoolique d'iode jouit de la propriété de colorer en bleu, plus ou moins foncé, les téguments seulement de toutes les fécules en général ; aussi cette action ne se manifeste-t-elle qu'à la surface des grains de fécule et de leurs granules inférieurs qui, par réfraction, communiquent leur couleur bleue au liquide qui les tient en suspension. La fécule de pomme de terre produit l'iodure du plus beau bleu à cause de l'étendue considérable de ses téguments. Par la raison contraire, celui de froment est d'un bleu violacé ; mais la différence de coloration de ces deux fécules mélangées ensemble est si peu sensible, qu'elle échappe à l'observation.

Si l'on examine au microscope d'un faible grossissement un mélange de fécule et d'eau dans lequel on aura introduit une goutte de solution d'iode, on distinguera parfaitement que chaque grain de fécule est fortement coloré en bleu très-foncé, et le liquide apparaîtra blanc et limpide.

Une dissolution de fécule dans l'eau bouillante offrira le même phénomène ; seulement au lieu de grains de fécule avec leurs formes originaires, il ne se présentera plus que des téguments dilatés, d'une forme irrégulière et colorés en bleu, et si le grossissement du microscope est plus élevé, les granules inférieurs apparaîtront également colorés en bleu, mais sous leur forme primitive ; à moins que l'ébullition n'eût été prolongée jusqu'à ce que les infiniment petits granules se trouvent, à leur tour, dépouillés de leurs vésicules ; alors celles-ci se déposeront par le refroidissement ; le précipité perdra peu à peu sa coloration bleue qui ne reparaîtra que si on l'échauffe de nouveau, mais s'il n'est pas agité soit par un mouvement brusque, soit par l'agitation des bulles produites par la chaleur, le dépôt seul restera coloré, et le liquide qui le surmonte ne manifestera aucune coloration.

L'alcool coagule tous les téguments, supérieurs et inférieurs, de la fécule. La diastase, le gluten anhydre et les substances azotées dont la dessiccation aura arrêté la décomposition, ont la propriété d'accélérer la précipitation des téguments dans le liquide qui les tient en suspension, en agissant spontanément sur la dissolution gommeuse qu'ils transforment en dextrine, laquelle s'hydrate, par ce moyen, d'un atome d'eau de plus que la gomme. La dextrine, ainsi nommée parce que le plan de polarisation de la lumière tourne à droite, n'est composée comme la gomme que de 24 parties de charbon et 10 parties d'eau. Sans le concours de ces agents la gomme se transforme également en dextrine, mais beaucoup plus lentement, par l'action naturelle des téguments dont la composition participe de celle du gluten et de la cellulose, quoiqu'elle ait été singulièrement modifiée dans la végétation, puisqu'ils se colorent au contact de l'iode et que le gluten et la cellulose ne jouissent en aucune manière de cette propriété.

**Fécule de pomme de terre.** (M. Dumas.) — Cette fécule se distingue surtout dans la variété dite de Rohan, par le fort volume de ses grains, par les formes des portions de sphéroïdes et d'ellipsoïdes qui les composent, enfin par la marque du *hile* et les traces ou lignes d'accroissement plus faciles à discerner que sur la plupart des autres fécules. Quelques déchirures s'observent sur les grains, vieux ou très-volumineux, qui se rencontrent surtout dans les tubercules arrivés au maximum de leur développement ; ces déchirures anguleuses partent généralement du *hile*. Au sortir des organes de la plante, on observe sur la surface de ses grains des rides concentriques qui disparaissent souvent par la dessiccation.

**Amidon des blés durs et tendres.** (*Id.*) — L'examen attentif de l'un des beaux types des blés blancs, la tuzelle de Provence, et des espèces de blés durs bien caractérisés, notamment le blé de Pologne et le blé de Taganrock, montre dans leurs grains d'amidon une physionomie toute particulière. Bien développés, ils sont irrégulièrement aplatis ou plutôt lenticulaires et à rebords arrondis ; l'une de leurs faces est ordinairement plus proéminente, et le sens des fractures étoilées qui s'y aperçoivent quelquefois, indique vers leur sommet le siége du *hile*.

**Fécule de haricot blanc.** (M. Raspail.) — Les plus

gros grains de cette fécule atteignent 1/15 de millimètre au microscope à grossissement de 100 diamètres de *Selligue ;* ils sont ovoïdes, allongés en pointe d'un côté, ou très-obscurément trigones, mais fortement ombrés sur les bords ; ainsi que sur les grains de fève, on observe un grain intérieur enchassé dans le grain principal.

**Fécule de seigle.** (*Id.*) — Les grains les plus gros de cette fécule atteignent 1/20 de millimètre, mais ce qui les distingue de toutes les autres fécules, c'est qu'ils sont aplatis et à bords tranchants comme des disques, et marqués pour la plupart, sur une de leurs faces, d'une croix noire ou de trois rayons noirs réunis au centre du grain. Il y a cependant quelques sortes de seigle dont les grains n'offrent pas cette particularité.

**Fécule de fève de marais.** (*Id.*) — Les grains affectent une forme ovoïde et réniforme, offrant souvent dans leur sein un grain interne comme enchâssé dans le principal, quelques-uns affaissés et presque vidés.

**Fécule de pois verts.** (*Id.*) — Les grains de cette fécule n'offrent de remarquable que leur surface qui est bosselée, leur forme ressemble à celle de la pomme de terre.

**Fécule de marron d'Inde.** (*Id.*) — Les grains de fécule varient en grosseur selon le volume et l'âge du marron, ils sont très-irréguliers, étranglés dans le milieu de leur longueur, comme des cocons de vers à soie ou en forme de reins et de larmes bataviques ; ils sont fortement ombrés sur les bords ; les plus gros grains de fécule ne dépassent pas 1/33 de longueur.

**Fécule de châtaigne.** (*Id.*) — Elle se distingue de la précédente par la variété de ses formes ; ses grains sont ou oblongs, ou triangulaires, ou arrondis, ou sphériques et rarement réniformes.

**Fécule d'orge.** (*Id.*) — Les grains de cette fécule, qui ne dépassent pas 1/40 de millimètre, ont l'aspect et les formes de l'amidon de froment.

**Fécule de maïs.** — La plupart de ses grains restent agglutinés entre eux, par l'effet de leur nature huileuse et de la mouture ; ils affectent, réunis, une forme très-irrégulière et anguleuse qui ressemble plutôt à une cristallisation impure, comme le sel marin commun, qu'à un tissu cellulaire à petites mailles.

**Fécule de sarrasin.** — La farine en est jaune comme le pollen de cèdre ; les grains de fécule en sont si petits qu'ils atteignent rarement 1/100 de millimètre.

## FALSIFICATION DES FARINES.

Il est aussi imprudent que dangereux, dans le but d'une renommée ou d'une spéculation scientifique, d'exalter ou de faire ressortir les avantages productifs de falsifications des substances alimentaires, d'autant plus odieuses et criminelles qu'elles altèrent insensiblement la santé de ceux qui en font usage. C'est égarer l'esprit d'observation, exploiter l'ignorance, exciter la cupidité et provoquer une concurrence commerciale aux dépens des intérêts physiques et matériels des consommateurs.

Poursuivez la fraude, et punissez sévèrement celui qui la pratique, quand elle est démontrée ; mais n'enseignez pas, par de pompeuses théories scientifiques, quelquefois erronées, à la mettre en usage, car le jugement public qui flétrit, avec raison, de pareils abus, en même temps qu'il cherche à les réprimer, accorde un brevet de capacité à ceux qui les ont provoqués par leurs élucubrations prétentieuses et intempestives.

Quoique la question des falsifications des substances alimentaires soit une de celles qui intéressent la société tout entière, et sous le rapport hygiénique, et sous le rapport économique, il est bon que les observateurs ne s'écartent jamais de la vérité, et ne sortent pas du cercle des probabilités. S'ils éclairent, par leurs connaissances scientifiques et leur expérience pratique, l'autorité qui veille aux intérêts généraux, ils doivent aussi leurs lumières aux industriels afin de les mettre à l'abri des piéges que le charlatanisme et la cupidité leur tendent trop souvent, et dans lesquels ils tombent plutôt par ignorance que dans une intention frauduleuse.

Tout Paris, les savants surtout, ont connu un certain docteur empirique, courant après la fortune par la renommée, et après celle-ci par des publications de toutes sortes et sur toutes choses ; combattant les théories scientifiques par leurs applications industrielles, et attaquant l'industrie par les théories de la science, enfin enfantant des projets fantastiques d'économie qu'il combattait ensuite, s'ils étaient mis à exécution sans qu'il eût été rémunéré. Ce même docteur, après avoir fait plusieurs tentatives infructueuses pour panifier la pomme de terre, la fécule, le riz, et même la sciure de bois mélangée à ces dernières substances, comme analogue du gluten, disait-il, dans divers mémoires qu'il publia, et qu'il répandit avec profusion pour soutenir les avantages de ses prétendues découvertes, qu'aucun savant ne voulut appuyer de son influence, finit par adresser à l'autorité une dénonciation, sous forme de mémoire, contre tous les boulangers de Paris, qu'il accusait d'employer frauduleusement les mêmes procédés de panification qu'il avait imaginés, et qu'il reconnaissait alors comme insalubres, n'ayant pu parvenir à leur vendre ce miraculeux secret.

On se souvient encore de l'effet que produisit le mémoire de M. *Kulmann* sur les falsifications dangereuses des farines et du pain propagées dans le département du Nord, en Belgique et en Angleterre. A la suite de cette publication, et à la moindre tache verte qu'on apercevait dans la mie du pain, tout le monde croyait à la présence d'un sel de cuivre. Sur cette apparence trompeuse plusieurs plaintes furent adressées à l'autorité; une entre autres, contre un boulanger du faubourg Saint-Antoine. Cet industriel eut à subir une visite domiciliaire de la police, la saisie d'un pain pris au hasard, et d'un échantillon de toutes les matières destinées à la panification, lesquels furent adressés immédiatement au conseil de salubrité qui chargea l'un de ses membres les plus éminents d'en faire l'analyse. L'honorable savant auquel cet examen fut confié, me fit l'honneur de m'inviter à assister à ses expériences, qui toutes furent pratiquées avec un soin, une exactitude et une impartialité remarquables. J'assistais à une haute leçon de chimie appliquée à l'industrie : l'eau, la farine, le pain, le sel, le levain et la levûre passèrent successivement des mains de cet habile professeur, aux appareils, et de ceux-ci aux réactifs. Enfin, il reconnut, de la manière la plus évidente, que la farine, non-seulement ne donnait aucune trace de falsification, mais encore qu'elle provenait d'excellent blé et qu'elle résultait d'une parfaite fabrication, que le pain ne laissait rien à désirer sous le rapport de la panification et qu'il était pur de toutes substances étrangères, surtout de celles qui sont nuisibles à la santé; que la tache verte qu'on avait remarquée dans l'un d'eux provenait de l'humidité du lieu où il avait été déposé et abandonné pendant plusieurs jours, aussitôt après sa sortie du four.

Dans cette malheureuse affaire, la police fit son devoir honorablement, elle le fit sans éclat, avec empressement, mais aussi avec la discrétion et toutes les précautions qui témoignent de sa sollicitude pour les intérêts publics; la science accomplit dignement le sien, en dévoilant la vérité. Mais la réhabilitation n'effaça que difficilement, dans l'opinion vulgaire, les traces de l'accusation qu'un esprit envieux, peut-être, avait avantage à rendre publique. Quoi qu'il en fût, ce boulanger eut longtemps à souffrir dans son honneur comme dans ses intérêts.

Avant la publication de cet intéressant mémoire, au point de vue de l'analyse, les boulangers de Paris et de beaucoup d'autres localités étaient loin de soupçonner les propriétés des sels de cuivre, de potasse et d'alumine, dont l'auteur énumérait les merveilleux effets sans en déduire les causes. Si cet ouvrage eût été répandu dans l'industrie comme il le fut dans le monde savant, nul doute que quelques boulangers peu scrupuleux n'eussent employé clandestinement les sels dont il était question.

Qui nous dit que la découverte des propriétés de l'alun et des sels de cuivre n'a pas la même origine que tout ce qui a été mystérieusement essayé en boulangerie? Tout nous porte à croire que l'ignorance et le hasard les ont enfantées, et que la science les a confirmées tacitement sous forme de commentaires académiques qui n'exprimaient que des analogies et non des théories saisissables.

En effet, ces deux corps se présentent sous la forme de sulfates ou de carbonates; dans le premier cas, s'ils agissent sans se décomposer, les sulfates ne jouissent pas de la propriété de blanchir les substances végétales, et en se décomposant, l'acide et la base ont une action également négative, et dans l'un et l'autre cas ils laissent la trace de leurs éléments. Il en est de même pour les carbonates; mais par leur décomposition, l'acide carbonique se dégage sans laisser d'autre trace que le soulèvement du tissu cellulaire; lorsque l'élasticité de celui-ci a été préparée par la fermentation, la base est également fixe et sans effet.

Mais il est reconnu que tous les sels en général ont la propriété singulière et inexpliquée jusqu'à présent, de rafraîchir les bords déchirés, par la mouture, de chaque molécule de gluten, et de rétablir sa cohésion et son élasticité, lorsqu'elles n'ont été qu'imparfaitement troublées. Le sel marin, employé en boulangerie, produit cet effet au plus haut degré; les ouvriers boulangers le savent très-bien par expérience, car ils ont le soin d'ajouter dans le pétrissage, une poignée de sel de plus aux pâtes qui *relâchent* pour leur donner du *corps*, c'est-à-dire de la cohésion et de l'élasticité. Pourquoi donc alors aller chercher, dans l'inconnu, des moyens mystérieux, dangereux et condamnables, lorsque la nature vous en offre que la raison avoue, et dont l'humanité n'a pas à souffrir.

L'observation ne perdrait rien à faire ressortir les avantages de ces derniers moyens, plutôt que d'exalter le danger de l'emploi hypothétique des autres.

Si, par leur décomposition imprévue, quelques sels jouissent de la propriété de blanchir la farine, c'est encore le sel marin qui doit naturellement et par exception posséder cette faculté, attendu que le chlore qui en résulterait a l'avantage de purifier toutes les substances végétales des corps susceptibles d'en ternir l'éclat.

Enfin, les sulfates et les chlorures ne se trouvent-ils pas assez répandus, à l'état de dissolution dans les eaux, surtout dans celles des puits de Paris, sans qu'il soit besoin d'en ajouter d'autres? et quoique Parmentier eût contesté les propriétés de certaines eaux dans la panification, l'expérience n'a pas moins évidemment démontré que les eaux dures et crues de certains puits étaient préférables aux eaux douces et courantes pour donner du corps à la pâte.

Revenons au sel marin et aux falsifications. Un chimiste anglais du nom de Davy, je crois (*non pas le célèbre Davy*), avait imaginé, par un raisonnement assez spécieux, du reste, de supprimer, dans la panification, le sel et la fermentation; il les produisait naturellement en mettant en contact les éléments propres à leur formation. Il se servait de l'acide chlorhydrique et du bicarbonate de soude; il en résulte tout aussitôt de l'eau, du chlorure de sodium ou sel marin, et de l'acide carbonique qui se dégage : et pour éviter la spontanéité et l'effervescence inévitables dans une pareille réaction, il séparait, avant de pétrir, la farine en deux parties égales; avec l'une d'elles et l'eau acidulée il faisait une pâte d'une densité convenable, et avec l'autre partie et une dissolution de bicarbonate, il en préparait une semblable; il réunissait ensuite les deux pâtes et il leur donnait le travail nécessaire pour les bien mélanger. La réaction a lieu plus lentement, il est vrai, parce que la farine interposée entre chaque molécule de ces deux corps empêche leur contact immédiat ; mais aussitôt que ce dernier se produit, la réaction s'opère tumultueusement et avec inégalité. Le passage de l'acide carbonique ne se faisait remarquer que sur quelques points seulement de l'intérieur du pain; les autres parties restaient lourdes et compactes. Ce moyen, s'il eût réussi et s'il se fût répandu, aurait été une véritable falsification dangereuse, en ce que le dosage des matières est extrêmement difficile, même par des mains très-exercées et sur une petite quantité; il est impraticable sur une grande échelle : l'excès inévitable de l'acide ou du carbonate qui resterait dans le pain, le rendrait très-insalubre. Jamais un boulanger, quelque instruit qu'il fût, n'aurait imaginé un pareil procédé.

Doit-on considérer comme une falsification, le mélange du froment avec d'autres céréales, lorsqu'il est pratiqué publiquement dans beaucoup de localités et dans tous les établissements agricoles pour les besoins de l'alimentation ? et d'ailleurs les falsifications n'offrent de l'intérêt à ceux qui les mettent en usage qu'autant qu'elles relèvent l'éclat de leur marchandise et qu'elles en dissimulent les défauts. La blancheur de la farine de froment première ne peut être rehaussée par celle des autres graminées qui le suivent ; la farine de seigle, en outre qu'elle la ternit, lui donne un goût spécifique très-prononcé. La farine d'orge non-seulement la ternit davantage, mais encore elle alourdit la pâte par son manque de gluten. La farine de sarrasin lui donne une couleur vineuse si prononcée qu'il est impossible de se méprendre sur sa présence.

Quant aux altérations naturelles des céréales, elles deviennent le plus souvent le sujet de véritables fraudes ; car c'est en mélangeant des produits avariés avec des produits sains de la même espèce qu'on parvient à écouler les premiers. Cette fraude est d'autant plus condamnable qu'il est difficile de la constater et qu'elle engendre souvent des maladies dont on est loin de soupçonner l'origine. C'est, à quelques exceptions rares, la seule falsification qui soit pratiquée par la meunerie en temps ordinaire sur les farines premières.

Pendant vingt ans que j'ai exercé la profession de boulanger à Paris, j'ai constamment fait l'application des procédés connus, et j'en ai créé de nouveaux pour apprécier la nature et la composition des farines que j'ai employées, et même de celles qu'on me proposait en vente ; je les ai toutes expérimentées et analysées séparément, j'en ai fait une étude approfondie qui m'a donné les résultats les plus concluants. Ce n'est que dans les années où le blé était fort cher et la fécule de pomme de terre à bon marché, que j'ai trouvé la présence de celle-ci ; mais j'ai rencontré plus communément le maïs et la féverole.

Nos fonctions comme expert, pour la réception des farines, à la Boulangerie générale des hospices civils de Paris, nous ont mis à même de reconnaître quelquefois, mais bien rarement, des mélanges de farines de seigle, d'orge, de maïs, de féverole et de sarrasin avec les farines deuxième qualité.

Nous avons été un des premiers à nous en plaindre, à dévoiler et à faire reconnaître ces fraudes cupides dont les désordres frappent particulièrement la partie la plus nécessiteuse de la société. L'administration s'est toujours empressée d'en faire une prompte et éclatante justice en exigeant immédiatement la réparation avant l'accomplissement de la consommation.

Les résultats que nous donnèrent nos observations, la satisfaction que nous éprouvâmes à les voir approuvées et confirmées par la science, nous imposèrent l'obligation de ne jamais nous laisser entraîner aux illusions, trop souvent trompeuses, des conjectures, et de ne nous prononcer que d'après l'évidence la mieux démontrée.

Nous croyons ne pas déroger à ces principes en déclarant qu'il nous paraît probable qu'une grande partie des falsifications signalées dans quelques traités concernant cette question n'est jamais sortie de la limite du laboratoire des auteurs qui les ont découvertes et qu'ils ne leur ont donné du retentissement que pour satisfaire aussi bien les intérêts de leurs publications spéciales que de leurs prétentions scientifiques.

Nous trouvons dans un de ces ouvrages pris au hasard, la liste suivante des produits qui ont été, à diverses époques, mélangés avec la farine de froment.

Eau, pour augmenter le poids,
Son et remoulages,
Farine de riz,
— de maïs,
— de graine de lin,
— de sarrasin,
— d'orge,
— de mélampyre,
— de légumineuses (féveroles, pois, lentilles, haricots, vesces, fèves),
Fécule de pomme de terre,
Sable,

Chaux,
Os calcinés,
Albâtre,
Arsenic,
Plâtre,
Craie.

La falsification implique l'intention de tromper sciemment sur la nature des choses en leur ajoutant volontairement des substances analogues et d'une moindre valeur, ou des matières hétérogènes susceptibles d'en rehausser l'éclat et d'en dissimuler les altérations pour en favoriser l'écoulement. Mais les corps étrangers que l'analyse rencontre dans la farine, et qui s'y trouvent réunis par la force des circonstances auxquelles l'agriculture et la meunerie sont exposées, ne peuvent être considérés comme des falsifications frauduleuses.

L'*eau* ajoutée à la farine pour faire le pain ne s'y incorpore que dans une proportion dont les éléments de celle-ci imposent la limite, l'excès d'eau reste à l'état libre, et si la chaleur du four ne l'a pas vaporisée, elle laisse des traces que le consommateur apprécie facilement, et la concurrence en fait justice.

Le *son* et les *remoulages* résultent de l'épuration des farines, celles dites premières n'en contiennent pas, c'est ce qui caractérise leur mérite aux yeux du vulgaire. Les farines deuxième, troisième et quatrième en contiennent en proportion de leur classification ; le commerce sait parfaitement en faire la distinction sans que la chimie intervienne. D'ailleurs, s'il en était autrement, l'administration des subsistances militaires devrait être regardée comme le premier falsificateur, puisqu'elle règle le rendement en pain de ses farines dont l'épuration est réglementée à 15 p. 100 d'extraction, tandis que celle des farines du commerce est communément de 21 p. 100 et que le rendement moyen en pain est de 136 p. 100 de farine.

La *farine de riz*, plus chère que la farine de froment, la rehausse seulement de nuance, mais en élève tellement le prix que la falsification serait, pour celui qui la pratique, une véritable déception.

La *farine de graine de lin* peut donner du visqueux à la pâte, mais elle la ternit beaucoup; elle n'offre aucun intérêt et n'est jamais employée en panification.

Les farines de *sarrasin*, d'*orge*, de *seigle* sont mélangées sans scrupule avec la farine brute de froment, par les consommateurs mêmes, dans les campagnes; mais ces mélanges sont prohibés mentalement dans le service civil de Paris, et formellement interdits dans celui de la Boulangerie générale des hospices.

La *mélampyre* résulte d'un accident de récolte. Cette plante croît entre les blés, principalement dans les terres grasses; c'est le blé rouge. Il y a, après celui-là, la mélampyre crêtée ou blé de vache, qui croît spontanément dans les bois et genêts; on ne la récolte pas, elle est mangée par les vaches, qui en sont très-friandes.

La *farine de maïs* donne à celle de froment une teinte jaunâtre favorable à la vente; comme elle est très-gruauleuse, elle sert plus particulièrement à tourner le pain, c'est-à-dire à lui donner la forme qu'on lui destine : cet usage n'offre aucun inconvénient pour le consommateur.

La *farine de féverole* est, de toutes celles des légumineuses, la seule employée communément; non-seulement elle donne à la farine de froment la même teinte favorable que la précédente, quoiqu'un peu rosée, mais encore, par une anomalie singulière, quoiqu'elle ne contienne pas de gluten, elle jouit d'une ténacité extraordinaire et elle développe l'élasticité de celui du froment en facilitant sa cohésion ; mais elle rougit promptement sous l'influence de l'air, de la chaleur et de l'humidité, aussi donne-t-elle au pain une coloration qui ne laisse aucun doute sur sa présence. C'est en vertu de cette propriété colorante que les boulangers la préfèrent maintenant au maïs pour tourner leurs pains.

Les autres légumineuses ne sont appelées à concourir aux falsifications que dans les années stériles en froment. Alors dans ces affligeantes circonstances tous les produits de la terre sont mis à contribution; l'autorité même, dans l'intérêt général, encourage tous les moyens propres à satisfaire aux besoins de la consommation, pourvu toutefois que ces moyens ne présentent aucun danger pour la santé.

La nature offre un exemple frappant de sa prévoyance pour l'humanité par un phénomène bien remarquable. Lorsque les intempéries des saisons sont fatales aux céréales, le temps est ordinairement favorable à la production de la pomme de terre, et celle-ci est d'une grande ressource pour l'alimentation, mais par des préparations culinaires seulement. L'industrie en a extrait la fécule pour les besoins de quelques applications industrielles; la fraude s'en est emparée et l'a mise à la disposition des falsificateurs.

Dans les années d'abondance en blé, et même après de moyennes récoltes, les falsifications sont dédaignées ; cependant, dans cette dernière circonstance, si le prix de la fécule est moins élevé que celui de la farine, la fécule est employée frauduleusement à tromper l'acheteur sur la véritable apparence de la denrée qu'il acquiert.

Le *sable*, découvert par l'analyse, ne peut provenir que des meules qui par leur frottement abandonnent quelques-unes de leurs molécules constituantes.

La *chaux*, la *craie* ou l'*albâtre*, le *plâtre*, les *os calcinés*, l'*arsenic*, toutes ces substances ne sont-elles pas employées en agriculture ? Quelques agriculteurs ont l'habitude de chauler leurs blés avant de les ensemencer. Les terres ne sont-elles pas amendées à l'aide de la craie ou de la marne, des os calcinés et du plâtre ?

N'obtient-on pas de ce dernier avec le fumier une double décomposition ? Le carbonate d'ammoniaque volatil qui se dégage du fumier se change, avec l'acide sulfurique du plâtre, en sulfate d'ammoniaque et en carbonate de chaux fixes. L'albâtre n'est employé que comme carbonate de chaux.

Quant à l'arsenic, quelques cultivateurs ont encore l'habitude de semer avec le blé des substances arsenicales, afin de détruire les insectes et les moineaux qui dévorent les semences.

Toutes ces substances répandues sur la terre y séjournent et elles sont délayées, divisées ou dissoutes par les pluies; dans ce dernier cas, les végétaux s'en emparent, et si des pluies continuelles viennent à verser les blés de manière à ce qu'ils ne puissent se relever, ils se trouvent en contact avec toutes ces matières non dissoutes, lesquelles pénètrent quelquefois à travers leur tissu amolli par l'eau, et si l'analyse en retrouve parfois la trace dans la farine, peut-on dire que ce sont là des falsifications ?.

Jusqu'à ce qu'il ait été découvert un établissement clandestin, dans lequel, pour les besoins de la fraude, on pulvérise et réduise en poudre impalpable toutes ces substances calcaires, phosphorées ou arseniquées, nous ne croirons pas à ces falsifications.

Enfin, il résulte de nos observations que tout l'échafaudage de ces prétendues sophistications se réduit à la farine de maïs, de féverole, de sarrasin, d'orge, de seigle et de fécule de pomme de terre. Nous allons donner les moyens de les reconnaître.

**Fécule de pomme de terre.** — Malgré l'analogie complète qui existe dans la composition chimique de l'amidon de blé et de la fécule de pomme de terre ; malgré les diverses proportions d'amidon que les farines contiennent et dont une addition de fécule pourrait établir la moyenne, dans les farines riches en gluten ; bien que la fécule relève plutôt la blancheur de la farine qu'elle ne la ternit ; et qu'elle n'en altère ni la saveur, ni l'odeur aux sens les plus délicats et les plus exercés ; il y a une différence physiologique qui s'oppose à leur réunion.

Dans leurs analyses, les chimistes s'emparent d'une substance organique quelconque, formée de plusieurs corps d'une composition élémentaire différente; ils les séparent de l'organe qui les a engendrés, puis, ils établissent une analogie entre ceux qui ont la même apparence et la même composition chimique, comme l'amidon et la fécule.

Les physiologistes procèdent différemment; ils étudient naturellement, dans l'organisme même, les phénomènes de l'organisation, et ils déduisent de leurs observations des conséquences que l'esprit saisit, que la raison juge et que l'expérience confirme, ou elles ne sont que systématiques.

Ainsi dans la farine de froment, une grande partie de l'amidon qu'elle contient reste encore attaché au tissu cellulaire organique qui lui a donné naissance, bien qu'il soit déchiré et divisé par la mouture; il participe de l'organisation de ce dernier et de la nature du germe qui l'a développé; celui-ci lui communique même une saveur qu'il n'a plus lorsqu'il en est séparé : car on ne peut pas soutenir que l'empois d'amidon a la même saveur que la bouillie préparée simplement avec de la farine et de l'eau. Il en est de même de la fécule dont la saveur âcre ne ressemble nullement à la saveur agréable de la pomme de terre cuite sans assaisonnement.

Or, il est permis de supposer que la fécule et l'amidon ne deviennent chimiquement identiques que lorsqu'ils sont séparés l'un et l'autre de leur tissu cellulaire.

Il y aurait donc également falsification de la farine en y ajoutant soit de l'amidon, soit de la fécule, attendu que, dans cet état, ils sont libres et dépourvus de leur caractère originaire qui les rend propres à l'alimentation.

On ne saurait se prononcer, par analogie, sur la présence de la fécule, dans la farine, en évaluant la quantité de gluten que la farine contient et dont la fécule diminue les proportions.

La différence de quantité de gluten qui existe dans les farines, varie à peu près de 9 à 14 p. 100, et celle de l'amidon de 75 à 56 p. 100; il faudrait donc une addition de 19 p. 100 de fécule pour convertir une farine riche en gluten et de première qualité en une farine de dernière qualité et pauvre en gluten. Ces dernières étant au moins aussi répandues dans le commerce que les bonnes et étant celles qui offrent le plus d'intérêt à la falsification, s'il arrivait qu'on leur ajoutât seulement 10 p. 100 de fécule de pomme de terre, de riz ou de toute autre substance dépourvue de gluten, il n'y aurait plus de panification rationnelle possible ; le pain qui en résulterait serait inévitablement plat, lourd et humide, au lieu d'être léger et ressuyé convenablement.

De ces mêmes combinaisons, quelques empiriques ont aussi prétendu à un rendement en pain plus considérable, parce qu'en convertissant par la chaleur les fécules en bouillie, elles absorbaient beaucoup plus d'eau.

C'est une erreur facile à démontrer : il est impossible, il est vrai, de convertir la farine de froment pure en bouillie sans décomposer le gluten ; l'eau froide dans la pâte ne pénètre pas les molécules d'amidon, mais elle s'y fixe pour unir entre elles les parties constituantes de la farine. La pâte, mise au four, passe par une température plus que suffisante pour faire crever l'amidon qui, combiné avec l'eau, se change en bouillie avant d'arriver à l'état solide. Ainsi, que la fécule soit convertie en bouillie avant le pétrissage ou qu'elle le soit au four, le rendement doit être le même, si de la fécule dépend le rendement ; mais s'il est le résultat d'une absorption plus ou moins grande d'eau, la fécule doit y être étrangère, car le gluten seul s'empare de l'eau, et il sert d'enveloppe à l'amidon mouillé, qui, sans cela, n'aurait pas la moindre cohésion. Donc, plus il y a de gluten dans la pâte et plus il est élastique, plus il y a absorption d'eau, laquelle ne se fixe que combinée avec le gluten ; l'excès d'eau enfermée dans les vastes cavités qu'il forme en se dilatant est bientôt vaporisé.

Si, au contraire, il y a peu de gluten dans la farine, ou si l'on y ajoute des fécules, le principe absorbant ne se trouvant plus dans une proportion convenable, abandonne les matières amylacées qui, à leur tour, tendent à se séparer de l'eau, qui ne peut les pénétrer ; la pâte se relâche au lieu de se raffermir; mise au four, les cavités se forment à peine, toutes les parties humides restent adhérentes et ne prennent de la consistance qu'après un plus long séjour dans le four, et encore le pain reste plat et humide et n'acquiert pas les qualités de saveur et de digestion convenables.

En un mot, le pain est d'autant plus léger et nourrissant, que le gluten est abondant et élastique; c'est-à-dire que plus il offre de résistance au dégagement de l'acide carbonique, produit de la fermentation, plus les cellules qu'il forme dans le pain sont vastes, et plus elles rendent celui-ci favorable à la digestion et, par conséquent, à la transformation de ses substances nutritives.

Ainsi, une farine qui contient peu de gluten et, par conséquent, beaucoup d'amidon, ne peut produire qu'un pain lourd, plat et mat; parce que la résistance qu'oppose le gluten ne se trouve plus en harmonie avec les éléments gazeux et expansifs qui proviennent de l'eau, de l'amidon transformé en glucose et du sucre combinés. C'est ce qui arrive inévitablement lorsqu'on veut ajouter de la fécule de pomme de terre à la farine de froment; on diminue la proportion de gluten, dont l'élasticité ne peut plus opposer assez de résistance à la force gazeuse qui le soulève.

Il est donc suffisamment démontré qu'en ajoutant à la farine des substances étrangères ne contenant pas de gluten, on en diminue non-seulement le rendement, mais encore on en altère les propriétés panifiables, jusqu'à les lui faire perdre quelquefois entièrement.

De toutes les fécules, celle de pomme de terre a presque uniquement excité la cupidité de quelques meuniers seulement, car il ne faut pas généraliser la mauvaise foi;

il y a, dans le commerce des farines, des fabricants trop honorables, que nous pourrions nommer, si le moindre doute pouvait s'élever sur leur caractère. Les falsificateurs, dans cette industrie, n'ont toujours été que l'exception à la règle de la probité.

Jusqu'aux recherches et remarquables observations de *Galvani* en Italie, *Fresenius* en Allemagne, M. *Martens* et tout récemment M. *Donny* en Belgique, MM. *Barse*, *Chevallier*, *Lassaigne*, *Louyet*, *Parisot*, *Robine*, *Rodriguez*, *Villain*, *Le Canu* et nos propres travaux en France, l'impossibilité de constater le mélange de la fécule avec la farine de froment, et la facilité d'obtenir à bas prix la fécule de pomme de terre à de certaines époques, ont encouragé cette coupable industrie.

Les recherches microscopiques auxquelles se sont livrés plusieurs savants d'un ordre supérieur, tels que Leeuwenhoeck en 1791, M. Raspail en 1820 et M. Payen en 1839, ont déjà jeté un grand jour sur cette importante question en déterminant d'une manière exacte la forme, la dimension et le caractère physique du grain de chaque espèce de fécules examinées séparément ; mais lorsqu'elles sont confondues, on reconnaît bien la trace de quelques-unes, à la difformité exceptionnelle de plusieurs de leurs grains les plus saillants ; mais il reste beaucoup de doute sur celles dont la dimension de grains fait seule la différence.

Les observations microscopiques, par leur délicatesse, ne peuvent s'étendre au delà du domaine de la science. La chimie n'offre aucune ressource, attendu que toutes les fécules se trouvent être composées des mêmes éléments et dans d'égales proportions. Il ne reste plus que les moyens mécaniques, et encore faut-il saisir, entre la fécule et l'amidon, des différences physiques qui permettent de les attaquer séparément et de les soumettre, ainsi modifiées, à l'épreuve de certains réactifs.

Les fécules, triturées dans un mortier et filtrées, prennent, au contact de l'iode, une coloration bleue, égale pour toutes, a dit *Gay-Lussac ;* mais elles ne peuvent être déchirées également et en même temps ; cela dépend de leur volume réciproque, de la force de pression, du temps employé à la trituration et de la nature du mortier. Si donc, on peut réduire ces trois dernières conditions arbitraires à l'invariabilité d'une opération quelconque, on aura résolu la question de séparation, au moins de celle des fécules qui présente le plus gros volume : la fécule de pomme de terre, par exemple.

Dans ces sortes de recherches, la théorie doit être souvent sacrifiée à l'hypothèse, et la route obscure du tâtonnement conduit quelquefois plus sûrement au but ; c'est la seule qui nous ait facilité les moyens d'obtenir les résultats positifs du procédé que nous allons décrire.

En tout état de choses, il convient d'abord de procéder à la séparation des corps qui composent une substance, afin de les étudier séparément ; à cet égard, la farine offre une facilité extrême : on prend 33$^{gr}$,33 de farine, à laquelle on ajoute la moitié de son poids d'eau pour en faire une pâte à l'aide des moyens et précautions que nous avons indiqués à l'article Amidon. On malaxe cette pâte dans le creux de la main, que l'on plonge incessamment dans une cuvette à moitié pleine d'eau, à peu près à la température du sang. Lorsque l'on ne sent plus de duretés sous les doigts, on finit d'épurer, sous un filet d'eau, la substance membraneuse qui reste dans la main, et lorsque l'eau s'en échappe limpide, le gluten pur est obtenu. S'il y avait quelque doute à cet égard, comme M. Raspail l'a fait pressentir, on n'aurait qu'à le toucher, sur quelques points seulement, avec une dissolution alcoolique d'iode, et s'il se produit une coloration bleue aux points de contact, le gluten n'est pas pur ; mais si, au contraire, il ne se manifeste qu'une coloration jaune, on peut être sûr de sa pureté. Dans cet état, on peut le soumettre à l'épreuve de l'aleuromètre, après toutefois en avoir constaté le poids ; et si l'on veut en apprécier les proportions à l'état sec, on le dépose, pendant quelques jours, sur un carreau de plâtre jusqu'à ce qu'il soit complétement sec, alors on le pèse.

On reprend l'eau de lavage, au fond de laquelle s'est déjà formé un dépôt solide, on agite celui-ci pour remettre en suspension toutes les molécules, puis on l'écoule à travers un petit tamis à tissu métallique dans un verre conique d'une certaine capacité et large d'ouverture, dans le genre des verres à conserves, mais plus conique, si c'est possible.

On laisse reposer pendant une heure l'eau de lavage que contient le vase conique ; il s'est formé à sa partie inférieure un dépôt qu'il faut avoir soin de ne pas troubler ; on décante avec un siphon l'eau qui le surmonte ; deux heures après, on aspire avec une pipette et à plusieurs reprises l'eau qui se produit encore, jusqu'à ce qu'il ne reste plus qu'un dépôt formé de deux couches distinctes : la supérieure, qui est d'une couleur grise, est formée de gluten divisé et sans élasticité, d'albumine et d'une substance mucoso-sucrée ; l'autre couche, d'un blanc mat, est l'amidon.

Quelque temps après, on enlève avec précaution, en se servant d'une cuiller à café, une partie, et si le dépôt est assez solide, toute la couche grise. Une résistance qu'il ne faut pas chercher à vaincre indique la présence du dépôt d'amidon, qu'il faut laisser sécher entièrement, jusqu'à ce qu'il devienne tout à fait solide. On peut hâter la dessiccation à l'aide de petits morceaux de papier sans colle formant éponge. Dans cet état, on le détache en masse du verre, en appuyant légèrement l'extrémité du doigt tout autour, jusqu'à ce qu'il cède, alors il se présente sous la forme conique.

La fécule, plus pesante que l'amidon, s'étant précipitée la première, se trouve placée au sommet du cône; mais comment la reconnaître dans cette masse uniforme où la loupe et même le microscope ne laissent apercevoir aucune différence, du moins assez sensible, pour la constater? Par un réactif, le seul qui agisse uniformément sur toutes les fécules, l'iode en dissolution aqueuse ou alcoolique. Ce corps, comme on sait, possède la propriété de colorer en bleu foncé toutes les substances féculentes indistinctement, excepté cependant lorsque ces dernières se trouvent placées dans les circonstances que nous allons décrire.

La fécule de pomme de terre se réduit, par exception, lorsqu'elle est triturée, d'abord à sec, puis ensuite avec de l'eau, dans un mortier *d'agate;* ses téguments sont tellement divisés qu'ils passent à travers un filtre et prennent, au contact de la teinture d'iode, une couleur bleu foncé. Une dissolution d'amidon de blé soumise à la même épreuve et dans d'égales conditions, se colore à peine d'une très-légère teinte jaunâtre, qui disparaît presque aussitôt, tandis qu'il faut plusieurs jours à la fécule pour se décolorer entièrement.

Il s'agit maintenant d'enlever du sommet du cône,

avec la lame d'un canif, plusieurs couches successives de fécule, de la valeur de 1 gramme à peu près, de les placer séparément et par ordre sur du papier à filtrer et de les laisser sécher complétement avant de les triturer; nous insistons particulièrement sur cette dernière recommandation, attendu que la fécule humide ne se triture pas dans un mortier d'agate: elle glisse et reste intacte. On triture d'abord à sec la première de ces couches, en ayant soin de placer le mortier sur quelque chose de solide et qui ne se trouve pas en porte-à-faux, puis on trempe à plusieurs reprises l'extrémité de la molette dans l'eau, et lorsque la matière commence à former empois, environ au bout d'une ou deux minutes de trituration, on ajoute de l'eau, et ce que contient le mortier est encore étendu de deux ou trois fois son volume d'eau, et on filtre.

Si la dissolution de cette première couche de fécule se colore en bleu au contact de la teinture d'iode, c'est évidemment de la fécule de pomme de terre, puisque l'amidon de blé, traité de la manière que nous venons d'indiquer, ne se colore nullement en bleu, pas même en violet, ni à rien qui ressemble à cette couleur; et la preuve, si au lieu du sommet du cône vous procédez par la base, vous n'obtiendrez jamais de coloration bleue; donc, dans cette circonstance, la fécule n'est pas mélangée avec l'amidon. Si la première couche ne fournit pas de coloration bleue, on peut abandonner l'épreuve; mais, dans le cas contraire, on doit continuer couche par couche, dans l'ordre où elles ont été placées pour les faire sécher, jusqu'à ce que la coloration commence à se modifier sensiblement, et lorsqu'elle n'est plus que violette peu prononcée, on est arrivé au terme de l'observation.

Il est bien entendu que cette série d'expériences n'est nécessaire qu'autant qu'on veut juger approximativement les proportions de fécule ajoutées à la farine. La première opération suffit au boulanger pour constater la fraude dans la plus minime proportion possible. Chaque couche colorée en bleu représente 5 p. 100 de fécule.

Il est important de procéder exactement de la manière et avec les instruments indiqués plus haut, car autrement les résultats soumis à des conditions différentes changeraient et jetteraient l'observateur dans une indécision qui le conduirait infailliblement à l'erreur la plus complète. Par exemple, pour abréger l'opération, on peut être tenté de triturer la farine sans faire la séparation du gluten et de l'amidon, alors on n'obtiendra aucune coloration, quelle que soit la quantité de fécule qui pourrait s'y trouver, parce que le gluten qui enveloppe l'amidon protége également la fécule contre l'action du pilon, qui ne peut la déchirer, par conséquent, elle reste insoluble, intacte, et ne passe pas à travers le filtre.

Un mortier de verre ou de porcelaine émaillée est insuffisant; leur paroi intérieure, trop unie, laisse glisser la fécule sans qu'elle soit déchirée.

Un mortier en biscuit, sans être émaillé, présente au contraire des aspérités trop saillantes, qui déchirent tous les grains de fécule, gros comme petits, de blé ou de pomme de terre; dans ce cas, le réactif agit uniformément sur l'une ou l'autre de ces fécules; c'est à peine, si, lorsqu'elles sont séparées, la différence de nuance de coloration d'iodure peut être appréciée de manière à les distinguer l'une de l'autre.

Le mortier d'agate est le seul qu'on doive employer, et encore faut-il qu'il soit d'une dimension absolue,

5 centimètres d'intérieur au plus, pour ne dépenser juste que la force nécessaire au déchirement de la fécule qui, par la grosseur et la difformité de ses grains, se présente directement à l'action de la molette qui ne peut attaquer les grains plus fins et plus solides de l'amidon.

Il est important, comme dans toutes les opérations comparatives, de les pratiquer toujours dans les mêmes conditions et sur des quantités semblables.

En résumé il faut séparer le gluten de l'amidon et le peser pour apprécier la nature du blé d'où la farine provient, puis le soumettre à l'action de l'aleuromètre, afin de juger, par sa dilatation, ses propriétés panifiables.

Laisser reposer et sécher après décantation de l'eau et l'enlèvement des matières mucoso-sucrées, le dépôt qui se forme au fond du vase conique, ensuite le détacher en masse sans altérer sa forme; en enlever cinq couches successives d'environ 1 gramme chacune, en commençant par le sommet du cône ; les laisser sécher complétement pour les pulvériser séparément et par ordre. Triturer, sur un point d'appui solide, dans un mortier d'agate la première couche du dépôt, celle qui forme le sommet du cône, d'abord à sec, ensuite avec la molette légèrement mouillée à son extrémité inférieure, puis en ajoutant peu à peu de l'eau jusqu'à dissolution apparente, ajouter un excès d'eau et faire filtrer au papier destiné à cet usage; plonger l'extrémité d'un tube à agiter dans la teinture alcoolique d'iode, et remuer avec la dissolution filtrée. La couleur bleu foncé qui se manifestera aussitôt par la formation d'iodure d'amidon indiquera la fécule de pomme de terre, et chaque couche, soumise à cette épreuve, qui donnera ce résultat, constatera une addition de 5 p. 100 de fécule sur 20 grammes de farine éprouvée.

Lorsque la farine sera pure, la dissolution filtrée ne prendra au contact de la teinture d'iode qu'une très-légère teinte jaunâtre qui disparaîtra quelques minutes après.

M. Le Canu, professeur titulaire à l'école de pharmacie de Paris, membre de l'Académie de médecine et du conseil de salubrité, qui s'est beaucoup occupé des falsifications des farines, propose la modification suivante :

Former avec la farine suspecte et 40 p. 100 de son poids d'eau, une pâte bien liée, bien homogène ; la malaxer sous un filet d'eau, pour en séparer le gluten ; recueillir les eaux de lavage, les agiter de manière à remettre en suspension la totalité des particules déposées, passer le liquide trouble au travers d'un tamis en soie destiné à retenir les débris de gluten et de son entraînés ; le décanter dans un vase conique.

Aussitôt qu'un notable dépôt s'y sera formé, sans attendre que l'eau qui le surnagera se soit éclaircie, on la décantera, on la mettra en réserve pour l'examiner au besoin ; puis, reprenant le dépôt, on le délayera de nouveau dans une autre eau, on laissera reposer une seconde fois, comme la première, pendant un temps seulement suffisant pour qu'une portion des particules remises en suspension ait pu se précipiter ; finalement, on répétera cinq ou six fois ces opérations successives, sur le dépôt de moins en moins considérable. Le dépôt le plus lent à se former ne contiendra pour ainsi dire que de petits globules d'amidon. Les dépôts intermédiaires contiendront de gros globules de fécule et de petits globules d'amidon ; à la suite des manipulations ci-dessus indiquées, il finira par ne plus contenir que de gros globules de fécule.

Nous n'aurons qu'une observation à faire sur cette modification qui nous paraît simple, rationnelle et facile à pratiquer: c'est que le tissu de soie du tamis employé par M. Le Canu est trop serré pour permettre à la fécule de passer à travers ses mailles, c'est avec la plus grande difficulté et en le secouant que l'amidon finit par le traverser. Nous insistons donc sur l'usage du tamis à tissu métallique.

Cette circonstance justifie les détails pratiques dans lesquels nous sommes entré, tant sur la manière de procéder que sur le choix des instruments.

Nous avons vu des chimistes très-distingués venir nous dire: Votre procédé est défectueux, car nous n'avons pu parvenir à obtenir les résultats que vous avez annoncés ; et nous, de procéder immédiatement devant eux, avec les mêmes farines, et réussir complétement. Ah! disaient-ils aussitôt, nous avons examiné l'ensemble des moyens que vous proposiez, sans attacher la moindre importance aux détails d'exécution, ni au choix des instruments.

Nous n'avons pas la prétention de faire prévaloir notre système sur d'autres qui pourraient présenter des résultats autant et plus satisfaisants ; mais nous devons dire qu'un concours fut ouvert en 1835 à la société d'encouragement pour l'industrie nationale, au sujet de cette intéressante question ; que six concurrents présentèrent chacun un mémoire désigné par une épigraphe seulement ; que le nôtre enfin fut proclamé le premier par l'honorable rapporteur de la commission des arts économiques, M. Gaultier de Claubry, qui termina ainsi son rapport : « On s'aperçoit facilement, en lisant ce mémoire, que l'auteur a acquis une grande pratique dans l'art de manipuler la farine, et que les observations qu'il présente sont le résultat d'un grand nombre d'essais.

« Observateur exact, cherchant à se rendre compte à lui-même de la fabrication à laquelle il se livre, il s'est créé des moyens d'étude qui l'ont conduit à des résultats satisfaisants. Sans prétention sur la nature des procédés qu'il a mis en usage, il ne cherche à s'attribuer l'honneur d'aucun d'entre eux ; il a étudié, suivi les leçons de nos professeurs les plus distingués, consulté les hommes de la science, et, profitant de leurs enseignements et de leurs conseils, il a rapporté dans son atelier des pratiques utiles dont il a su tirer un grand parti. »

Sur ce rapport, la société d'encouragement nous décerna, à titre d'encouragement, la plus honorable de ses récompenses, une médaille d'or.

Les syndics de la boulangerie de Paris, sollicités par les intérêts qu'ils représentaient, et voulant s'assurer par eux-mêmes de la valeur de nos procédés, nous présentèrent sept échantillons de farine qu'ils avaient préparés exprès et dans quelques-uns desquels, ils avaient ajouté de la fécule de pomme de terre parfaitement mélangée ; ils les avaient classés par numéros, sans distinction particulière qui pût faire reconnaître leur nature.

Nous procédâmes devant MM. les syndics et nous reconnûmes dans quatre de ces échantillons les proportions de fécule suivantes :

| | | | | |
|---|---|---|---|---|
| N° 1, | farine pure ; | | | |
| N° 2, | — | mélangée de 10 p. 100 de fécule ; | | |
| N° 3, | — | — | de 5 | — |
| N° 4, | — | pure ; | | |
| N° 5, | — | mélangée de 20 | | — |
| N° 6, | — | pure ; | | |
| N° 7, | — | mélangée de 10 | | — |

Ces proportions ayant été reconnues exactes par MM. les syndics, ceux-ci nous honorèrent, au nom de la boulangerie, d'une autre médaille d'or.

**Procédés Donny.** En 1846, M. *Donny*, agrégé de chimie à l'université de Gand, est venu répandre la plus grande lumière sur cette question qui intéresse à la fois le commerce et le consommateur.

D'après le rapport de l'honorable M. *Bussy*, directeur et professeur de l'école de pharmacie de Paris, et membre de l'Académie des sciences, au nom du comité des arts chimiques de la société d'encouragement, le procédé de M. Donny est fondé sur un autre ordre de considérations que le précédent; c'est au moyen du microscope ou, mieux encore, d'une simple loupe, qu'il reconnaît et distingue la fécule ajoutée à la farine.

Les grains de fécule ont, comme on sait, un diamètre beaucoup plus considérable que celui de l'amidon de blé et des céréales en général; ce diamètre est de 140 millièmes de millimètre, il va jusqu'à 180 et 185, d'après M. *Payen;* tandis que celui de l'amidon de blé ne s'élève guère qu'à 50 millièmes. Toutefois cette différence n'est pas encore assez grande et surtout assez régulière pour qu'on puisse facilement distinguer la fécule de l'amidon dans la farine de blé, lorsque le mélange a été bien fait. Il faut dans les recherches de cette nature qui intéressent la santé publique, et presque toujours la fortune et l'honneur de quelques citoyens, n'accepter que les résultats qui ne peuvent laisser aucune prise au doute ou à l'erreur.

Pour parvenir à ce but M. *Donny* a mis à profit une observation faite depuis longtemps par M. *Payen* dont les nombreux et remarquables travaux ont jeté un si grand jour sur l'histoire chimique de l'amidon et sur les arts qui emploient ce produit naturel.

Cette observation consiste en ce qu'une faible dissolution de potasse qui n'agit pas sensiblement sur les grains d'amidon, a cependant la propriété de gonfler les grains de fécule et d'augmenter considérablement leur volume.

La dissolution qu'emploie M. *Donny* est faite avec 1gr,75 de potasse caustique dissous dans 100 grammes d'eau distillée, et contient par conséquent 1/60 d'alcali environ. Il opère de la manière suivante : la farine à examiner étant placée sur une lame de verre, on la délaye avec la dissolution précédente et on la soumet à l'inspection sous le microscope ; on voit alors les grains de fécule singulièrement distendus au milieu des grains d'amidon non altérés. On rend le phénomène plus sensible encore si, après avoir desséché avec précaution le mélange précédent, on y ajoute de l'eau iodée; la couleur bleue que prend alors la fécule permet d'en saisir plus facilement les contours et d'en apprécier plus sûrement le volume; la différence est telle qu'il est impossible de se méprendre, les grains de fécule acquérant, par ce moyen, un diamètre qui atteint jusqu'à dix et quinze fois celui des grains d'amidon.

Ce procédé est, sans contredit, de ceux que nous connaissons, dit toujours M. *Bussy*, le plus simple et le plus sûr; il permet de distinguer dans la farine une quantité infiniment petite de fécule : on peut dire même qu'on pourrait y découvrir un seul grain de fécule qui y aurait été ajouté, si l'on avait le temps et la patience de l'y chercher.

Ce procédé est applicable à la recherche de la fécule

dans le pain lui-même. Il suffit, pour y découvrir cette substance, de prendre une petite portion de la mie du pain suspect, 1 gramme par exemple, de l'humecter avec la dissolution de potasse, de l'en pénétrer intimement, puis, à l'aide d'une légère pression, de faire écouler une portion de ce liquide qu'on place sur le porte-objet du microscope le plus simple : l'examen immédiat y fait déjà découvrir les grains de fécule en raison du volume considérable qu'ils ont pris : seulement les grains de fécule et ceux d'amidon sont un peu plus difficiles à reconnaître et exigent pour leur recherche une attention plus soutenue, en raison de la déformation qu'ils ont éprouvée par la cuisson ; mais après la dessiccation et l'emploi de l'iode, le phénomène apparaît avec la même netteté que lorsqu'il s'agit de la farine.

**Mélange de la farine du blé avec la farine des légumineuses.** — Les farines des légumineuses qu'on mêle le plus ordinairement à la farine du blé, sont celles de pois, de haricots, de féveroles, etc. Il faut remarquer cependant que la présence de ces farines étrangères, lorsqu'elles sont en quantité un peu considérable, communique au mélange une odeur spéciale et une saveur qui mettent facilement sur la voie de la falsification ; quelques-unes, comme la farine de haricots, s'opposent à une panification régulière, et ne peuvent jamais, par cette raison, entrer que pour une faible proportion dans le mélange.

La farine de pois, en général, se mélange mal avec la farine de blé, et un œil un peu exercé reconnaît aisément la nuance verdâtre que présente, par places, la farine de pois.

Ces diverses farines de légumineuses renferment toutes

une matière particulière, la légumine, soluble dans l'eau et précipitable par l'acide acétique (vinaigre). Il résulte de la présence de cette matière que, si l'on traite par l'eau froide la farine de pois ou de haricots, et qu'on ajoute à la liqueur claire un peu d'acide acétique, elle se trouble et laisse précipiter une matière blanche, la légumine ; au contraire, la farine de froment et celle des autres céréales en général, ne contenant pas de légumine, fournissent par l'eau froide, lorsqu'elles sont exemptes de toute altération, une dissolution qui ne donne pas sensiblement de précipité par l'acide acétique.

Cette propriété a été utilisée pour distinguer les farines pures de celles qui auraient été mélangées avec les substances précédemment indiquées. Le procédé ne laisserait rien à désirer s'il était parfaitement prouvé que, par suite des réactions qu'il n'est pas toujours possible de prévoir, le gluten ou les autres matières azotées propres aux céréales ne pussent pas devenir solubles dans l'eau et précipitables, en partie, par l'acide acétique. Ce qui autorise le doute à cet égard, c'est la dissidence qui existe dans l'opinion des chimistes qui ont pratiqué ce procédé.

Quoi qu'il en soit, voici celui que propose M. *Donny* et dont nous avons vérifié nous-même l'exactitude ; il est fondé sur ce que la farine des légumineuses renferme toujours des fragments de tissu cellulaire visibles à la loupe ou au microscope.

Afin de rendre plus facile à apercevoir ce tissu réticulé à mailles hexagonales, si aisé à reconnaître lorsqu'on l'a observé une première fois, M. Donny, après avoir placé sur le porte-objet une petite quantité de la farine mélangée, la délaye très-légèrement avec une solution de potasse au dixième, qui dissout la fécule sans toucher au tissu lui-même : ce dernier devient ainsi parfaitement appréciable par son isolement ; il représente des fragments de réseaux à mailles hexagonales qui se détachent en noir et qui flottent dans le liquide.

La seule attention qu'il soit nécessaire de prendre, est de ne pas trop agiter le mélange de la farine avec la dissolution de potasse sur le porte-objet, ce qui briserait les fragments du tissu cellulaire et rendrait les recherches beaucoup plus difficiles.

**Farines de vesces et de féveroles.** — Ces deux farines joignent aux caractères propres aux légumineuses dont nous venons de parler et qui suffiraient à les faire reconnaître, un caractère spécial qui, jusqu'à présent, ne s'est rencontré que dans ces deux espèces.

Ce caractère, découvert par M. Donny, a été appliqué par lui, avec le plus grand succès, à reconnaître la présence des deux substances précédentes dans les mélanges dont elles font partie ; il consiste à exposer successivement la farine suspecte à l'action des vapeurs de l'acide azotique, puis à celles de l'ammoniaque : la farine de féverole prend dans cette circonstance une couleur pourpre, tandis que les autres farines prennent une teinte jaunâtre. Voici comment l'expérience a été faite sous nos yeux et répétée par nous avec le plus grand succès.

Dans une petite capsule en porcelaine, de 6 à 8 centimètres de diamètre, on place un gramme ou deux de la farine à essayer ; on la fait adhérer contre les parois de la capsule, qu'on humecte, à cet effet, avec un peu d'eau ou de salive ; on évite de mettre de la farine dans le fond de la capsule, et dans cette portion nette on met un peu d'acide azotique, de manière à ce qu'il ne soit pas en contact immédiat avec la farine. On recouvre la capsule avec un petit disque en verre, puis on la chauffe légèrement au moyen d'une lampe à esprit-de-vin, sans porter l'acide à l'ébullition. L'acide se vaporise et vient agir sur la farine, qui prend une teinte jaune.

Toutefois, cette teinte n'est pas uniforme, elle est plus foncée à la partie inférieure qui se trouve plus près de l'acide et va en se dégradant à mesure qu'elle se rapproche du bord supérieur. Il faut arrêter l'opération lorsque ce bord supérieur est encore blanc et qu'il ne paraît pas avoir éprouvé une altération sensible aux émanations de l'acide azotique ; on rejette alors ce qui reste de celui-ci, et on le remplace par de l'ammoniaque ; on abandonne, sans chauffer, l'expérience à elle-même, et on voit, sous l'influence des vapeurs ammoniacales, se développer une belle couleur rouge dans la zone moyenne de la capsule, c'est-à-dire là où l'action de la vapeur azotique n'a été ni trop forte ni trop faible.

Si l'on opère sur un mélange des deux farines, on remarque une teinte rosée d'autant plus faible que la proportion de féveroles est moindre. Au reste, le résultat, qui présente souvent une nuance équivoque à l'œil nu, est toujours d'une netteté remarquable sous la loupe ou le microscope; car cette teinte ne résulte pas d'une coloration uniforme de la masse, comme on pourrait le penser, mais bien de la présence d'un certain nombre de parties colorées, sous forme de grains d'un rouge foncé, disséminées dans une masse blanche ou légèrement jaune, exactement comme apparaissent les grains de fécule ou d'amidon colorés en bleu par l'iode. Aussi peut-on, par ce procédé, reconnaître facilement 4 p. 100 et même moins de féveroles dans la farine, la vesce se reconnaîtrait par le même procédé.

La féverole est, comme nous l'avons déjà dit, de toutes les légumineuses, celle qui semble le mieux s'associer avec la farine de blé; elle donne de la ténacité à la pâte, mais elle communique au pain une couleur grise, vineuse, désagréable; elle est employée depuis longtemps par les boulangers de Paris, pour un usage spécial, pour tourner le pain; elle sert en même temps à le détacher facilement du panneton au moment où on le renverse sur la pelle, et aussi pour donner à la croûte supérieure cette nuance dorée qu'on recherche, nuance due à la caramélisation de la féverole moins sensible, à la partie mucoso-sucrée que la farine contient.

La nuance rouge que prend la farine de féverole, par suite des réactions dont nous venons de parler, permet encore de la découvrir dans le pain confectionné, encore faut-il supposer qu'on ne s'en soit pas servi pour le tourner : on prend pour cela une portion de la mie du pain qu'on veut essayer, on la fait macérer dans l'eau froide pendant deux heures, on jette cette espèce de bouillie sur un tamis, on laisse déposer la liqueur qui s'en sépare et qui se divise, par le repos, en deux couches; on enlève la couche supérieure, on l'évapore avec précaution; le résidu de l'évaporation est traité par l'alcool, qui le dissout, mais en partie seulement; la dissolution alcoolique est elle-même évaporée.

Enfin le résidu de cette évaporation, qu'on a soin d'étendre contre les parois de la capsule, est soumis à l'action successive des vapeurs de l'acide azotique et de l'ammoniaque, et manifeste, sous l'influence de ces réactifs, la couleur rouge caractéristique de la féverole; la farine de vesces se comporte, dans ces diverses circonstances, comme celle de féveroles et peut être reconnue de même ; mais l'auteur ne nous dit pas à quel signe on les distingue ; du reste, cette farine est rarement mise en usage.

Cette coloration produite par les vapeurs de l'acide azotique et de l'ammoniaque explique celle que la farine de féveroles contracte au contact de l'air, et celle du pain sous l'influence de la chaleur et de l'humidité.

**Farines de maïs et de riz.** — La farine de riz ne pourrait être ajoutée à celle de froment que dans des circonstances exceptionnelles, mais il n'en est pas de même de celle de maïs, qui est souvent employée pour cet usage.

Les farines de maïs et de riz peuvent se distinguer de la farine de froment en ce qu'elles présentent toujours, vues sous le microscope, des fragments anguleux qu'on n'observe pas dans la dernière ; ces fragments proviennent de la portion extérieure du périsperme, qui est dur et corné dans le riz et le maïs, tandis qu'il est toujours pulvérulent et farineux dans les blés les plus durs. Lorsqu'on veut essayer une farine suspecte, M. *Donny* conseille d'en séparer d'abord le gluten de l'amidon, par le procédé mécanique ordinaire, le lavage et la malaxation, puis de faire écouler tout doucement l'eau de lavage sur un tamis à tissu métallique, prendre une très-petite partie de la fécule, plus jaune que l'amidon, qui reste adhérente à la paroi de la cuvette ou de celle qui n'a pu traverser le tamis, et on la soumet à l'inspection microscopique qui fait découvrir immédiatement, comme nous avons pu nous en assurer par nous-même, les fragments anguleux, parfaitement caractérisés, dont nous avons parlé plus haut.

Il convient, en général, pour cette recherche, de n'avoir qu'un grossissement très-faible, qui établit une différence plus facile à saisir entre les fragments dont il est question et les grains d'amidon qui les entourent.

**Farine de sarrasin.** — La farine de sarrasin, comme les précédentes, présente des masses anguleuses qui résultent de l'agglomération de grains d'amidon plus fortement condensés ; ces masses sont reconnaissables dans le mélange de la farine de sarrasin avec celle de blé; il suffit, pour cela, de séparer le gluten et de prendre la portion la plus dense de l'amidon, qu'on soumet à l'inspection microscopique. La forme générale de ces fragments est prismatique et comparable à ce qu'on appelle de l'amidon en aiguille.

Ces trois dernières farines : maïs, riz et sarrasin, sont rudes au toucher, comme pourrait être la farine de pomme de terre ; elles n'ont point cette douceur, cette onctuosité que possède la farine de blé et qui se trouve diminuée par son mélange avec ces diverses farines.

**Farine de graine de lin.** — Une falsifisation qu'on serait fort éloigné de supposer et qui paraît avoir été pratiquée, sur une grande échelle, en Belgique, consiste à ajouter à la farine des céréales, particulièrement à celle de seigle, du tourteau de graine de lin.

La farine de graine de lin se distingue au microscope par la présence de petits fragments généralement carrés, d'une couleur rouge, d'un volume presque uniforme et très-petits (ils sont plus petits que les grains d'amidon). Ces fragments, qu'on n'aperçoit pas lorsque la graine a été préalablement privée de son écorce, semblent, d'après cette circonstance et la couleur qui leur est propre, appartenir réellement à l'enveloppe de la graine ; leur forme carrée et les dimensions parfaitement semblables qu'ils présentent, montrent que ces fragments ne sont pas le résultat accidentel d'une trituration mécanique : cette régularité doit dépendre d'une circonstance d'organisation qu'il ne serait peut-être pas sans intérêt d'examiner à fond.

Si l'on traite un mélange de farine contenant du tourteau de lin avec une dissolution de potasse contenant 10 à 14 p. 100 d'alcali, l'amidon se trouve dissous, les fragments dont nous venons de parler demeurent intacts et parfaitement visibles, malgré leur petitesse, au milieu d'un blanc jaunâtre sur lequel ils se détachent en rouge brun.

La persistance de ces fragments, sous l'influence de la potasse, permet de les reconnaître dans le pain, lors même que la farine avec laquelle il aurait été préparé, ne contiendrait que 2 à 3 p. 100 de tourteau.

Il suffit d'écraser un fragment de la mie, de la délayer dans la dissolution de potasse et d'examiner au microscope le liquide qui en résulte.

En résumé, les faits qui ont été signalés par M. Donny et dont l'exactitude a été mise hors de doute par les expériences faites sous les yeux du comité de la société d'encouragement et dont M. Bussy, son rapporteur, a si bien fait ressortir tous les détails d'expérimentation et les conséquences qui en résultaient, résolvent un problème très-difficile sur lequel se sont exercés longtemps les chimistes et les observateurs industriels, et dont la solution ne peut manquer d'intéresser vivement la société, à laquelle elle fournit un moyen sûr et facile de reconnaître et, par conséquent, de prévenir les fraudes les plus habituelles qui se pratiquent sur les farines.

Les procédés de M. Donny se recommandent surtout par un degré de certitude, en quelque sorte absolu, qui en constitue le caractère essentiel, et qui était précisément la condition à remplir dans la question qui nous occupe ; ils n'admettent pas d'approximation, d'appréciation arbitraire de la part de celui qui opère ; il voit ou il ne voit pas la fécule, le tissu cellulaire, la forme de son organisation, les fragments diversement colorés. Dans le premier cas, il peut se prononcer avec certitude ; dans le deuxième, il laisse à un observateur plus habile ou plus patient, le soin de découvrir ce qui aurait pu lui échapper.

Ainsi se termine le remarquable rapport de M. Bussy ; il ne laisse aucun doute dans les esprits ni sur la manière d'opérer, ni sur les résultats qu'on obtient ; nous avons nous-même répété les expériences ci-dessus indiquées, et nous pouvons déclarer avec la plus sincère conviction que ce travail est le plus intéressant qui ait paru depuis qu'on s'occupe de cette importante question.

**Matières calcaires dans la farine.** — Dans le cas où, contre toute espèce de probabilité, et plutôt accidentellement qu'avec intention, il se trouverait des matières calcaires dans la farine, les moyens de les reconnaître sont très-simples. Après avoir fait une pâte avec la farine suspectée, on sépare le gluten de l'amidon par le procédé ordinaire ; on agite l'eau de lavage et on l'écoule dans un verre conique ; la matière calcaire, en raison de sa densité, se précipite la première à la partie inférieure du verre ; quand il s'est formé un dépôt, on décante toute l'eau qui le surmonte et on le laisse sécher ; puis on l'enlève en le renversant sur un carreau de plâtre afin d'achever la dessiccation, on enlève ensuite le sommet du cône que l'on étend d'eau et que l'on traite par un acide quelconque ; si c'est un carbonate, il y a effervescence et production d'acide carbonique. Peu importe, que ce soit un sulfate, un phosphate ou un silicate de chaux ; du moment que le dépôt résiste à l'action de l'eau bouillante, et qu'il offre de la rigidité, c'est une substance calcaire ; la chimie légale est là pour en distinguer la nature.

## FALSIFICATIONS DU PAIN.

Quoique nous n'ayons pas encore parlé de la fabrication du pain, par anticipation et pour ne pas intervertir l'ordre des falsifications, nous allons nous occuper de celles que pratiquent un grand nombre de boulangers en Belgique et en Angleterre ; elles consistent dans l'introduction de diverses matières, plus ou moins délétères, dans le pain, telles que :

1° Le sulfate de cuivre,
2° L'alun (sulfate d'alumine et de potasse),
3° Le sous-carbonate de magnésie,
4° Le sulfate de zinc,
5° Le sous-carbonate d'ammoniaque,
6° Le bicarbonate et le carbonate de potasse,
7° La craie (carbonate de chaux), le plâtre (sulfate de chaux), la chaux, la terre de pipe.

**Sulfate de cuivre.** — M. F. *Kuhlmann* a étudié, avec un soin tout particulier, cette question qui intéresse à un si haut point la santé publique ; dans un mémoire publié il y a quelques années, il a déterminé, par des expériences exactes, l'action que la plupart des divers sels, dont il est ici question, exercent sur la fabrication du pain et sur l'économie animale.

On ignore l'origine de l'emploi du *sulfate de cuivre* dans la boulangerie, mais il paraît qu'il est pratiqué depuis un grand nombre d'années en Belgique, en Angleterre et même dans le nord de la France. Les avantages que prétendent en retirer les falsificateurs sont en grand nombre; ils croient y trouver la facilité d'employer des farines avariées, de qualité médiocre et mélangées; ils trouvent plus de facilité de main-d'œuvre; la panification est plus prompte, la mie et la croûte du pain sont plus belles, enfin ils trouvent l'avantage de lui faire absorber et retenir une plus grande quantité d'eau.

D'après les renseignements obtenus par M. *Kuhlmann* près de quelques boulangers, la quantité de sulfate de cuivre est très-faible; l'un mettait dans l'eau destinée à la préparation d'une cuisson de 200 pains de 1 kilogramme, un verre à liqueur plein d'une dissolution contenant 31$^{gr}$,25 de sulfate de cuivre pour un litre d'eau. Un autre n'employait qu'une tête de pipe ordinaire pleine de cette dissolution.

Si des quantités de sulfate de cuivre aussi minimes que celles qu'on vient d'indiquer étaient réparties uniformément dans la masse du pain, aucun inconvénient prochain n'en résulterait, peut-être, pour une personne en bonne santé; mais à la longue, les effets nuisibles se manifesteraient. Chacun comprend le danger de l'emploi frauduleux d'un agent aussi vénéneux, mis aux mains d'un ouvrier boulanger dont l'inexpérience ou la maladresse peuvent occasionner les accidents les plus graves; on ne saurait donc sévir avec trop de rigueur contre l'introduction dans le pain des plus minimes quantités de ce poison violent.

S'il est urgent de punir sévèrement des délits si graves, il n'est pas moins essentiel d'étudier avec soin les moyens que la science peut nous fournir pour en constater l'existence.

Le cuivre étant un des corps dont la présence se reconnaît par les moyens analytiques les plus précis, l'examen d'un pain suspecté de contenir du sulfate de cuivre semble d'abord ne présenter aucune difficulté; le contact immédiat d'une dissolution d'ammoniaque, d'hydrogène sulfuré, de prussiate de potasse, devrait pouvoir détruire toute incertitude ; mais si l'on considère dans quelle faible proportion ce sel vénéneux est employé habituellement, il sera facile de concevoir que ces sortes de recherches réclament des procédés analytiques plus longs; toutefois l'action du prussiate de potasse se manifeste déjà, lors même que le pain ne contient qu'une partie de sulfate sur environ 9000 de pain, par une couleur rose produite presque immédiatement, quand on opère sur du pain blanc, car cette nuance ne serait pas reconnaissable sur du pain bis.

Quand on se sert de prussiate de potasse, ou de cyanure jaune de potassium, il suffit de prendre une tranche de pain trempée légèrement dans l'eau et de toucher, avec l'extrémité d'un tube à agiter mouillé de la dissolution, quelques parties de la mie du pain.

Ce procédé, utile seulement dans quelques circonstances, ne pourrait servir qu'à indiquer seulement la présence du sel cuivreux que le pain peut contenir; M. Kuhlmann a eu recours à la méthode suivante qu'il a employée dans les recherches les plus délicates et qu'il a mise plusieurs fois à l'épreuve, après avoir introduit lui-même dans le pain des quantités infiniment petites de sulfate de cuivre 1 partie sur 70,000, par exemple, ce qui représente 1 partie de cuivre métallique sur près de 300,000 parties de pain.

On fait incinérer complétement, dans une capsule de platine, 200 grammes de pain. Le produit de l'incinération, après avoir été réduit en poudre très-fine, est mêlé dans une capsule de porcelaine avec 8 ou 10 grammes d'acide azotique ; ce mélange est soumis à l'action de la chaleur jusqu'à ce que la presque totalité de l'acide libre soit évaporée, et qu'il ne reste plus qu'une pâte poisseuse qu'on délaie dans environ 20 grammes d'eau distillée, en facilitant la dissolution par la chaleur. On filtre et on sépare ainsi les parties inattaquées par l'acide, et, dans la liqueur filtrée, on verse un petit excès d'ammoniaque liquide et quelques gouttes de dissolution de sous-carbonate d'ammoniaque ; après le refroidissement, on sépare par le filtre le précipité blanc et abondant qui s'est formé, et la liqueur alcaline est soumise à l'ébullition pendant quelques instants pour dissiper l'excès d'ammoniaque et la réduire à un quart de son volume. Cette liqueur étant rendue légèrement acide par une goutte d'acide azotique, on la partage en deux parties : sur l'une on fait agir le prussiate jaune de potasse ; sur l'autre l'acide hydrosulfurique ou l'hydrosulfate d'ammoniaque.

En suivant ponctuellement ce procédé, le pain ne contiendrait-il que 1/7000 de sulfate de cuivre, la présence de ce sel vénéneux sera rendue apparente, au moyen du prussiate jaune de potasse, par la coloration immédiate du liquide en rose, et la formation, après quelques heures de repos, d'un léger précipité cramoisi. L'action de l'acide hydrosulfurique ou de l'hydrosulfate d'ammoniaque communiquerait au liquide une couleur légèrement fauve, avec formation, par le repos, d'un précipité brun, moins volumineux toutefois que le précipité obtenu par le prussiate de potasse.

Indépendamment du procédé de M. Kuhlmann, on peut faire usage du moyen suivant, qui a permis à MM. Robine et Parisot de reconnaître la présence du cuivre à la dose de 0,00833, agissant sur 500 grammes de pain. On prend une certaine quantité de pain (100 grammes), on délaie avec de l'eau, de manière à en faire une pâte molle; on place cette pâte dans une capsule de porcelaine; on y ajoute une certaine quantité d'acide sulfurique, de manière à rendre la liqueur fortement acide; on place ensuite au milieu de cette pâte un cylindre en fer bien décapé et bien uni; on abandonne ainsi le tout pendant un jour ou deux, suivant la quantité de cuivre qui se trouve dans le pain; au bout de ce temps, si l'on retire et qu'on examine le cylindre de fer, on aperçoit une couche de cuivre qui recouvre tout le cylindre de fer; cette couche sera d'autant plus marquée et plus visible, que la quantité de cuivre contenue dans le pain sera plus considérable; on remarquera, si on agit sur du pain qui ne contient que de très-petites quantités de cuivre, que le cylindre de fer se couvrira de ce métal, principalement à la partie supérieure, c'est-à-dire au-dessous du point où le cylindre est en contact avec le liquide ou la pâte dans laquelle il est plongé. Si le pain était pur, on n'observerait rien de semblable.

*Alun.* — L'usage de l'*alun* dans la fabrication du pain paraît fort anciennement connu en Angleterre. M. *Accum* dit que la qualité inférieure de la fleur de farine dont les boulangers de Londres font habituellement usage rend nécessaire l'addition de l'alun, afin de donner au pain le coup d'œil blanc du pain fait avec la belle fleur. Cet emploi, dit-il, semble permettre de mêler à la fleur de farine de la farine de fèves et de pois sans nuire à la qualité du pain.

La quantité d'alun devrait varier, dit-on, selon la qualité des farines employées, et remplacer en tout ou en partie le sel marin qui entre ordinairement dans la confection du pain. D'après *Ure* et ***P. Markann***, elle va de 1/127 à 1/964 de la farine employée, ou de 1/145 ou 1/1077 du pain obtenu.

D'après cette observation, nous persistons à soutenir que le sel marin doit être employé de préférence à tout autre, puisqu'il les remplace aussi avantageusement sans présenter les mêmes dangers pour la santé. Mais voici ce qui les fait préférer dans la panification anglaise, dont la fermentation est poussée à l'excès, à l'aide de la levûre de bière; elle est mousseuse et sans cohésion (la pâte est susceptible de se relâcher et de s'affaisser), et elle contracte un goût de levûre très-prononcé; pour raffermir la pâte, la retenir et en atténuer la saveur, sans que celle du sel, employé en excès, domine, on se sert de préférence de l'alun comme moins salé que le sel marin.

On voit, par ce qui précède, que la boulangerie en Angleterre n'est pas fondée sur les principes de la fermentation, qui, en France, servent de base à la panification.

L'action de l'alun sur l'économie animale n'est pas à comparer, pour son énergie, à celle du sulfate de cuivre; aussi la présence d'une petite quantité d'alun dans le pain ne pourrait-elle pas occasionner facilement des accidents immédiats; cependant, il est à craindre que ce sel n'exerce une action funeste par son introduction journalière dans l'estomac, surtout chez les personnes d'une constitution faible.

Voici le procédé employé par M. Kuhlmann pour reconnaître la présence de l'alun dans le pain.

Il fait incinérer 200 grammes de pain et il traite les cendres, après les avoir triturées, avec l'acide azotique. Il fait évaporer le mélange jusqu'à siccité ; il délaie le produit de l'évaporation dans 20 grammes environ d'eau distillée, de la même manière que s'il s'agissait de reconnaître le cuivre; puis il ajoute à la liqueur, qu'il n'est pas nécessaire de filtrer, de la potasse caustique en excès. Il filtre après avoir chauffé un peu, et il précipite l'alumine de la dissolution filtrée au moyen de l'hydrochlorate d'ammoniaque. La séparation totale de l'alumine n'a lieu qu'à la faveur de l'ébullition à laquelle il est convenable de soumettre le liquide pendant quelques minutes. Il recueille ensuite l'alumine sur un filtre, et il détermine, d'après le poids de l'alumine obtenue, la quantité d'alun contenue dans le pain.

Avec le procédé de M. Kuhlmann, on détermine parfaitement dans quelle proportion l'alun se trouve dans le pain.

MM. Robine et Parisot ont indiqué un procédé qui permet de reconnaître la présence de l'alun. Il consiste à prendre 100 grammes de pain, à l'émietter grossièrement, à le placer dans l'eau pendant deux ou trois heures, à passer, au bout de ce laps de temps, la liqueur au travers d'un linge blanc, à exprimer légèrement, à filtrer la liqueur, puis à la placer dans une capsule en porcelaine à l'action de la chaleur, en ayant soin d'employer un bain de sable, de le faire évaporer jusqu'à siccité, à laisser refroidir le résidu, puis à le traiter par une petite quantité d'eau distillée, et à filtrer. La liqueur filtrée est ensuite partagée en deux portions : dans l'une, on verse de l'ammoniaque, et dans l'autre du chlorure de baryum ; si le pain contient de l'alun, dans les deux cas, il se formera un précipité, même le pain ne contenant que 1/5000 d'alun ; si, au contraire, il est pur, il n'y a aucun précipité. Cependant, dans certains cas, la liqueur pourrait donner un précipité par le chlorure de baryum, surtout si on n'a pas employé l'eau distillée pour traiter le pain ; mais, dans aucun cas, ces messieurs n'ont jamais obtenu de précipité avec l'ammoniaque dans les liqueurs préparées avec le pain pur, en agissant comme nous l'avons indiqué. L'alumine que l'on obtient ne peut être attribuée qu'à la présence d'alumine que l'on aurait ajoutée au pain.

**Sous-carbonate de magnésie.** — M. *Ed. Davy* a fait des expériences desquelles il résulte que, 1 ou 2 grammes de sous-carbonate de magnésie, intimement mêlés avec 450 grammes de fleur de farine de mauvaise qualité, améliorent matériellement la qualité du pain fabriqué avec ce mélange. Ce procédé paraît avoir été mis quelquefois en usage. Cette altération peut, jusqu'à un certain point, être préjudiciable à la santé; car le sous-carbonate doit, pendant la fabrication du pain, être converti en grande partie en lactate par l'acide lactique développé par la fermentation, et le lactate de magnésie jouit de propriétés purgatives bien prononcées. Il n'est pas présumable, toutefois, que le pain préparé d'après les proportions indiquées par M. Davy, puisse incommoder d'une manière grave. Mais ce genre d'adultération du pain doit être proscrit comme tout autre; il est susceptible d'occasionner, de la part des boulangers, des erreurs capables de compromettre la santé publique, et cela d'autant plus facilement que ce sel a une parfaite ressemblance avec la fleur de farine.

Pour reconnaître le mélange du *sous-carbonate de magnésie* dans le pain, divers procédés ont été indiqués : celui qui est le plus généralement répandu et qui se trouve décrit dans plusieurs ouvrages, consiste à faire macérer la mie de pain dans l'eau distillée, aiguisée d'acide sulfurique ou hydrochlorique, à presser légèrement dans une toile à filtrer et à précipiter la liqueur par le carbonate de potasse, en carbonate de magnésie. Ce procédé doit être repoussé comme susceptible d'induire en erreur, attendu que le pain pur fournit les mêmes résultats.

Il est inutile d'employer l'eau acide, puisque le carbonate de magnésie se trouve transformé en acétate de magnésie, sel très-soluble.

Le procédé mis en usage par MM. Robine et Parisot, et qui leur a toujours réussi, même pour reconnaître seulement 1/5000 de sous-carbonate de magnésie, consiste à prendre 200 grammes de pain ; on le divise convenablement, et on le met macérer dans de l'eau distillée en assez grande quantité pour qu'elle recouvre le pain ; on laisse ainsi pendant environ deux ou trois heures : au bout de ce laps de temps, on jette le tout sur une toile et on presse, afin de faire écouler le liquide, que l'on filtre; on le fait ensuite évaporer dans une capsule de porcelaine jusqu'à siccité, en ayant soin d'employer un bain de sable, afin de ne pas décomposer le résidu par une chaleur trop vive ; on retire la capsule du feu, on laisse refroidir, et lorsque le résidu est complétement froid, on le traite avec une certaine quantité d'alcool à 33 degrés; on agite avec un tube de verre; l'alcool ne dissout que l'acétate de magnésie; on filtre, on fait évaporer la liqueur alcoolique, on reprend ce résidu par une petite quantité d'eau, on filtre s'il est nécessaire, et dans la liqueur claire on verse du carbonate de potasse ou du carbonate de soude : on voit alors apparaître un précipité insoluble qui se dépose dans le fond du vase et qui est insoluble dans un excès de réactif.

En agissant de la même manière sur le pain non falsifié, on n'obtient jamais de précipité.

Si on voulait déterminer la quantité de sous-carbonate de magnésie ajoutée au pain, il faudrait avoir recours au procédé suivant :

On incinère 200 grammes de pain, on triture les cendres, qui sont plus blanches et plus volumineuses quand le pain contient du sous-carbonate de magnésie; lorsqu'elles sont porphyrisées, on les délaie dans de l'acide acétique; on évapore jusqu'à siccité, afin de chasser l'excès d'acide libre; lorsque le résidu est desséché, on le traite par l'alcool; on filtre. La liqueur filtrée est ensuite évaporée jusqu'à siccité, et l'on redissout le produit de l'évaporation avec une petite quantité d'eau. Lorsque la dissolution aqueuse est opérée, on y verse un léger excès de bicarbonate de potasse, et on filtre; si le pain contient du sous-carbonate de magnésie, la magnésie se sépare lorsqu'on fait bouillir la liqueur filtrée. On peut alors recueillir le précipité, le laver, le dessécher et en prendre le poids.

**Sulfate de zinc.** — Le sulfate de zinc a été employé par certains boulangers, principalement en Belgique, dans le but, disent-ils, d'obtenir du pain plus blanc. D'après M. *Kuhlmann*, il agirait de la même façon que le sulfate de cuivre, mais d'une manière moins sensible. Ce sel est un vomitif; il peut donc occasionner des accidents, principalement chez les personnes délicates.

On reconnaît la présence de ce sel dans le pain de la manière suivante: on prend une certaine quantité de pain, on le divise convenablement, puis on le place dans un vase avec de l'eau; on laisse digérer environ deux à trois heures. Au bout de ce temps, on exprime le liquide dans un linge propre; on le filtre, on l'expose dans une capsule de porcelaine à l'action de la chaleur, sur un bain de sable; on fait évaporer à siccité. Arrivé à ce point, on laisse refroidir, puis on traite le résidu par l'eau distillée. On filtre et on partage la liqueur en deux parties: dans l'une on verse avec beaucoup de précaution de la potasse qui donne lieu à un précipité d'oxyde de zinc soluble dans un excès de réactif, dans l'autre portion on verse du cyano-ferrure de potassium qui fournit un précipité jaune.

Nous ne saurions trop répéter à ceux qui, par une mauvaise inspiration ou par ignorance, se laisseraient entraîner aux illusions trompeuses que présente l'emploi de ces diverses substances, qu'elles ne jouissent pas spécialement des propriétés qu'on leur attribue, que le sel marin les possède au plus haut degré, et qu'il doit toujours leur être préféré.

**Sous-carbonate d'ammoniaque.** — Plusieurs auteurs ont avancé que le sous-carbonate d'ammoniaque pouvait être d'un puissant secours pour faire lever le pain et en augmenter la blancheur; la propriété qu'a ce sel de se décomposer sous l'influence de la chaleur en abandonnant, sous forme de vapeurs, les deux corps qui le composent, l'acide carbonique et l'ammoniaque, semble justifier cette assertion; elle est d'autant plus fondée que l'acide carbonique, qui résulte de la fermentation, s'est déjà logé dans les cellules qu'il a formées dans le pain; l'acide carbonique qui provient de la décomposition du sous-carbonate, par la chaleur, vient se joindre à la force expansive du premier pour dilater brusquement la membrane glutineuse du pain. Mais une fermentation bien dirigée doit toujours suffire aux besoins de la dilatation, sans le concours d'une force étrangère.

Nous concevons fort bien que, pour la préparation de la pâtisserie légère, dans laquelle la fermentation n'est nullement nécessaire, on se serve de bicarbonate d'ammoniaque pour obtenir la légèreté convenable. Mais pour la boulangerie, l'emploi de ce sel est plutôt nuisible qu'utile à la panification, attendu qu'une force progressive, en agissant lentement sur une résistance élastique, est plus favorable à la dilatation qu'une force brusque qui déchire tous les obstacles qu'elle rencontre pour se livrer passage.

Dans tous les cas, de tous les sels, c'est le seul qui ne laisse aucune trace de son passage et qui n'offre aucun danger pour la santé, attendu que les deux corps qui le composent sont volatils et qu'ils disparaissent. Néanmoins, quelques auteurs ont prétendu en reconnaître la présence dans le pain, par les procédés suivants, dont nous ne garantissons pas l'exactitude, et dont, au contraire, nous doutons à cause de l'ammoniaque toute formée que les farines avariées par l'humidité contiennent et qui se dégage complétement par la chaleur.

Suivant ces auteurs, pour reconnaître la présence

d'un sel à base d'ammoniaque, dans le pain, on prend une certaine quantité de pain, un morceau gros comme une noix est suffisant ; on verse dessus de la potasse ; en plaçant au-dessus un tube de verre imprégné d'acide acétique, on voit immédiatement apparaître des vapeurs plus ou moins épaisses qui entourent le tube de verre. Ces vapeurs sont dues à de l'ammoniaque que la potasse a mise à nu, et qui en se volatilisant rencontre des vapeurs d'acide acétique, s'y combine et forme de l'acétate d'ammoniaque qui apparaît en forme de nuage, parce que les vapeurs de ce sel sont plus denses.

En pareil cas, si, contre notre opinion, la chaleur n'a pas fait dégager toute l'ammoniaque qui existait dans la pâte, il convient mieux de traiter le pain comme nous avons conseillé de le faire pour les farines avariées, par la chaux éteinte et de le soumettre aux vapeurs de l'acide chlorhydrique, la formation de l'hydrochlorate d'ammoniaque produit des vapeurs blanches plus épaisses et bien plus sensibles que celles de l'acétate d'ammoniaque.

**Carbonate et bicarbonate de potasse.** — D'autres carbonates alcalins que ceux dont nous venons de parler, ceux de potasse et de soude, et surtout le carbonate et le bicarbonate de potasse, semblent aussi avoir été mis en usage par les boulangers anglais, probablement dans le but de retenir plus longtemps l'humidité dans le pain et d'en augmenter la légèreté par le dégagement de l'acide carbonique.

Plusieurs procédés ont été employés pour démontrer la présence du carbonate de potasse dans le pain, celui dont se servent MM. Robine et Parisot a permis de faire reconnaître 2 décigrammes de carbonate de potasse dans 500 grammes de pain. On procède comme il a été dit au sujet du sulfate de zinc, et l'on essaie la liqueur suffisamment concentrée par une dissolution de chlorure de platine très-concentrée, qui donne lieu à un précipité jaune-serin adhérent au verre, si l'on a mêlé à la pâte destinée à faire le pain une certaine quantité de carbonate de potasse.

Si l'on considère, dit M. *Dumas*, la nature des divers produits employés dans le but de tirer un parti plus avantageux des farines de qualités inférieures, il est difficile de se créer une opinion sur le rôle que ces diverses substances jouent dans la fabrication du pain.

Un grand nombre d'entre elles semblent plutôt propres à retarder le mouvement de la fermentation qu'à l'activer. Ce qui paraît surtout incompréhensible, c'est l'action que peuvent exercer sur le pain des quantités de sulfate de cuivre aussi minimes que celles qui ont été employées.

Dans le but d'éclairer cette question, M. Kuhlmann s'est livré à de nombreuses expériences pratiques pour constater l'action des divers produits que nous venons de désigner.

Tout porte à croire que dans les sulfates, c'est la base qui agit sur le gluten de la farine, en vivifiant ses molécules désunies et en leur donnant plus de souplesse et d'élasticité d'après lesquelles leur dilatation se produit. L'acide sulfurique ne donne aucun résultat analogue.

Dans les carbonates, au contraire, c'est l'acide et non la base qui agit isolément; il n'a aucune action sur les corps qui composent la farine; c'est un surcroît de force mécanique ajoutée à celle que produit la fermentation.

Le sous-carbonate d'ammoniaque, seul, agit de la même manière par son acide et par sa base, lesquels sont volatils et se séparent facilement par la chaleur.

En résumé, tout en constatant les résultats remarquables de l'emploi du sulfate de cuivre dans la panification, les recherches de M. Kuhlmann prouvent que, par l'analyse chimique, il est facile de retrouver dans le pain jusqu'aux parties les plus minimes de ce produit vénéneux. Chaque consommateur peut mettre en pratique lui-même un moyen d'essai fort simple qui décèle déjà la présence du sulfate de cuivre dans le pain, bien avant que ce sel soit en quantité suffisante pour occasionner des accidents graves. Une goutte de dissolution de prussiate de potasse, versée sur le pain, le colore en jaune au bout de quelques instants, lors même que cet aliment ne renferme que 1 partie de cuivre sur 9,000 parties de pain.

**Pain moisi.** — Le pain peut, dans quelques circonstances, subir diverses altérations et contracter de la moisissure, les végétaux qui se développent dans des circonstances diverses, ne sont pas les mêmes. La proportion de leurs éléments diffère, notamment celle de l'eau ; il se produit un écartement des molécules dans lequel l'eau pénètre et finit par attaquer ces molécules successivement pour peu qu'elle soit aidée par la chaleur.

On a observé dans la moisissure du pain des végétaux différant les uns des autres par la conformation, par les dimensions, par la couleur qui, dans quelques cas, est d'un gris soyeux, dans d'autres cas, d'un beau vert, d'un beau jaune de couleur orangée.

D'après M. *Chevallier*, il y aurait deux modes d'altération du pain dans lesquels se produit la moisissure. Le premier résulte de ce que le pain a été placé à plat et maintenu dans un lieu humide; mais cette altération marche assez souvent avec lenteur; les moisissures ont alors une couleur gris bleuâtre. Quelquefois, on observe sur le pain un duvet long; ce dernier est presque instantané; M. Chevallier l'a observé en 1842, sur du pain qui n'avait pas été placé dans des lieux humides, et qui présentait, après quelques jours seulement, des végétations d'une couleur rouge clair.

On a établi, dans divers ouvrages, que le pain altéré, que le pain moisi, déterminait des maladies et que, dans les années de disette, l'usage du pain préparé avec des substances détériorées, susceptibles de fournir du pain pouvant se moisir, et même à l'aide seulement d'un excès d'eau, donnait lieu à des épidémies, et que lorsqu'on le donnait aux animaux, ceux-ci pouvaient être malades.

Ainsi, le docteur *Albertino Cerri* a attribué l'origine de la pellagre à l'usage du pain âcre et acide.

D'après des faits observés, il paraîtrait démontré que l'usage du pain moisi ne détermine pas toujours des maladies; en effet, M. Chevallier a vu, dans les départements de la Haute-Marne et du Puy-de-Dôme, des paysans manger, sans répugnance, du pain qui contenait des moisissures, et répondre, lorsqu'on leur faisait observer que cet aliment n'était pas salubre, qu'ils y étaient habitués. Les paysans catalans et de la Navarre mangent aussi du pain moisi sans être incommodés. Nous-même nous avons vu, dit M. Chevallier, à Beuil, à Guillaumes, et dans plusieurs autres villages des Alpes maritimes, les habitants manger très-souvent du pain moisi. Comment en serait-il autrement? D'après un préjugé fort accrédité, le four unique et commun que possède chaque village, reste fermé pendant plusieurs mois. Beaucoup de ménages ne cuisent que deux fois par an ; aussi on a beau saler le pain, le faire aigre en laissant longtemps fermenter la pâte, il moisit souvent ; et nous, nous disons que c'est précisément par ces deux raisons que le pain moisit. Le sel retient l'eau dans les cellules que la fermentation produit. Le biscuit de mer qui n'est pas fermenté et qui ne contient pas de sel, ne moisit que rarement. Croirait-on que le pain de ces paysans est quelquefois si dur, qu'on ne peut avoir recours au couteau pour le couper ; on se sert d'une hachette, ou mieux on le laisse tomber d'assez haut pour le réduire en morceaux.

On doit se demander si toutes les moisissures qui se développent dans le pain jouissent des mêmes propriétés, et s'il n'est pas de ces moisissures qui possèdent une action tonique, tandis que d'autres ne posséderaient pas ces propriétés.

Quoi qu'il en soit, il nous est démontré, ajoute M. Chevallier, que dans divers cas, le pain moisi est un poison pour les hommes et pour les animaux. Voici quelques observations qui viennent à l'appui de ce que ce savant avance.

En 1826, M. Westerhoff, médecin, a fait connaître les deux cas suivants : il fut appelé près de deux enfants, l'un âgé de huit et l'autre de dix ans, appartenant à un ouvrier, et chez lesquels s'étaient manifestés simultanément les mêmes symptômes, simulant un empoisonnement. Il apprit que ces enfants n'avaient mangé, la veille, qu'un morceau de pain de seigle vieux et moisi. On les soulagea par des vomissements. Les mêmes symptômes arrivèrent quelques jours après à plusieurs bateliers par la même cause.

M. Westerhoff a pensé que ces empoisonnements étaient dus au pain altéré par le *mucor mucede.*

Il y a beaucoup d'autres cas semblables que les savants ont examinés et que nous pourrions citer, mais nous nous écarterions de notre sujet. M. Payen a fait un travail très-intéressant sur les moisissures du pain, moisissures qu'il produit à volonté.

Relativement aux sels dangereux pour la santé, dont nous avons parlé plus haut, nous déclarons qu'ils ne jouissent spécialement d'aucune des propriétés qu'on leur attribue, et nous répétons que l'ignorance les a créés, que la cupidité les a exploités et que la déception et le déshonneur qui en résultaient, les ont fait promptement abandonner en France. Ces fraudes n'ont souvent vie que par le retentissement qu'on leur donne; et si tout autre que M. Kuhlmann ou un savant de son ordre et de son caractère, nous eût dit avoir trouvé de ces sels dans le pain, nous aurions voulu les voir pour y croire. Nous ne contestons cependant pas que ces adultérations n'eussent été pratiquées et ne le soient encore dans le nord de la France, en Belgique et en Angleterre, mais jamais à Paris; aucune poursuite n'est venue les signaler, ni aucun fait n'a pu seulement les faire soupçonner, excepté celui dont nous avons rendu compte et qui s'est terminé à l'honneur du boulanger qui en avait été l'objet.

Ainsi, dans l'état actuel de nos connaissances, on peut dire aux consommateurs : L'autorité veille à vos intérêts et à votre santé, la science est là pour l'éclairer et rien n'échappe à ses investigations. Par les procédés que nous avons indiqués, le commerce de la boulangerie peut, avec la plus grande facilité, apprécier l'origine, la nature, la fabrication et les altérations des farines qu'il emploie.

**Sirop de dextrine.** — Avant de terminer tout ce qui est relatif au pain, nous croyons devoir signaler les fraudes dont le sirop de dextrine a été lui-même l'objet.

Un des plus habiles boulangers de Paris, M. *Mouchot* jeune, avait imaginé, avec l'approbation de la science, de développer la fermentation, nécessaire au pain de luxe, à l'aide du sirop de dextrine qu'il fabriquait lui-même, en se servant de la fécule et de la diastase, soumises à une température réglée rigoureusement. Ce procédé, qui résultait des admirables travaux de MM. *Payen* et *Persoz*, devait avoir aussi des falsificateurs.

La diastase est le germe de l'orge arrêté dans son développement par la dessiccation; elle agit comme ferment lorsqu'elle est en contact avec la substance gommeuse de la fécule; elle la transforme en glucose en précipitant toutes ses vésicules. C'est ainsi que M. Mouchot l'employait.

Mais d'après les observations de *Kirchoff*, chimiste russe, la fécule peut se transformer en glucose sous l'influence de l'acide sulfurique. Cette opération, autrefois fort longue, se réduit aujourd'hui, en suivant à peu près le même procédé dans lequel on a apporté de grandes modifications, soit dans la durée de l'opération, soit dans le dosage des matières et dans la manière de brasser le mélange pour faciliter la conversion, etc.

Mais quelquefois le dosage n'est pas proportionné, et comme on est obligé de se servir de craie pour saturer l'acide, il arrive souvent qu'on mélange la fécule avec de la craie en proportion plus que suffisante pour saturer l'acide après la saccarification. On conçoit aisément que l'acidité ainsi détruite, il peut rester un excès de fécule non transformée et un excès d'acide ou de base.

Comme ces inconvénients peuvent avoir des conséquences fâcheuses pour la responsabilité du boulanger qui se sert de glucose dans la fabrication du pain de luxe, il est important de les signaler, afin d'éviter qu'ils ne se reproduisent, soit dans les usines où l'on prépare le sirop de fécule pour les brasseries, les distilleries ou les boulangeries.

Le moyen le plus simple de reconnaître si le sirop de fécule est acide, alcalin ou neutre, c'est de l'essayer au papier à réactif; si le papier bleu se colore en rouge, le sirop est acide; si le papier rouge se colore en bleu, le sirop est alcalin; et s'ils ne se colorent ni l'un ni l'autre, il est neutre et bon à employer. Enfin si l'on veut s'assurer qu'il contient un excès de carbonate de chaux, l'effervescence qui se produit aussitôt qu'on a versé quelques gouttes d'acides hydrochlorique, sulfurique ou nitrique affaiblis, ou même de vinaigre, décèle sa présence.

M. Mouchot jeune imagina, il y a quelques années, d'introduire dans la pâte du sirop de dextrine; celui-ci a l'avantage de fournir de l'alcool et de l'acide carbonique en fermentant dans la pâte, ce qui la rend plus légère et lui communique une saveur agréable; il faut toutefois, que le sirop de dextrine ne soit pas en excès, parce que le pain conserve une saveur sucrée très-prononcée, et l'on comprend que le pain ne doit pas avoir un goût qui domine et qui masque les autres aliments et fatigue bientôt.

En général, les matières alimentaires dont nous faisons une consommation chaque jour ne doivent pas avoir une saveur trop prononcée; cela nous explique pourquoi on ne se lasse pas du pain.

Le pain de dextrine peut se conserver très-longtemps sans s'altérer; en effet, le sucre, agent conservateur de toutes les substances animales, empêche que le gluten ne se décompose. M. Mouchot fait observer que le pain de dextrine doit être préparé avec le sirop obtenu par la diastase. Il paraît que le sucre de fécule obtenu par l'acide sulfurique communique au pain une âcreté plus ou moins grande et toujours désagréable.

**Falsification du sel de cuisine par le sel marin retiré de la soude de varech.** — Le sel employé en boulangerie est aussi sujet à des falsifications. Nous ne nous occuperons que d'une seule; c'est la plus commune, et celle qui donne aux falsificateurs le plus de bénéfice.

La présence d'hydriodates dans le sel marin a été signalée pour la première fois, en 1828, par *Barruel*, qui l'attribua à une source contenant des hydriodates qui auraient surgi dans une saline. Des recherches de MM. Chevallier et Boutigny, il résulte que les sels vendus dans les départements éloignés de Paris, et que le sel marin pris aux salines, ou obtenu de l'évaporation de l'eau salée, ne contiennent pas de sels d'iode, et que cette fraude est pratiquée dans la capitale avec les sels extraits de la soude de varech.

Il est à remarquer que le sel de varech ne paie aucun droit, le sel des salines paie 30 francs de douanes dans tout l'empire, et de plus 5 fr. 50 c. de droit d'octroi pour 100 kilogrammes, d'où il résulte un bénéfice énorme pour les fraudeurs, sans que le consommateur éprouve le moindre soulagement; au contraire il est exposé à des accidents qui peuvent être plus ou moins graves. L'impôt sur le sel des salines étant aboli, cette falsification ne doit plus avoir lieu.

Le sel de cuisine peut surtout être fort nuisible, si les sels de varech qu'on y mêle ont été mal raffinés ou ne le sont pas du tout ; on serait porté à attribuer au sel de cuisine une foule de petites indispositions qu'on éprouve journellement.

L'action des hydriodates et de l'iode est fort violente; l'iode à petite dose peut donner lieu à des irritations, à des vertiges, à l'amaigrissement, enfin au marasme ; c'est un fait affirmé par M. Schmit.

D'un côté, l'autorité, dans l'intérêt général du commerce et de la salubrité, doit prendre des mesures pour que les sels marins retirés de la soude de varech, qui fait une branche de notre industrie, ne puissent être employés dans la préparation des aliments, mais seulement pour les besoins des arts industriels. D'un autre côté, les boulangers, qui tous font un très-grand usage de sel marin, dans leur fabrication, doivent être à l'abri de ces falsifications, ne fût-ce que pour qu'on ne les soupçonne pas d'introduire dans leur pain, par fraude, des sels de soude.

Il est donc rigoureusement nécessaire que le sel destiné aux usages alimentaires ne puisse être mêlé à des sels de varech contenant des hydriodates.

On peut reconnaître, si le sel de cuisine, *gris* ou *blanc*, a été mélangé de sel de varech ordinaire ou de sel de varech dit raffiné, en agissant de la manière suivante.

On prend une pincée du sel à examiner, on met ce sel sur une assiette de faïence ou de porcelaine ; on verse dessus quelques gouttes d'une dissolution d'empois d'amidon préparé en faisant bouillir dans 31 grammes d'eau, 61 centigrammes d'amidon ; lorsque la colle d'amidon est préparée, on la mêle à parties égales d'acide hydrochlorique et de chlore, puis on met une pincée du sel à examiner dans ce liquide. Si le sel marin a été additionné de sel de varech brut ou raffiné, le sel essayé se colore en rouge violâtre, en violet ou en bleu, selon que la quantité de sel de varech qui a été ajoutée est plus ou moins considérable, et que les sels contiennent plus ou moins d'hydriodates.

Dans ce cas, l'acide s'empare de la soude, le chlore de l'hydrogène, et l'iode mis en liberté se combine avec l'amidon pour former l'iodure bleu d'amidon.

**Appareils et réactifs d'analyses.** — Un boulanger intelligent, qui veut se rendre compte par l'analyse de la pureté et des propriétés des substances qu'il emploie, doit avoir à sa disposition les appareils et les réactifs suivants :

Un microscope Raspail,
Un aleuromètre Boland,
Un appréciateur Robine,
Un petit mortier de porphyre non émaillé,
Un petit mortier d'agate,
Une lampe à alcool,
Deux terrines en grès anglais et à goulot,
De petites balances et une série de poids avec leurs divisions,
Trois capsules en porcelaine, depuis 6 jusqu'à 12 centimètres de diamètre,
Six verres coniques numérotés par ordre et à goulot, de 10 centimètres de diamètre, et de 11 centimètres de profondeur,
Un tube gradué et à goulot,
Six petits verres à expérience et à goulot,
Plusieurs tubes à agiter de diverses grosseurs,
Plusieurs petites éprouvettes à goulot,
Deux ou trois petits ballons en verre et à long col,
Un moyen entonnoir en verre,
Plusieurs petits entonnoirs en verre,
Un petit siphon en verre,
Une pipette en verre,

Eau distillée,
Chaux hydratée,
Solution de teinture alcoolique d'iode,
Alcool,
Papier bleu et rouge de tournesol,
Acide acétique,
— nitrique,
— sulfurique,
— oxalique,
Ammoniaque,
Potasse, en dissolution,
Soude, en dissolution,
Cyano-ferrure de potassium,
Cyanure de potassium,
Chlore,
Tournesol liquide,
Huile de pied-de-bœuf,
Papier à filtrer,
Un petit tamis à tissu métallique.

Nous conseillons de mettre tous les réactifs dans des flacons à étiquettes gravées, et bouchées à l'émeri ; excepté pour la potasse et la soude dont le bouchon se souderait ; l'industrie prépare, pour ces sortes de corps, des flacons spéciaux.

---

# CHAPITRE VI.

## CONSIDÉRATIONS GÉNÉRALES SUR LA FERMENTATION.

### LE FERMENT, LE LEVAIN, NATUREL OU ARTIFICIEL, ET LA FERMENTATION PANAIRE.

L'étude de la fermentation, dans ses rapports avec la panification, se réduirait à l'examen de l'un des corps qui en résultent, et dont la science a parfaitement défini la nature et les propriétés, si elle formulait avec la même précision la théorie de sa formation.

Laissons à la philosophie chimique le soin d'en expliquer métaphysiquement les mystères ; bornons-nous à en exposer les principes généraux pour les besoins de son application industrielle et pour affranchir les praticiens de la difficulté de réunir les éléments nécessaires à leur instruction sur cette importante question de leur art.

Les matières végétales que la terre produit avec une prévoyance tout à fait maternelle, entretiennent, non-seulement, la vie des animaux, mais encore leur fournissent, tout formés, les éléments de leur reproduction : ces éléments sont rendus à la terre par les animaux avec les mêmes principes, mais sous une autre forme et combinés différemment ; ceux qui se répandent dans l'air sous forme de vapeurs, servent, à leur tour, d'aliment aux végétaux qui les absorbent et les décomposent sous l'influence des rayons solaires; et, successivement ils passent des végétaux aux animaux et de ceux-ci aux végétaux sans qu'il en résulte aucun dérangement dans leur proportion originelle ; la nature ne les crée ni ne les détruit ; elle les combine seulement à l'aide de forces dont elle seule dispose et elle les réduit ensuite pour les rendre au réservoir commun, où tout puise pour sa création.

La science moderne a bien formulé des théories générales simples et certaines à l'aide desquelles tous les phénomènes de la nature s'expliquent par les conséquences qui résultent de l'intervention d'une force étrangère dont elle n'a pu saisir que les effets ; c'est la cohésion, l'affinité, l'électricité, la chaleur et la lumière. Le Protée de Thalès était l'emblème d'un système et non la définition d'une loi générale; aussi la production et l'accroissement des êtres organiques et organisés, le mouvement, la sensibilité, l'instinct, l'intelligence, la vie enfin, sont des mystères dont le Créateur s'est réservé le secret.

Les végétaux, pendant leur vie, n'appartiennent à la terre que parce qu'elle les soutient et qu'elle les entretient des sels qui les composent; mais ils ne vivent et croissent qu'en consommant sans cesse des produits gazeux dont l'air les alimente et qu'ils décomposent dans leur puissant appareil de réduction, en retenant les éléments propres à leur constitution et en rendant à l'air ceux que ces produits gazeux lui avaient empruntés pour leur formation.

Il est évident que si le gaz acide carbonique, formé aux dépens de l'oxygène de l'air dans la décomposition des matières organiques abandonnées à l'air, dans la respiration des animaux, dans la combustion des foyers domestiques et dans les grands laboratoires du travail, n'était pas décomposé par les végétaux, l'air serait bientôt vicié et son équilibre détruit.

Les substances végétales, séparées du sol qui les a soutenues et alimentées des sels que la terre contient et que les pluies leur amènent sans cesse à l'état de dissolution, conservent toujours les principes de leur organisation dont elles ont fixé, pendant leur vie, le principal élément, qui est l'azote ; c'est par l'azote qu'elles commencent à être formées, car c'est ce corps qui sert à produire l'albumine, liquide que recèlent les sucs coagulés de toutes les plantes; cette dernière présente une analogie singulière avec le ligneux, l'amidon et la dextrine qui en dérivent.

Ainsi, le germe des végétaux, ou la matière azotée, séparé de la séve qui l'alimentait pendant la végétation est susceptible, sous l'influence de l'air, de la chaleur et de l'humidité, d'entrer spontanément en décomposition, de réagir sur les autres corps qui l'environnent et d'en former de nouveaux, fixes ou volatils qui, rendus, les uns à la terre, les autres à l'air auquel ils avaient emprunté l'élément de leur origine, servent à la régénération et à l'alimentation de nouveaux végétaux.

La vie des végétaux n'est donc jamais détruite complétement, elle n'est que suspendue momentanément, pendant tout le temps qu'ils sont à l'abri des influences qui développent leur germe et le font réagir sur les autres corps avec lesquels il se trouve en contact et qui, ainsi que lui, se décomposent entièrement : c'est là le terme de leur existence.

La végétation est le développement des corps que les

végétaux empruntent à l'air et à la terre pour se former et qu'ils combinent dans leurs organes après les avoir décomposés pour ne retenir que les éléments propres à leur constitution jusqu'au moment de leur maturité ; mais séparés de la terre et livrés à l'influence d'une force plus puissante que celle qui avait réuni et fixé leurs éléments organiques, les végétaux restituent à l'air, dans leur état primitif, les corps qu'ils lui avaient empruntés pour les besoins de leur organisation.

Les animaux aussi sont soumis à cette loi générale de décomposition, après leur mort ; mais, dans les végétaux, la décomposition, à laquelle on a donné le nom de fermentation à cause du mouvement intestin qui se manifeste pendant son action, n'est pas stérile, car les produits qui en résultent servent encore, non-seulement à réorganiser, mais aussi à former de nouvelles substances dont la végétation n'avait fait qu'élaborer les principes.

La fermentation est une réaction chimique qui s'effectue spontanément dans une masse de matière organique en contact avec une autre substance de la même nature, mais dont la décomposition a été momentanément suspendue ; cette substance active sépare, en les dédoublant les matières plus compliquées et les ramène à des formes plus simples.

La fermentation peut être regardée comme une putréfaction végétale qui se produit sous l'influence de l'air, de l'humidité de la chaleur et, selon Gay-Lussac, de l'électricité, et, sans qu'aucun des corps organiques qui sont en contact s'empruntent ni ne se cèdent rien, elle s'opère par un mouvement intestin et spontané qui rompt l'équilibre d'après lequel les végétaux sont organisés.

M. Raspail considère la fermentation comme une combustion qui ne saurait avoir lieu sans la présence de tissus organisés ou de corps poreux d'une structure analogue.

M. Dumas reconnaît que, au contraire des phénomènes ordinaires de décomposition dans lesquels on voit intervenir tantôt la chaleur, tantôt la lumière, tantôt l'électricité, forces dont l'essence nous échappe sans doute, mais dont, l'effet bien connu tend à séparer les molécules des corps les unes des autres dans des cas bien déterminés, la fermentation ne s'explique ni par les lois connues de l'affinité chimique, ni par l'intervention des forces telles que l'électricité, la lumière et la chaleur, auxquelles la chimie a si souvent recours.

Au milieu de toutes ces incertitudes, il y a cependant un fait, mais qui échappe à l'observation ainsi qu'à l'analyse : c'est la vie qui, dans les végétaux et dans les animaux, fait fonctionner leurs organes avec un ensemble, une précision et une puissance que nous ne pouvons approfondir, et aussitôt qu'elle cesse, tout retombe dans la loi générale des appréciations théoriques.

Ainsi que l'on soumette le sucre à toutes les influences à l'aide desquelles il peut se transformer en alcool et en acide carbonique, il ne le fera que si on y ajoute un corps organique qui ait encore conservé un reste de vie, engourdi, il est vrai, mais tout prêt à l'exhaler au profit d'une dernière réaction... Ce corps est le ferment.

M. Dumas a bien raison de dire que le ferment nous apparaît comme un être organisé qui absorbe à son profit la force au moyen de laquelle étaient unies les particules du corps qui éprouve la fermentation, il consomme cette force et se l'approprie. Les particules des corps, étant désunies, se séparent en produits plus simples.

Et il ajoute : Le rôle que joue le ferment, tous les animaux le jouent ; on le retrouve même dans toutes les parties des plantes qui ne sont pas vertes. Tous ces êtres et tous ces organes consomment des matières organiques, les dédoublent et les ramènent vers les formes plus simples de la chimie minérale.

Enfin la fermentation est une transformation des substances immédiates qui convertissent d'abord le sucre des végétaux en glucose et celui-ci en alcool et en acide carbonique.

Les végétaux amylacés contiennent peu de sucre ; mais leur amidon pouvant facilement se transformer en glucose, ils sont parfaitement propres à subir la fermentation.

La fermentation ne peut avoir lieu que dans des conditions bien déterminées ; ainsi, pour la développer, il faut ordinairement :

1° Une température de 20 à 25° ;

2° De l'eau ;

3° Le contact de l'air ;

4° Enfin le concours constant d'une matière azotée, organisée, neutre, en très-petite quantité et d'une matière cristallisable non organisée, en quantité souvent très-grande.

La matière azotée constitue le ferment, l'autre éprouve la fermentation.

Si l'on fait germer de l'orge ou du blé, il se produit beaucoup de chaleur, de l'acide carbonique et de l'eau ; l'amidon de ces grains se change d'abord en dextrine, puis en sucre, et ensuite celui-ci disparaît transformé en alcool et en acide carbonique. Dans ces deux réactions successives on voit que le charbon ne se combine avec l'oxygène de l'air, pour former l'acide carbonique, que sous l'influence d'une force qui n'est autre que l'action vitale du ferment, donc l'air est indispensable dans l'acte de la fermentation.

Le sucre des plantes, ou leur amidon converti en glucose, semble donc l'agent au moyen duquel les végétaux développent de l'acide carbonique, par son contact avec la matière azotée qu'ils renferment aussi dans des proportions excessivement variables, ou bien qu'on leur ajoute.

La fermentation défait peu à peu les matières organiques créées lentement par les plantes, elle les ramène à l'état d'acide carbonique, de carbure, d'hydrogène, de carbonate d'ammoniaque et d'autres corps dont la forme leur permet de retourner à l'air jusqu'à ce que d'autres végétaux naissants s'en emparent.

Aussi les végétaux qui contiennent du sucre ou de l'amidon sont seuls susceptibles d'éprouver la fermentation au contact des substances animales en décomposition par la chaleur et l'humidité, soit qu'elles entrent dans leur composition, soit qu'elles leur soient étrangères.

Les substances animales ou végétales ne se décomposent pas si l'eau, en pénétrant leur tissu cellulaire, n'écarte pas leurs molécules en les rendant plus aptes à contracter de nouvelles combinaisons, et si la chaleur n'intervient à son tour pour dilater leurs organes. Dans la réaction qui s'opère, la chaleur augmente, d'intensité comme s'il s'agissait d'une véritable combustion lente et sourde.

La chaleur modifie beaucoup les effets de la fermentation ; quand elle est trop élevée, cette opération s'accomplit avec une rapidité telle qu'il devient très-difficile de saisir le moment favorable pour l'arrêter ; d'où il résulte qu'elle passe subitement à un autre degré de réaction nuisible à la panification.

Nous avons dit que l'air est indispensable à la fermention, car elle ne se produit pas dans le vide; mais en faisant passer un courant d'oxygène, celui-ci n'agit pas sur le sucre, mais bien sur les matières azotées qui réagissent après sur le sucre.

Les matières les plus propres à engendrer la fermentation sont les substances animales caséeuses, fibreuses, l'urine, etc.; les acides acétique et lactique qui en résultent lorsque ces substances sont en excès, les font promptement arriver à l'état putride.

Les végétaux ne sont jamais formés d'éléments propres à la fermentation dans une proportion régulière,

Si, d'après Liébig, dans une liqueur qui subit la fermentation alcoolique, la quantité de matière sucrée est plus grande proportionnellement que celle du corps organique qui a provoqué la réaction, la décomposition de ce dernier étant plus tôt achevée que celle du sucre, il reste alors une certaine quantité de sucre qui ne fermente plus et qui demeure dans le même état, attendu que par lui-même et sans le concours d'un agent désorganisateur il ne peut fermenter.

D'un autre côté, au contraire, si le germe de décomposition est en excès, non-seulement tout le sucre est transformé en alcool et en acide carbonique, mais encore, et toujours sous la même influence et avec le concours de l'air, l'alcool se change en acide acétique qui dissout complétement la matière organique et forme les produits ammoniacaux qui caractérisent la fermentation putride. Pour arrêter cette dernière réaction, il faudrait pouvoir saisir le moment où elle se forme et ajouter une quantité de sucre suffisante pour saturer la matière organique en décomposition.

**Fermentation saccharine.** — Il est bien entendu que, dans la limite de cet ouvrage, nous ne nous occuperons que des fermentations qui prêtent leur concours à la panification.

La fermentation saccharine a la propriété de ramener à un état uniquement propre à la fermentation la gomme, l'amidon, la fécule et le sucre.

Le sucre cristallisable, tel que le sucre de canne, de betterave et autres, ne produit pas immédiatement de l'alcool, c'est en s'hydratant d'un atome d'eau, sous l'influence de la fermentation qu'il change de nature, qu'il se convertit en glucose ou sucre de raisin et qu'il acquiert, sous cette forme seulement, la propriété de se prêter à la fermentation alcoolique.

Les fruits, en général, contiennent la glucose toute formée et sont très-propres à la fermentation.

L'alcool est, dans la nature, une de ces productions éphémères qui prennent naissance au moment où certains principes immédiats commencent à s'altérer. Ainsi dans tous les fruits où la matière sucrée se développe, auprès d'elle se rencontrent des ferments propres à agir dès que la déchirure des tissus met en contact les sucres, le ferment et l'eau en présence de l'oxygène de l'air. Sous l'influence du ferment et de l'eau, la matière sucrée subit la fermentation alcoolique.

On avait pressenti, avec raison, que d'autres matières que le sucre pouvaient subir la fermentation alcoolique en se transformant, par l'hydratation d'abord en dextrine, puis ensuite en glucose. Messieurs Payen et Persoz l'ont prouvé en démontrant que la gomme, l'amidon et la fécule pouvaient sous l'influence de l'acide sulfurique, ou de la diastase et à une température déterminée, subir cette double transformation successive. Il est probable que les sucs gastriques et d'autres corps dont on ne connaît pas encore la puissance produisent le même effet sur ces diverses substances.

Comme les corps organiques n'empruntent ni ne cèdent rien dans la fermentation, il est évident que ce doivent être l'air et l'eau qui fournissent le radical des nouveaux corps qu'elle engendre.

L'eau d'abord, en divisant les corps, met ceux d'une nature différente plus à même de se rapprocher et de s'unir en vertu de la loi générale de l'affinité ; puis elle se décompose elle-même sous l'influence de la chaleur qui se produit et de l'électricité qui intervient. MM. *Gay-Lussac* et *Thénard* ont émis l'idée que ce fluide pouvait se dégager dans l'accomplissement de la fermentation; l'un des éléments de l'eau, l'oxygène, s'unit au carbone des substances végétales pour produire l'acide carbonique ; l'autre élément, l'hydrogène, uni à l'azote des matières organiques, forme les émanations ammoniacales qui s'exhalent toujours après la fermentation putride.

Mais ici, qu'il ne s'agit que de la fermentation saccharine, nous dirons seulement que l'eau seule agit sur le sucre, la gomme, la fécule et l'amidon pour ramener toutes ces substances à un état unique et spécial, la glucose (1).

(1) Glucose, sorte de sucre d'une cristallisation confuse et mamelonnée.

La glucose est un produit très-répandu dans la nature ; les raisins en contiennent une si grande quantité qu'on peut l'en extraire

**Ferment.** — Les matières animales putréfiées, l'albumine, le caséum, l'urine, la fibrine et le gluten abandonnées à l'air auquel elles empruntent une infiniment petite quantité d'oxygène, s'y modifient et deviennent un ferment qui communique spontanément son germe de décomposition au sucre avec lequel on le met en contact, sans céder aucun de ses éléments, et sans en emprunter d'autres que celui que l'air lui abandonne jusqu'à ce qu'il le lui rende sous forme d'acide carbonique dont le sucre fournit seul le carbone.

Les organes azotés des végétaux se transforment aussi en un véritable ferment sous l'influence de leur décomposition spontanée; mais pour lui conserver ses propriétés fermentescibles, il faut le mettre à l'abri des éléments de sa formation, la chaleur et l'humidité; on y parvient facilement en interposant entre chacune de ses molécules un corps sec qui absorbe l'humidité sans qu'il ait à en souffrir lui-même. Ce corps est la fécule ou l'amidon.

Le ferment le plus communément et le plus efficacement employé en boulangerie est la levûre de bière. Il est le résultat de la fermentation de la bière, et il contient un germe organique arrêté dans son développement par la dessiccation.

**Effet du ferment.** — Lorsque, dans un flacon, on introduit de la levûre de bière délayée en bouillie claire avec de l'eau contenant un dixième de son poids de

en fabrique ; elle constitue ces grains de sucre qu'on voit dans le raisin sec et l'enduit farineux des raisins et des figues. La saveur douce de la plupart des fruits de nos climats doit lui être attribuée ; on en trouve dans le miel et dans les sucs sucrés des fleurs ; l'urine des diabétiques en renferme souvent de grandes quantités.

sucre, et qu'à ce flacon, on adapte un tube recourbé plongeant dans une cuve à mercure, on voit bientôt, surtout si la température s'élève de 20 à 25 degrés, qu'il se produit une légère effervescence dans le liquide : c'est l'acide carbonique qui, en se dégageant, agite toutes les matières insolubles et les réunit, sous forme de mousse, à la surface du liquide; et si, en outre, on détermine la quantité d'alcool qui s'est produit dans la liqueur par la fermentation, on reconnaît que le poids de l'acide carbonique et de l'alcool dépasse d'une petite quantité celui du sucre employé.

L'analyse élémentaire montre que cette augmentation de poids est due à de l'oxygène et à de l'hydrogène dans le rapport de la formation de l'eau. En effet, à un équivalent de sucre employé, il s'ajoute par la fermentation, un équivalent d'eau dont le sucre s'empare pour se convertir en glucose et ensuite se transformer en alcool et en acide carbonique.

En supposant que 1 atome de sucre et 1 atome d'eau soient décomposés par la fermentation, il est évident qu'ils ont dû être convertis en 2 atomes d'alcool et 2 atomes d'acide carbonique, car 1 atome d'alcool et 1 atome d'eau sont composés de :

| | | |
|---|---|---|
| Oxygène............ | 6 | atomes. |
| Carbone............ | 6 | — |
| Hydrogène.......... | 6 | — |

2 atomes d'alcool sont composés de :

| | | |
|---|---|---|
| Oxygène............ | 2 | atomes. |
| Carbone............ | 4 | — |
| Hydrogène.......... | 6 | — |

2 atomes d'acide carbonique sont composés de :

| | |
|---|---|
| Oxygène............ | 4 atomes. |
| Carbone............ | 2 — |

Si, maintenant, on compare la composition des produits qui résultent de la fermentation avec celle du sucre, on voit que la transformatien que ce dernier éprouve a lieu sans que le ferment qui la détermine y intervienne en rien par ses éléments. Quel rôle le ferment joue-t-il donc dans cette circonstance? par quelle sorte d'influence agit-il? C'est ce qu'il convient d'examiner !

Dans un grand nombre d'expériences faites par MM. *Gay-Lussac* et *Colin* sur la levûre de bière et aussi sur d'autres matières qui peuvent agir comme ferment, on avait cru pouvoir déduire que l'électricité jouait un grand rôle dans l'acte de la fermentation, et que cette force résultait, dans cette circonstance, de la décomposition de la levûre de bière, qui comme toute action chimique devait la produire.

*Liébig*, comparant la fermentation à un grand nombre d'autres réactions chimiques qu'il trouve analogues, la range dans une classe de faits qu'il appelle métamorphoses organiques; il désigne ainsi les décompositions par lesquelles les éléments d'une matière organique se groupent dans un autre ordre que celui où ils existaient, et donnent naissance à de nouveaux produits : ce qui, suivant lui, distingue les métamorphoses organiques des décompositions ordinaires, c'est que les corps sous l'influence desquels elles ont lieu n'interviennent en aucune façon, par leurs éléments, dans les combinaisons nouvelles.

La cause qui peut déterminer cette classe de phénomènes peut être variable, quelquefois elle n'est nullement apparente, mais souvent elle doit être rapportée à la chaleur, à l'action des acides et des alcalis, à la présence de l'air, au contact de plusieurs métaux dans des états particuliers ou enfin à certaines matières qui se trouvent elles-mêmes en décomposition.

La fermentation alcoolique ou panaire serait donc une métamorphose organique. En effet, en présence d'une matière qui se décompose, de la levûre de bière, par exemple, le sucre, sans que ce ferment se combine avec les nouveaux produits formés, se décompose et donne lieu à deux combinaisons moins complexes que le sucre et auxquelles les éléments de l'eau ont concouru.

Tous les ferments liquides sont composés de globules qui ont la forme de disques sensiblement cellulaires; chaque disque a une espèce de bourgeon adhérent qui se développe, augmente, se sépare du disque et produit un nouveau ferment, car, lorsque la fermentation est établie par le ferment, il se forme jusqu'à dix parties de ferment de plus que celles qu'on y avait ajoutées.

En examinant ce qui se passe, on peut supposer que la fermentation est une espèce de végétation spontanée d'après laquelle le germe des végétaux se développe rapidement en se multipliant par des bourgeons qui naissent et qui expirent au milieu des éléments qui les ont produits après avoir troublé et séparé ces derniers de leur ensemble originaire.

L'action du ferment n'agit absolument que sur le sucre des végétaux, ou un sucre analogue, car une fois que celui-ci est épuisé, l'alcool en arrête les effets; la réaction continue cependant pour passer à un autre degré, mais avec le concours de l'air seulement, sans dégagement d'acide carbonique; il y a formation d'acide acétique, lequel agit sur les substances organiques décomposées et les transforme en produits ammoniacaux.

Maintenant que l'on connaît les deux substances dont l'une, le sucre, se décompose sous l'influence de l'autre, le ferment ; peu importe à l'industrie que la force qui les fait agir soit occulte ou démontrée théoriquement, il suffit d'en connaître les résultats.

Nous avons vu que, par la fermentation saccharine, la gomme, l'amidon, la fécule et le sucre se transformaient, les trois premiers d'abord en dextrine, et tous les quatre en glucose ou sucre de raisin ou sucre de fruit ou sucre de diabète.

Par la fermentation alcoolique, la glucose se transformait en alcool et en acide carbonique.

Par la fermentation acide, l'alcool se transformait en acide acétique.

Par la fermentation putride, toutes les matières organiques se transformaient en produits infects et ammoniacaux qui deviennent bien plus sensibles lorsqu'ils se trouvent en contact avec un alcali fixe.

Selon la rigoureuse acception du mot, il n'y aurait que la seconde de ces réactions qui devrait s'appeler fermentation, car elle seule produit du mouvement, de l'agitation et un développement du tissu cellulaire occasionné par le dégagement de l'acide carbonique qu'elle engendre. Les autres ne devraient être connues que sous le nom de *réaction chimique*. Nous n'avons pas la prétention de réformer le langage de la science, mais nous émettons ici cette réflexion pour faire comprendre seulement la valeur de ce mot aux personnes étrangères à la science qui voudraient le généraliser.

**Fermentation panaire.** — Cette sorte de fermentation participe également de la fermentation saccharine et de la fermentation alcoolique ; on ne lui a donné ce nom que parce qu'elle est mise en pratique dans la panification, pour l'application de l'un de ses produits seulement.

La farine contient tous les éléments propres à engendrer la fermentation : le sucre d'abord, mais en si petite quantité, qu'il ne pourrait produire un dégagement suffisant d'acide carbonique si l'amidon lui-même n'était susceptible de se transformer en glucose ; puis, le gluten, dont une partie se réduit en un véritable ferment agissant aussi énergiquement que celui qu'on y ajoute pour obtenir la fermentation spontanée de laquelle résulte l'acide carbonique ; ce gaz soulève peu à peu la membrane organique de la pâte dont l'élasticité se prête merveilleusement à la formation des cellules dans lesquelles il se loge, jusqu'à ce qu'une température élevée, en les dilatant par la pression de l'un et la résistance de l'autre, le force de s'échapper en laissant la trace de son passage, laquelle caractérise si bien les véritables propriétés du pain.

Mais encore faut-il admettre que la force expansible de l'acide carbonique soit préférable à toute autre qu'on voudrait y substituer, dans son application à la panification, parce que ce gaz prend naissance au sein même des matières organiques qui composent la farine, qu'il s'y produit par degrés, qu'il s'y conserve même par sa solubilité dans l'eau, dans une grande proportion et qu'il prépare peu à peu la matière cohérente et élastique à se dilater. Sans toutes ces raisons, la fermentation panaire serait tout à fait inutile à la panification, tandis qu'au contraire elle lui est indispensable et qu'aucune autre réaction ne pourrait la remplacer.

Rien n'indique le point fixe où commencent et s'arrêtent les divers degrés de fermentation. Car si l'on a bien compris que lorsque tout le sucre a été converti en alcool, celui-ci, à son tour, subit une décomposition de laquelle résultent d'autres produits qui se décomposent aussi tant qu'ils rencontrent les éléments nécessaires à leur désorganisation, à moins de connaître, par l'analyse, la proportion des corps qui se trouvent en contact et qui réagissent les uns sur les autres, il est impossible de suivre, avec précision, la marche de la fermentation.

Lorsqu'on veut transformer du sucre en alcool, on prend un équivalent de ferment que l'on met en contact avec le sucre, et lorsque l'alcool est formé tout le sucre et le ferment ont disparu et l'alcool reste intact tant qu'il reste à l'abri de l'air et surtout du contact d'un nouveau ferment.

Mais dans la fermentation panaire, on ne connaît ni la quantité de sucre, ni celle qui peut se former, ni la quantité de gluten désorganisé, ni celle du nouveau ferment qu'il engendre. Quoique cette fermentation paraisse simple par elle-même, elle peut cependant sortir de ses limites et passer successivement par tous les autres degrés de réaction, compris la fermentation putride; mais alors tout est décomposé, le tissu organique est rompu, la membrane glutineuse perd l'élasticité à l'aide de laquelle le pain se développe, et enfin tous les corps qui composent la farine changent de nature, et, de propres qu'ils étaient à produire un aliment suave et nutritif, ils ne forment plus qu'un mélange inerte, indigestible, corrompu, acide, et n'étant plus bon qu'à transmettre son germe de décomposition aux substances organiques avec lesquelles il se trouve en contact.

Ainsi ce qui distingue la fermentation panaire des autres réactions qui la suivent, c'est la limite dans laquelle on est obligé de la circonscrire pour n'obtenir juste que les produits dont a besoin la panification, savoir, l'acide carbonique qui sert à la dilatation du gluten et un peu d'acide acétique pour en opérer la dissolution d'une partie afin de lui donner les propriétés fermentescibles.

La farine de blé ne contient que peu de sucre, mais beaucoup d'amidon et de matière azotée ; abandonnée à l'air sous l'influence de la chaleur et de l'humidité, elle n'entre que lentement en fermentation, et ce n'est que lorsque l'amidon lui-même commence à se transformer en dextrine et quelques parties en glucose, que la fermentation se manifeste un peu plus énergiquement et encore d'une manière si incohérente que l'acidité se produit presque aussitôt sur quelques points, que le tissu cellulaire est décomposé avant sa dilatation et que cette spontanéité de réaction, si nécessaire à la panification, n'a pas lieu. C'est pourquoi, pour l'obtenir, il faut avoir recours à une force étrangère qui porte en elle-même le germe d'une décomposition organique et permanente, susceptible d'agir spontanément sur le sucre et de le décomposer en alcool et en acide carbonique.

Le sucre pur, comme nous l'avons déjà laissé entrevoir, dissous dans de l'eau également pure n'éprouve aucune altération à l'air et à la température la plus propre à développer la fermentation ; mais il n'en est pas de même lorsqu'on y ajoute des matières organiques susceptibles d'éprouver à l'air la moindre altération.

La fermentation panaire se produit donc avec les mêmes éléments et dans les mêmes circonstances que la fermentation alcoolique, mais, pour l'accomplissement de la panification, il devient important de l'accélérer et de l'exciter au moyen d'une surabondance d'une force étrangère, le ferment, sous l'influence duquel les matières organiques reçoivent promptement l'impulsion de leur propre désorganisation.

Ce ferment, communément employé en boulangerie, est la levûre de bière, liquide ou solide.

## LEVURE DE BIÈRE.

La levûre de bière est une substance écumeuse qui se rassemble à la surface de la bière pendant sa fermentation, qui s'écoule de la bonde des tonneaux dans lesquels la bière est déposée, et s'épanche dans des baquets disposés pour cet usage.

La levûre se dépose dans ces baquets sous la forme d'une pâte jaunâtre très-liquide. C'était sous cette forme que les boulangers l'employaient jadis, lorsque, dans leurs localités, se trouvait une brasserie, mais, dans cet état, ils ne l'obtenaient pas toujours à un égal degré de consistance.

A l'époque de l'année où la fabrication de la bière est ordinairement abondante, les brasseurs ne regardaient pas à la quantité de levûre qu'ils livraient aux boulangers, et dont la mesure n'était autrement réglée que par la quantité d'écume qui s'écoulait de deux tonneaux, appelés quarts, dans un baquet placé dessous entre les deux. Mais lorsque la fabrication diminuait, justement au moment où la rigueur de la saison ralentissait la fermentation panaire, ils ne livraient plus aux boulangers que le produit d'un seul tonneau mélangé avec le double de bière pour représenter à peu près la quantité ordinaire de levûre.

Depuis quelques années, les boulangers ont contracté l'habitude de ne se servir que de levûre sèche, préparée avec la levûre liquide que les levûriers reçoivent dans des sacs, et dont ils expriment l'eau ou la bière qu'elle contient au moyen d'une presse, puis, ils la sèchent en y ajoutant de la fécule. De cette manière, la levûre peut se conserver quelques jours sans s'altérer sensiblement.

D'après M. *Dumas*, dans la fabrication de la bière, on prend de l'orge, on le pénètre d'eau, puis on l'étend dans une cave. La graine humide exposée à l'air, commence à germer. Il s'y développe de la diastase en quantité de plus en plus grande, jusqu'à ce que la plumule soit prête à percer la graine. Si on laissait continuer l'action plus longtemps, la diastase se détruirait peu à peu ; on arrête donc la germination, en soumettant l'orge à la dessiccation. Une partie de la fécule est déjà modifiée, les globules se sont gonflés ; les uns se sont déjà transformés en sucre, les autres en dextrine, d'autres moins altérés sont pourtant à l'état de fécule rougissant par l'iode.

Quand la germination et la dessiccation sont terminées, l'orge est moulue, puis mise en contact avec de l'eau, à la température de 70 à 75°; alors la diastase agit complétement, et toute la fécule est transformée en sucre. On ajoute à la matière sucrée, une certaine quantité d'huile et d'extrait de houblon, en faisant bouillir dans le liquide des cônes de cette plante. Quand ce liquide est refroidi, l'addition de la levûre de bière en fait dégager des torrents d'acide carbonique, en développant, d'un autre côté, des quantités correspondantes d'alcool dans la liqueur. En même temps, le ferment, loin de se détruire, se développe par bourgeonnement, se dédouble, augmente considérablement en proportion et surnage comme une écume à la surface des cuves. C'est que dans l'orge, il se trouve des matières albuminoïdes azotées, propres à sa nutrition, de telle sorte que le brasseur retrouve six à sept fois plus de levûre qu'il n'en a mis.

Le même phénomène se reproduit exactement dans la fermentation panaire, mais, comme la matière n'est pas liquide, le ferment nouveau reste répandu dans la masse au lieu de se réunir à la surface comme dans la bière. Dans la décomposition du sucre par la levûre de bière, la fermentation est incomplète, car le ferment disparaît faute d'une matière azotée pour l'alimenter.

Puisque nous ne pouvons saisir la connexion véritable qui existe entre la nature de cet être extraordinaire et celle des substances fermentescibles, nous pouvons au moins juger les produits qui en résultent.

**Caractères et effets de la levûre.** — La levûre bien préparée et de bonne qualité est d'une couleur jaunâtre qui varie suivant l'état où se trouvait l'orge, la quantité de houblon employée et l'espèce de bière qu'on a brassée.

Les boulangers accordent communément la préférence à celle qui est moins colorée, parce qu'elle altère moins la blancheur naturelle du pain. Néanmoins la levûre de Flandre, qui est ordinairement d'un brun très-foncé, produit des effets bien supérieurs à la levûre blanche; les levûriers en sont très-avares et n'en accordent à leurs abonnés que le quart de leurs fournitures.

La bonne levûre se rompt nettement et n'exhale qu'une odeur légèrement alcoolique, tandis que la mauvaise levûre ou s'émiette en la cassant, ou est acide, gluante, molle et noirâtre à sa superficie.

Les levûriers trouvent le moyen de dissimuler l'altération que la levûre éprouve en restant trop longtemps sans être employée, en la pétrissant avec de la farine d'orge ou, le plus souvent, avec de la fécule de pomme de terre; mais s'ils lui donnent l'apparence physique de la bonne levûre, elle est loin d'en posséder les propriétés chimiques, car elle produit souvent l'effet contraire à celui auquel elle était destinée; elle n'est plus qu'un agent de corruption qui ne sert qu'à dissoudre les matières organiques susceptibles de se convertir à leur tour en ferment.

La levûre exerce une action spontanée sur la pâte, que le levain est loin de produire au même degré; mais si celui-ci agit plus lentement, son action est plus régulière et plus favorable au développement du gluten qui conserve, dans ce cas, toutes ses propriétés élastiques; tandis que la levûre de bière, dont les éléments de fermentation sont réunis, concentrés et prêts à se manifester, agit aussitôt, non-seulement sur le sucre de la farine, mais encore sur l'amidon qu'elle transforme en glucose.

Les effets que produisent ces deux sortes de ferment, si différents d'intensité, sont intéressants à observer dans l'exécution de la panification et dans les résultats qui en dérivent.

L'effet spontané que produit la levûre, dans de certaines circonstances, est plus souvent nuisible qu'utile. En désorganisant le gluten, comme le ferait un levain qui serait sorti des limites de la fermentation panaire, la levûre lui ôte en partie ses propriétés élastiques sans lesquelles il ne se développe qu'imparfaitement, et, excepté quelques cas particuliers, et pour plusieurs espèces de pain, l'usage en devrait être à jamais banni dans la panification ordinaire. Car, nul doute qu'avec une intelligente observation, et en suivant avec attention la marche de la fermentation du levain, dont les effets sont bien moins variables que ceux produits par la levûre, on ne parvienne avec avantage à se dispenser d'employer, comme auxiliaire, ce ferment étranger qui, par la nature énergique de ses éléments et sa couleur terne, a le double inconvénient d'altérer la saveur et la blancheur du pain.

Il est facile de juger, à l'aspect de la mie du pain, si celui-ci a fermenté à l'aide de la levûre ou d'un levain corrompu, ses cellules sont beaucoup plus nombreuses et plus déchirées, mais moins vastes et plus uniformes que dans l'état normal de la panification; le gluten, en partie décomposé, et dont la cohésion a souffert, cède trop facilement sous la pression de la vapeur d'eau et de l'acide carbonique: c'est pourquoi le pain sèche promptement, s'émiette avec facilité et contracte une saveur acide, amère et désagréable qui domine celle des mets avec lesquels il s'allie dans l'alimentation.

Cependant il ne faut pas proscrire d'une manière trop absolue l'usage de la levûre de bière, car de bonne qualité et employée avec discernement, elle produit de bons résultats surtout dans la fabrication des petits pains de luxe et des pains à potage; elle est alors indispensable, car elle sert à leur donner la porosité et la spongiosité nécessaires; mais quoiqu'il soit difficile de se procurer de la levûre régulièrement bien préparée, d'en apprécier bien exactement la qualité et d'empêcher les ouvriers boulangers d'en faire un abus immodéré, il est un moyen d'en rendre les effets d'une efficacité supérieure à ceux du levain ordinaire. Nous en parlerons plus loin, en traitant de l'application de la fermentation panaire pratiquée en Angleterre et en Allemagne.

### COMPOSITION DE LA LEVURE DE BIÈRE LIQUIDE, PAR WERSTRUMB.

Sur 1,000 parties de levûre de bière, Werstrumb a trouvé :

| | |
|---|---|
| Potasse | 0,84 |
| Acide carbonique dissous | 0,98 |
| — acétique | 0,65 |
| — malique | 2,93 |
| Chaux | 4,49 |
| Alcool | 15,62 |
| Extractif | 7,81 |
| Mucilage | 15,62 |
| Matière sucrée | 20,51 |
| Gluten | 31,25 |
| Eau | 872,07 |
| | 972,77 |

plus quelques traces d'acide phosphorique et de silice; mais il est évident que ces corps ne s'y trouvent qu'accidentellement.

Il est probable que Werstrumb n'a pas considéré ses observations sur la levûre comme une analyse sérieuse, qu'il a étudié son développement depuis sa formation jusqu'au moment où tout mouvement intestin a cessé; c'est alors qu'il a trouvé l'acide carbonique, lequel ne doit pas être regardé comme partie constituante de la levûre. Ce qui nous a paru le plus important à constater, c'est la présence du gluten et les propriétés fermentescibles qu'il acquiert dans les diverses circonstances par lesquelles il passe avant de devenir l'élément des produits ammoniacaux.

Après que la levûre liquide est filtrée, il reste sur le filtre une matière albumineuse qui jouit des propriétés du gluten désagrégé; que l'on sépare cette substance, la levûre perd la faculté d'exciter la fermentation, mais qu'on la lui rende, elle se trouve réunie aux éléments à l'aide desquels la réaction continue et se propage. Il s'ensuit que cette matière glutineuse est le principe fermentatif essentiel de la levûre.

De même, lorsqu'on garde de la levûre liquide pendant quelques jours dans une éprouvette, il s'en sépare une substance blanche analogue à la matière caséeuse qui nage à la surface du liquide; si l'on enlève cette substance, la levûre devient inerte. Cette substance a beaucoup d'analogie avec le gluten dont elle partage les propriétés fermentescibles quoiqu'elle en diffère sous les rapports physiques : sa couleur est plus blanche, elle n'a pas l'élasticité du gluten, elle est seulement visqueuse et ses particules n'ont pas la même force de cohésion, elle se dissout aussi plus facilement dans les acides; enfin nous la considérons comme du gluten qui touche au point de sa décomposition définitive, et tout prêt à perdre son élément actif. Ce liquide est alors composé d'un dépôt formé de matières insolubles, d'un mélange d'alcool et d'une espèce toute particulière d'acide acétique, et enfin d'une écume formant un assemblage de cellulose et de fragments déchirés du tissu cellulaire organique que l'acide carbonique, en se dégageant, a soulevés et a réunis à la superficie du liquide.

Le gluten pur n'agit comme ferment que lorsque le ligneux, qui caractérise sa nature originaire, a été détruit; ses molécules, libres de se porter sur les corps avec lesquels elles ont plus d'affinité, se séparent, sans s'unir cependant avec ces derniers; mais elles leur communiquent leur germe de décomposition.

La crème de tartre a la propriété d'exciter et de faciliter la désagrégation du gluten, et de rendre, par cette raison, plus promptes et plus efficaces ses propriétés fermentescibles.

### DE LA LEVURE CONSIDÉRÉE COMME LEVAIN.

La levûre de bière agit d'une manière si spontanée et si énergique sur la pâte, qu'elle rend celle-ci moins tenace et moins cohérente que celle dans laquelle il n'entre que du levain naturel. En effet, la levûre porte immédiatement son action sur le sucre, et, comme cette dernière substance est en très-petite quantité dans la farine, elle est vivement transformée en alcool et en acide carbonique, et la levûre ne trouvant plus d'aliment, attendu que l'amidon n'a pas encore eu le temps de se convertir en glucose, facilite la réduction de l'alcool en acide acétique qui, à son tour, désorganise tout le gluten de manière que ce dernier ne peut plus résister à la pression d'un torrent d'acide carbonique qui résulte alors de la décomposition de la glucose, tardivement formée.

En été, les boulangers peuvent à peine suivre les progrès de la fermentation produite à l'aide de la levûre; il faudrait qu'ils eussent à leur disposition un four toujours prêt pour recevoir la pâte presque immédiatement après qu'elle a été pétrie et tournée; mais la boulangerie procède avec un ensemble régulier qui ne souffre pas impunément de dérangement, surtout dans les grandes boulangeries.

Quelles que soient les difficultés que l'on rencontre dans la direction régulière des levains, relativement à leur masse et à l'état où ils se trouvent suivant les saisons et les différentes espèces de farine, avec quelque peu d'observation et de surveillance, il est plus facile d'en régler la marche, que lorsqu'ils ont eu pour auxiliaire la levûre dont les effets varient à tout moment selon sa constitution, et produisent souvent les inconvénients que nous avons signalés.

La levûre n'est jamais uniquement employée, comme levain, dans la panification rationnelle ; elle agit avec trop d'énergie sur le gluten dont elle détruit la cohésion, en le convertissant lui-même en véritable ferment visqueux qui provoque une fermentation tumultueuse et mousseuse ; l'acide carbonique se dégage abondamment sans rencontrer cette résistance élastique à l'aide de laquelle la pâte se dilate et augmente de volume, les cellules qui se sont formées ont une contexture si fragile, qu'au moindre choc ou au plus léger attouchement, cette pâte s'affaisse pour ne plus se relever, même sous l'influence de la température très-élevée du four, de la vapeur d'eau et de la dilatation de l'acide carbonique.

Le levain préparé avec de la levûre est spécialement destiné à donner aux levains naturels de pâte, auxquels il est ajouté, le degré de fermentation qui leur manque, par suite de l'imprévoyance des ouvriers boulangers. Ce cas arrive lorsque, dans les fournées successives, on réduit, sans discernement, la température de l'eau et la quantité de levain nécessaire à chaque fournée, de manière qu'aux dernières fournées, il ne reste plus assez de levain, ou que celui-ci n'a plus conservé assez d'énergie pour produire une fermentation convenable.

Le levain à levûre, destiné à exalter la fermentation du levain de pâte, se prépare de la manière suivante : après la fournée pétrie, on pratique une petite fontaine, ou un espace cerné avec de la farine tassée à l'aide d'une planchette afin que l'eau ne se répande pas au delà ; on délaye dans cet espace de la levûre dans un peu d'eau à la température de 30° au moins, puis on en fait une pâte pétrie médiocrement en la découpant dessous seulement ; après quoi, on la place à l'endroit où doit être déposé le levain, et on verse celui-ci dessus. De cette manière, vicieuse en principe, mais généralement employée, on comprend facilement que le levain à levûre ainsi disposé, ne doit pas produire complétement l'effet auquel on le destine, attendu qu'il n'est pas mélangé avec la pâte levain, qu'il fermente séparément en soulevant seulement ce dernier, et qu'il ne lui communique son principe de réaction que lorsqu'on les délaye tous les deux ensemble pour pétrir la fournée à laquelle ils sont destinés. Il serait peut-être préférable de l'employer, comme on le fait, lorsqu'on s'aperçoit que le levain n'a pas poussé convenablement et que la fermentation de la fournée qui en résulte pourrait en souffrir ; aussitôt que la pâte est frasée et contre-frasée, c'est-à-dire aux trois quarts pétrie, on ajoute le levain à levûre, préparé comme il a été dit ci-dessus, en l'étendant sur toute la pâte, et on termine le pétrissage de la fournée par les deux dernières opérations, le découpage et le patonnage.

La raison pour laquelle les ouvriers boulangers donnent toujours la préférence au premier moyen sur le second, est néanmoins fondée ; ce n'est pas qu'il soit plus expéditif et moins fatigant à exécuter, mais parce qu'il est reconnu que l'agitation suspend momentanément la marche de la fermentation, et comme le levain est séparé de la fournée bien avant que celle-ci soit entièrement pétrie, il faudrait lui donner un supplément de travail pour le mélanger avec le levain à levûre après que la fermentation est déjà en marche, ce qui la ralentirait.

D'un autre côté, l'expérience a démontré que lorsque le levain à levûre est placé sous le levain naturel, sans qu'ils soient mélangés ensemble, ce dernier, en le comprimant, forçait toutes ses molécules à rester en contact, et lui donnait, par ce moyen, une force expansive beaucoup plus énergique.

En effet, si l'on enferme dans un nouet formé d'une toile en double assez forte pour résister à une pression considérable, une partie de levain naturel, celui-ci acquiert une force expansive d'autant plus grande qu'il est comprimé, et devient un ferment supérieur aux meilleurs que l'on puisse employer.

Enfin, quel que soit le ferment qu'on ajoute aux levains naturels ou à la pâte, il convient toujours mieux de le mélanger avec ceux-ci, en évitant toutefois une agitation prolongée qui pourrait en atténuer les effets. Rien n'est cependant plus simple ; ce serait, avant de mettre le levain en corbeille, de le mélanger avec le levain à levûre et de parfaire le pétrissage du restant de la pâte destinée à la fournée. Mais, le plus souvent, le pétrin est encombré de pâte et de farine, de sorte qu'il ne reste plus le plus petit espace pour préparer le levain à levûre et qu'il faut attendre que le levain soit en corbeille.

On prépare encore des levains à levûre spéciaux dans

la fabrication des petits pains de luxe, appelés pains de gruau. Pour cet usage la levûre de bière devient indispensable, car si on employait exclusivement le levain naturel, il faudrait ou le prendre dans le levain du pain ordinaire, ou le faire passer par les trois degrés de régénération en usage, savoir : levain de première, levain de seconde et levain de tout point, en se servant, pour ces trois opérations périodiques, de farine de gruau. Dans le premier cas, la différence de blancheur du gruau sur la farine ordinaire ne ressort pas d'une manière assez éclatante, parce que la proportion rigoureusement nécessaire de levain ordinaire qui sert à charger le levain à levûre, s'y trouve en excès et en altère la nuance.

Dans le second cas, et même pour une grande fabrication spéciale de pains de luxe, la fermentation du levain naturel à trois ou seulement à deux degrés, quelque bien dirigée qu'elle soit, n'est jamais assez spontanée, le gluten conserve bien toutes ses propriétés élastiques et nutritives, mais pour cela seul, il est d'une mastication difficile et désagréable aux palais blasés. D'ailleurs, ces sortes de pains, destinés à l'usage des tables garnies de mets succulents, n'ont pas besoin de posséder, au même degré, les propriétés alimentaires de celui qui sert à l'alimentation commune et quelquefois unique ; qu'ils satisfassent les yeux et le goût seulement, l'estomac y trouvera assez de lest nécessaire à l'élaboration des autres aliments.

Le levain à levûre, quel que soit l'usage auquel on le destine, n'est jamais pur, on est toujours obligé de le charger d'une quantité, au moins égale à son propre poids, de pâte ordinaire pour lui donner de la cohésion et en même temps pour empêcher qu'il ne se développe trop en mousse. Néanmoins, l'effet que produit le levain à levûre sur la matière organique de la pâte qu'on y ajoute, est si violent qu'il la transforme en peu de temps en un véritable ferment aussi puissant que la levûre ellemême, faute d'aliment sucré ; on ne peut en calmer l'effervescence qu'en le rafraîchissant et en le convertissant en un levain de tout point, sans passer par le levain de seconde. Il est alors parfaitement propre à quelque genre de panification que ce soit. Par ce moyen, la marche trop rapide de la fermentation est sensiblement ralentie, le gluten, malaxé de nouveau par un second pétrissage, reprend son élasticité ; l'amidon a le temps de se transformer en glucose et de fournir un aliment naturel à une fermentation ultérieure qui se manifeste sans tumulte et sans désorganisation du tissu cellulaire : la mie du pain qui en provient est légère, spongieuse, d'un goût agréable, d'une mastication et d'une digestion faciles.

Le levain à levûre se prépare comme un autre levain : après avoir délayé la levûre dans une certaine quantité d'eau à la température de 30 à 35°, on réunit la farine par un pétrissage grossier, puis on ajoute une quantité, égale à cette masse, de pâte ordinaire, et on termine le mélange par un pétrissage complet, en découpant dessus et dessous seulement sans patonnage ; enfin, après avoir plié le levain, on le dépose dans une corbeille à levain que l'on place dans l'endroit le moins aéré et le plus chaud du fournil. L'usage veut aussi qu'on le recouvre d'une toile ou d'un tissu de laine. Nous conseillons de le recouvrir d'une couche de farine de 2 centimètres d'épaisseur. Dans son apprêt, le levain crevasse, la farine pénètre dans les fentes, tous ses éléments se transforment et augmentent considérablement la force du levain. Il est vrai qu'un levain bien préparé ne doit jamais crevasser, qu'il doit pousser *rond*, mais dans ce cas, assez rare, la farine ne peut porter aucun préjudice; car l'usage du tissu est d'empêcher l'action de l'air, la couche de farine remplit exactement la même condition, et nous sommes étonné qu'elle ne soit pas employée pour tous les levains en général.

### MOYEN DE MODIFIER LES EFFETS SPONTANÉS DE LA LEVURE ET DE MAINTENIR LA FERMENTATION PANAIRE DANS DE JUSTES LIMITES.

La fermentation panaire n'est autre chose, comme nous l'avons déjà dit, que la fermentation saccharine et alcoolique poussée, pour les besoins du levain seulement, jusqu'à un commencement de fermentation acide, afin de donner aux matières organiques qui le composent, la propriété de se convertir en un ferment qui remplace celui que la formation de l'alcool a détruit; mais la pâte qui doit être convertie en pains nedoit jamais dépasser la limite de la fermentation alcoolique.

Ce n'est pas que l'alcool soit indispensable, ni même nécessaire en aucune manière dans la panification; l'acide carbonique qui résulte de sa formation n'intervient lui-même que comme une force mécanique et expansible, propre au développement du gluten; mais l'acide acétique qui en provient après, et à l'état naissant, forme un véritable dissolvant du gluten auquel il donne les propriétés du ferment.

Il ne faut pas conclure cependant que l'acide carbonique provenant de la décomposition spontanée par la chaleur ou par un acide d'un carbonate quelconque, et l'acide acétique tout formé, introduits dans la pâte, doivent produire les mêmes effets que lorsque ces deux corps sont le produit de la fermentation. Dans cette dernière circonstance, leurs atomes se forment successivement, viennent se grouper tour à tour dans le tissu organique qu'ils dilatent peu à peu pour s'y loger provisoirement jusqu'à ce qu'une température élevée les force, par l'expansion qu'elle leur donne, à se dégager tumultueusement en élargissant et en rompant l'obstacle élastique qui les retenait, après toutefois que la distension de celui-ci est préparée lentement et insensiblement, car un dégagement brusque d'acide carbonique ne laisse que des traces imparfaites et sans utilité de son passage dans la pâte.

L'acide acétique tout formé ne dissout que très-lentement le gluten, mais à l'état naissant, il agit spontanément sur cet organe, et c'est à la réunion réciproque de leurs éléments que sa conversion en un véritable ferment a lieu.

Le chimiste anglais dont nous avons parlé à ce sujet, à l'article des Falsifications, a cherché à démontrer, par des théories chimiques, que la fermentation panaire pouvait être remplacée avantageusement par les éléments obtenus par la décomposition de corps tout à fait étrangers à la farine, mais qui figurent cependant dans la composition de la pâte.

Ce sont, d'une part, l'acide carbonique et, de l'autre, le sel marin employé, dans diverses proportions, suivant la nature de la pâte, pour donner de la saveur au pain et de la cohésion au gluten.

La réunion du bicarbonate de soude et de l'acide hydrochlorique forme, par leur décomposition, ces deux corps.

Dans cette circonstance, quoique nous l'ayons déjà

expliqué, nous le répétons ici pour que l'esprit de nos lecteurs en soit pénétré, l'acide hydrochlorique déplace l'acide carbonique du bicarbonate et s'unit à la soude pour former le chlorure de sodium ou sel marin. Voilà toute la théorie, mais examinons si l'application se prête aussi facilement aux exigences de la pratique.

Pour éviter la double décomposition qui s'opère instantanément lorsque ces deux corps sont en contact, et qui produit un dégagement violent et stérile d'acide carbonique, on prépare deux pâtes dont l'une contient l'acide chlorhydrique et l'autre le bicarbonate de soude, puis on les réunit en les pétrissant de nouveau. De cette manière, chaque molécule de l'acide et chaque molécule de la base sont entourées d'atomes d'une nature différente et enveloppés d'une membrane organique et élastique ; la réaction se produit donc plus lentement et elle favorise la dilatation du gluten en formant des cellules. Mais celles-ci, dans cette circonstance, sont bien loin d'avoir l'aspect et le caractère de celles produites par la fermentation panaire, laquelle modifie sensiblement la nature du gluten et n'attaque ses propriétés élastiques qu'autant qu'elle sort de ses limites, tandis que l'acide hydrochlorique les détruit immédiatement ; le bicarbonate n'a aucune influence sur elles.

La mie du pain qui résulte de ces deux sortes de panification présente un aspect tout différent. On connaît celle du pain ordinaire panifié dans de bonnes conditions de fermentation ; les cellules en sont nombreuses et irrégulières, aucune partie compacte ne se fait remarquer. Dans celle du pain préparé avec de l'acide et du carbonate, au contraire, on voit très-peu de cellules ; elles sont vastes, il est vrai, mais environnées de parties entièrement compactes, dans lesquelles l'acide carbonique n'a pas circulé et dont les éléments sont restés intacts, faute de contact avec l'acide, ce qui n'est pas sans danger pour la salubrité ; il en est de même si l'acide ne se trouve pas en proportion convenable pour saturer la base. L'excès de l'un ou de l'autre de ces deux corps est également dangereux, et nous ne saurions trop recommander aux boulangers de repousser tous ces moyens qui ne sont nullement propres à apporter le moindre perfectionnement à leur art, qui ne sont bons qu'à troubler leur esprit, à leur faire oublier les bonnes et saines traditions, et à les compromettre aux yeux de la société.

Nous avons reconnu que le sucre est un aliment au ferment en excès, qu'il s'oppose, tant qu'il n'est pas converti en alcool, à toute réaction ultérieure et qu'il est, par conséquent, propre à modifier les effets désorganisateurs de la levûre sur le tissu glutineux en maintenant la fermentation panaire dans une limite appropriée à l'accomplissement d'une panification parfaite.

Le sucre ne peut modifier sensiblement la saveur naturelle du pain, à moins qu'il ne soit en excès et incomplétement converti en alcool. Il ne s'agit que d'en régler la quantité sur les besoins apparents de la fermentation. Malheureusement l'observation est le seul guide en pareil cas.

Dans toutes les opérations où la levûre figure, le sucre peut être employé avec avantage ; il convient d'en préparer le mélange avec les autres matières de la manière suivante : Quelque temps avant le pétrissage soit du levain naturel, soit du levain à levûre, soit même d'un levain à levûre sans être renforcé de son poids de pâte ordinaire, comme cela se pratique dans la fabrication des petits pains dans lesquels il entre du lait et du beurre, on délaye dans la moitié de l'eau destinée au pétrissage, et à la température de 20°, de la levûre et du sucre brut d'une égale quantité; on laisse reposer ce mélange à une douce chaleur; bientôt la réaction se manifeste par une effervescence, d'abord lente, ensuite tumultueuse ; une mousse se produit et se rassemble à la surface du liquide ; dans cet état, on verse le mélange, en pleine fermentation, dans l'autre moitié de l'eau à une température égale et on procède au pétrissage selon les besoins spéciaux de cette sorte de fabrication et selon les usages ordinaires de la panification.

### APPLICATION RATIONNELLE DE LA LEVURE OU DE TOUT AUTRE FERMENT, DANS LE BUT DE DÉVELOPPER COMPLÉTEMENT LES PROPRIÉTÉS ALIMENTAIRES DE LA FARINE DE FROMENT ET DE RÉDUIRE LE TRAVAIL DE LA BOULANGERIE A SA PLUS SIMPLE EXPRESSION.

### FERMENTATION PANAIRE PRATIQUÉE EN ANGLETERRE ET EN ALLEMAGNE ET APPLIQUÉE TOUT RÉCEMMENT A LA PANIFICATION FRANÇAISE AVEC DES MODIFICATIONS FONDÉES SUR LES THÉORIES DE LA SCIENCE.

Dans leur panification, les boulangers anglais et allemands emploient la levûre pure, non pas comme levain, car ils n'en connaissent pas l'usage, mais comme ferment agissant spontanément sur la pâte; aussi leur fermentation est toujours mousseuse et leur pâte sans cohésion, et s'ils n'avaient la précaution indispensable, les Anglais surtout, de mettre leurs pains fermenter et cuire dans des moules métalliques et à une température très-élevée, le moindre attouchement ou le plus léger choc les ferait affaisser sans espoir de retour à un développement complet, tant le ferment a rendu fragile le tissu organique qu'il a en partie désorganisé.

Cette sorte de panification, abandonnée aux influences destructives d'une fermentation déréglée, n'en produit pas moins un pain dont la structure intérieure est parfaitement convenable aux préparations alimentaires en usage chez les Anglais particulièrement, mais à la saveur aigrelette de laquelle nous aurions de la peine à nous habituer, nous à qui cet aliment sert, sans préparations, de principal accompagnement à tout ce qui participe à notre nourriture ordinaire. Cependant elle dérive d'un principe qui, appliqué rigoureusement, suivant les règles générales de la fermentation, est de nature à simplifier et à perfectionner toute espèce de panification.

Les Anglais préparent de la manière suivante, un liquide fermenté composé de sucre, de pommes de terre cuites, écrasées et passées au tamis, de levûre et d'eau, dans des proportions déterminées.

On fait cuire à la vapeur d'eau, des pommes de terre très-farineuses ; lorsqu'elles sont bien cuites, on les pèle et on les écrase parfaitement, en ajoutant la quantité d'eau nécessaire pour leur donner une consistance pareille à la levûre molle de bière ; on fait passer ce mélange à travers un tamis. On ajoute par 500 grammes de pommes de terre, 60 grammes de sucre brut ou de mélasse ; on fait chauffer le tout jusqu'à la température de 30 à 35° et on mêle, pour chaque 500 grammes de pommes de terre, deux cuillerées de levûre de bière molle. On conserve le tout dans un état de chaleur modérée jusqu'au moment où la fermentation a atteint la limite de son premier degré de réaction, environ douze heures après.

500 grammes de pommes de terre traités de cette manière produisent deux litres de levain qui peut se conserver en bon état pendant trois mois, lorsqu'on en a exprimé toute l'eau et qu'il a été convenablement séché à l'étuve.

En examinant le phénomène de la fermentation, d'après ce qui a été dit plus haut sur la composition élémentaire des corps de nature à la produire, on est surpris de trouver, dans cette espèce de panification, le sucre et la pomme de terre cuite réunis pour établir la fermentation. L'emploi simultané de ces deux substances ne pourrait se justifier que par un goût blasé, par une prédilection particulière pour la pomme de terre ou, peut-être, par une ignorance complète de la propriété saccharifère de toutes les substances amylacées. Mais en France, où la science pénètre jusque dans les industries les plus infimes et où l'introduction de la pomme de terre dans le pain, sous quelque forme qu'elle se présente, est regardée, avec raison, comme une falsification répréhensible du premier des aliments, toujours la plus forte dépense du pauvre et souvent la seule qu'il puisse faire, il est important de rappeler ici que dans les éléments de la farine même on doit trouver tous les principes de la fermentation, sans avoir recours à des corps étrangers qui n'ont d'ailleurs, par leur composition chimique, aucune propriété exceptionnelle..

Nous avons dit qu'une seule substance, sous l'influence d'un ferment ou d'une matière organique quelconque en décomposition, de l'eau, de l'air et d'une température convenable, se transforme en alcool et en acide carbonique : cette substance est la glucose, analogue par sa constitution aux sucres de raisin, de fruits, de diabète et autres ; sa composition élémentaire peut être représentée par 24 parties de carbone et 12 parties d'eau. Le ferment, comme on sait, n'est qu'un agent désorganisateur qui ne cède aucun de ses éléments et qui n'en emprunte aucun aux corps avec lesquels il se trouve en contact et qu'il décompose.

Il faut donc que toutes les matières susceptibles de se saccharifier (le sucre lui-même) soient amenées à leur dernier état de désagrégation et d'hydratation, représenté par cette dernière formule, pour produire la fermentation.

Le sucre de canne, dont la composition élémentaire est représentée par 24 parties de carbone et 11 parties d'eau, en contact avec un ferment et de l'eau, s'hydrate d'une nouvelle partie d'eau et forme la glucose propre à la fermentation.

La composition élémentaire de la fécule, de l'amidon et de la gomme est représentée par 24 parties de charbon et 10 parties d'eau. Les deux premiers corps dépouillés de leurs vésicules par une température élevée jusqu'à 90° éprouvent un changement moléculaire seulement d'après lequel le plan de polarisation de la lumière tourne à droite ; c'est de cette propriété que lui vient le nom de *dextrine*, mais sa composition élémentaire est la même que celle des trois corps nommés plus haut.

Sous l'influence du ferment, de l'air, de l'eau et de la chaleur, la dextrine s'hydrate de deux nouvelles parties d'eau et se convertit en glucose.

Ainsi le sucre, la fécule et l'amidon transformés en

glucose par l'hydratation, sont également propres à produire, séparément, la fermentation, sous l'influence du ferment ou levûre de bière, de l'eau et d'une température convenable.

Ces divers corps, jusqu'au moment où commence la fermentation qu'ils doivent produire par leur transformation commune en glucose, ne perdent pas un atome de leur charbon ; ils s'emparent seulement de deux parties d'eau qui, en favorisant leur désagrégation, les rendent spécialement propres à leur décomposition ultérieure, sous l'influence des mêmes agents de désorganisation.

C'est alors qu'une véritable réaction chimique se produit. De nouveaux corps d'une composition élémentaire différente se forment successivement; les deux tiers du charbon, 16 parties, dont est composée la glucose, disparaissent sous forme d'acide carbonique dont le dégagement soulève et met en mouvement toutes les matières insolubles que ce gaz rencontre sur son passage; enfin c'est la fermentation proprement dite de laquelle résulte, à ce degré de réaction, la création de l'alcool dont la composition élémentaire est représentée par 8 parties de charbon sur lesquelles 4 parties se trouvent à l'état de carbure d'hydrogène, et 2 parties d'eau unies aux 4 parties de charbon qui restent. La glucose a donc perdu 16 parties de charbon passées à l'état gazeux d'acide carbonique qui, en se dégageant dans la panification, soulève la membrane glutineuse qui enveloppe l'amidon.

Si la réaction continue, le carbure d'hydrogène qui entre dans la composition de l'alcool, est décomposé par l'air auquel il emprunte 2 parties de l'un de ses éléments pour former avec son hydrogène 2 nouvelles parties d'eau en restituant ses 4 parties de charbon, d'où résulte l'acide acétique dont la composition, dans ce cas, est représentée par 8 parties de charbon et 4 parties d'eau. Cette dernière réaction a lieu sans production d'acide carbonique, attendu que la quantité de charbon est la même dans l'alcool et dans l'acide acétique. C'est pourquoi, dans la panification, lorsque la fermentation est arrivée à ce dernier degré, les cellules, que l'acide carbonique provenant de la fermentation alcoolique avait formées en dilatant le gluten et dans lesquelles il s'était logé provisoirement, sont désorganisées par l'acide acétique. On conçoit bien alors l'intérêt que doit avoir le boulanger à maintenir la fermentation dans la limite nécessaire à l'usage auquel il la destine. L'observation est le seul moyen d'investigation connu jusqu'à présent; malheureusement encore trop souvent on la néglige.

En résumé, pour établir la fermentation panaire ou alcoolique, la pomme de terre hydratée par la cuisson peut remplacer le sucre, l'amidon hydraté sous forme d'empois peut remplacer la pomme de terre et la farine hydratée sous forme de bouillie peut remplacer à son tour l'amidon.

Dût-on nous accuser de nous répéter trop souvent, nous revenons, à dessein, sur les théories de la fermentation et nous en exprimons les formules pour bien faire sentir son importance dans les phénomènes de la panification.

Revenons à l'usage de la pomme de terre. La différence du produit matériel qui résulte de l'emploi de la pomme de terre sur la farine n'est pas assez sensible pour hésiter à en faire le sacrifice, d'autant plus qu'en France il est exposé à de fâcheuses interprétations, et cependant c'est le seul pratiqué aujourd'hui par les boulangers qui font l'application du procédé de panification anglais; mais tel que ces derniers l'ont modifié dans sa composition et dans les moyens de le mettre en pratique, il offre déjà des avantages de quelque intérêt, ne fût-ce que l'affranchissement de la surveillance des levains, rafraîchis trois fois par jour, employés en boulangerie, et de plus, un plus grand développement des matières nutritives dont la farine se compose.

Quoique le procédé employé par quelques boulangers de Paris, par ceux surtout dans le voisinage desquels les étrangers affluent, ne diffère du procédé pratiqué en Angleterre que par la suppression du sucre, il convient néanmoins de décrire les moyens de le mettre en rapport avec notre système de panification.

Nous supposons une boulangerie dans laquelle se fabriquent, chaque jour, cinq fournées de pain.

On fait cuire, à la vapeur d'eau, 16 kilogr. de pommes de terre rondes très-farineuses, bien lavées et brossées. Quelques boulangers les font cuire dans leur four, sans eau; il y a le double inconvénient qu'il se forme une croûte solide difficile à enlever sans une perte considérable, et qu'ensuite la cellulose se contracte sans se déchirer et le peu de vapeur d'eau qui se forme ne la pénètre pas et par conséquent ne peut convertir la fécule en dextrine; on les écrase sans être pelurées, soit à l'aide d'un pilon dans un mortier, soit entre deux cylindres métalliques tournant en sens inverse, et on y ajoute une certaine quantité d'eau à la température de 20 à 25°, pour en faire une purée très-liquide que l'on passe à travers un tamis métallique ou une bassine en cuivre dont le fond est percé de trous fins en forme d'écumoire.

On jette les téguments grossiers qui n'ont pu passer à travers ce tamis.

On ajoute à cette purée liquide $1^{kil}$,500 de bonne levûre de bière sèche, délayée préalablement dans de l'eau à la même température et passée au tamis. On agite bien ce mélange dans 133 litres d'eau, également chaude, y compris celle qui a servi à délayer la purée de pommes de terre et la levûre.

On tamise sur ce liquide 15 kilogr. de farine, et on remue le tout convenablement, puis on le partage en trois parties égales à peu près, dans trois cuves différentes afin de pouvoir puiser dans l'une, selon les besoins, sans troubler le liquide contenu dans les autres.

Ces cuves doivent être en bois, de forme cylindrique, doubles à peu près de leur diamètre en hauteur, d'une capacité telle que le liquide n'occupe que le tiers de la hauteur au moment où on l'y dépose, afin de laisser deux tiers libres pour le développement de la fermentation : celle-ci se manifeste assez lentement d'abord, tant qu'elle ne se produit que par le sucre que contiennent, à leur état normal, la pomme de terre et la farine, en contact avec le ferment en excès ; ce liquide en ce moment a une saveur amère. Aussitôt que la diastase dont la levûre renferme les principes en dissolution, attaque la fécule et l'amidon, elle en sépare les parties insolubles qui s'agglomèrent tumultueusement à la surface du liquide sous forme de mousse, et met en liberté la gomme qui se transforme d'abord en dextrine, puis ensuite en glucose ; l'effervescence augmente progressivement et ne s'arrête qu'après l'entière conversion des matières amylacées; la liqueur contracte alors une saveur sucrée.

Cette réaction s'opère ordinairement dans l'espace de trois à quatre heures, quand les conditions de température et les proportions des matières ont été bien observées.

Il est convenable d'écraser les pommes de terre aussitôt qu'elles sont cuites, et d'employer la purée pour ne pas lui laisser le temps de se colorer au contact de l'air et de contracter un goût acide, et de profiter en même temps de la température qu'il faudrait entretenir au même degré.

Il importe beaucoup aussi de pratiquer cette opération dans un endroit chaud comme le sont ordinairement les fournils des boulangers et de ne pas remuer les cuves lorsque la fermentation est en activité.

**Pétrissage.** — On prépare un levain à chaque fournée, en pâte très-douce et très-peu travaillée, composé de 33 litres du ferment ci-dessus et 3 litres d'eau à la température de 30 à 40° selon la saison et selon le degré de fermentation du ferment; puis on le met en planche, c'est-à-dire qu'on le circonscrit à l'une des extrémités du pétrin limitée par une planche taillée exprès pour cet usage et calée avec de la farine tassée. On le couvre d'une couche de farine de 5 centimètres d'épaisseur; celle-ci pénètre peu à peu dans le levain par le mouvement de la fermentation qui le fait crevasser, et lorsqu'elle est complétement absorbée, on peut considérer le levain comme prêt à être employé. Cette dernière circonstance est non moins concluante, si elle ne l'est davantage, que les signes apparents d'après lesquels on reconnaîtra arbitrairement l'apprêt du levain naturel.

La fournée se pétrit par les moyens ordinaires en ajoutant au levain ci-dessus 6 litres d'eau seulement, toujours à une température réglée et dans laquelle on fait fondre, 30 minutes au moins à l'avance, la quantité de sel marin convenable.

Ce ferment peut être ainsi préparé le matin à huit heures et employé le soir à la même heure sans inconvénient ; mais, si on voulait s'en servir quatre ou cinq heures après sa préparation, il faudrait augmenter de quelques kilogrammes la proportion de pommes de terre, de levûre, de farine, et de quelques degrés la température de l'eau.

Les fournées n'étant pas égales dans toutes les boulangeries, il convient d'établir une proportion uniforme pour l'usage de ce ferment dans chacune d'elles, selon le nombre de fournées qu'on y prépare. Pour convertir 100 litres d'eau en liquide fermenté, on ajoute :

12kil,000 de pommes de terre cuites,
1 ,145 de levûre sèche,
12 ,000 de farine.

Quelle que soit la quantité de liquide fermenté employée pour chaque levain, il faut toujours y ajouter, au moment de pétrir, le onzième de son volume d'eau, et pour pétrir la fournée, le double de ce volume ; ainsi, si on emploie pour le levain 11 litres d'eau fermentée, on ajoute 1 litre d'eau pure, et pour pétrir la fournée 2 litres d'eau ; il est bien entendu que ces proportions sont bien au-dessous des proportions d'une fournée ordinaire.

### SUPPRESSION DE LA POMME DE TERRE.

Dans les années calamiteuses, l'application de cette combinaison fermentative a une grande importance et elle ne saurait être trop encouragée et autorisée, car elle offre le seul moyen de tirer parti, sans altérer profondément la nature du pain, de toutes les substances amylacées que contiennent non-seulement la pomme de terre, mais encore tous les légumes farineux, sans exclure les blés et les farines avariées.

Mais dans les années d'abondance, elle excite la cupidité de certains spéculateurs empiriques qui, sous le prétexte de soulager la classe nécessiteuse, sollicitent et obtiennent souvent de l'autorité, que sa sollicitude pour les pauvres rend trop confiante, la permission de créer de nouvelles boulangeries dans lesquelles ils mettent à contribution les farines avariées, la pomme de terre, la féverole, le maïs, les pois, les haricots, les farines de seigle et d'orge, etc., traités par les moyens indiqués plus haut.

La préférence accordée jusqu'à ce jour, sans nécessité impérieuse, à la pomme de terre sur la farine de froment dont les éléments sont également et même plus propres à produire la fermentation sous l'influence des mêmes agents, témoigne plutôt de l'ignorance des boulangers, au sujet de la propriété saccharifère de toutes les fécules et amidon, que de l'intérêt de produits frauduleux qu'on pourrait leur supposer; il importe donc de les éclairer sur cette question de leur fabrication, afin de les préserver d'être confondus avec ces prétendus inventeurs de procédés nouveaux, qui cherchent la fortune sous le voile de l'humanité qu'ils trompent.

La nature même des éléments dont est composée la farine et qui la rendent plus propre à faire le pain que toute autre substance, les fait concourir aussi plus efficacement à engendrer la fermentation.

En effet, l'amidon, sous l'influence de la chaleur, de l'air, de l'eau et du ferment, se transforme en glucose aussi bien que la fécule, et de plus, le gluten régénère le ferment bien mieux que ne le fait la cellulose des légumineux : d'où résulte une réduction notable dans la proportion de levûre, employée avec la pomme de la terre.

Le raisonnement nous a amené à la conclusion de ce fait, et l'expérience l'a prouvé, que toute panification pouvait se pratiquer complétement sans le concours d'aucune substance étrangère à la farine de froment, excepté la levûre, dont encore on pourrait se passer en y substituant de la pâte très-fermentée ; mais dans ce dernier cas, la fermentation est beaucoup plus lente et ne serait applicable que dans les boulangeries des communes et dans les établissements agricoles où ce système apporterait un perfectionnement dont les avantages seraient de donner au pain une légèreté et une saveur plus agréables et une alimentation supérieure par le développement complet de toutes les parties nutritives des céréales.

Diverses expériences faites devant nous à la Boulangerie générale des hospices civils de Paris sur plusieurs fournées, les unes préparées avec un ferment à pommes de terre et les autres avec de la farine pure, ont pleinement confirmé les conséquences des observations précédentes dont la mise en pratique offrirait les avantages suivants :

1° La substitution de la farine de froment à la pomme

de terre et à toute autre substance étrangère à la farine pour produire la fermentation ;

2° La réduction de 833 grammes de levûre sur $1^{kil}$,145 employés avec la pomme de terre sur 100 litres d'eau ;

3° L'affranchissement de l'entretien des levains renouvelés trois fois par jour dans toutes les boulangeries ;

4° Le développement plus complet des matières nutritives de la farine.

Les moyens de préparer ce ferment sont beaucoup plus simples, plus prompts et plus faciles qu'avec les pommes de terre.

Sur 100 litres d'eau destinés à produire une ou plusieurs fournées de pain, 80 litres doivent être convertis en ferment de la manière suivante :

On fait bouillir 22 litres de cette eau dans un vase pouvant en contenir à peu près 55 litres. On prépare en même temps un mélange bien homogène composé de 11 kilogrammes de farine et de 22 litres d'eau à la température ordinaire ; on verse ce mélange lentement sur l'eau bouillante, et on remue le tout jusqu'à ce que la consistance de bouillie se soit produite : puis, on le répand et on l'agite dans le reste de l'eau froide, moins un litre qui, à la température de 25° à peu près, a servi à délayer 250 grammes seulement de levûre de bière sèche.

Aussitôt que la température de ce liquide s'est abaissée jusqu'à près de 25°, on tamise dessus 11 kilogrammes de farine et on y ajoute la levûre délayée. On laisse reposer le tout après l'avoir bien mélangé.

La fermentation ne se manifeste, d'une manière apparente, qu'après une heure environ. L'amidon séparé de ses vésicules et transformé en dextrine, se trouve en contact avec la levûre, la réaction a lieu d'abord sur le sucre de la farine qu'elle convertit immédiatement en alcool et en acide carbonique, et ensuite sur la dextrine qu'elle change complétement en glucose ; l'effervescence réunit à la surface du liquide, sous forme de mousse, toutes les vésicules et les substances insolubles, et le gluten lui-même, par cette décomposition énergique, s'est transformé en un véritable ferment que la cellulose de la pomme de terre est loin de produire au même degré et dans de pareilles circonstances. Lorsque le liquide, d'amer qu'il était, est devenu sucré, environ quatre ou cinq heures après, il est bon à être employé ; il y aurait même un grave inconvénient à attendre que la réaction acide eût commencé à se produire, l'acide acétique agirait ultérieurement sur le gluten de la pâte et compromettrait, en le désorganisant, son élasticité.

Quant aux 20 litres d'eau qui restent, 6 litres sont ajoutés au liquide fermenté, mais lorsque celui-ci est répandu dans le pétrin pour préparer le levain, et jamais auparavant. Le pétrissage de ce dernier se réduit au frasage seulement. Les 14 autres litres d'eau servent à pétrir la fournée lorsque le levain a absorbé la couche de farine qui le recouvrait.

Il est bien entendu qu'un boulanger peut préparer d'une seule fois tout le liquide fermenté nécessaire à son service de vingt-quatre heures, en y puisant, pour chaque fournée, la proportion destinée à son levain, et il serait rationnel qu'il eût à sa disposition une bouillie de farine très-liquide et entretenue chaudement, pour en répandre avec précaution un demi-litre à peu près sur le ferment, aussitôt qu'il vient d'en enlever pour son service, afin de lui fournir un aliment qui le maintienne jusqu'à la fin, dans une limite convenable de décomposition.

La levûre de bière n'est indispensable que dans les boulangeries où l'on cuit, au même four, six ou huit fournées par douze heures, au moins ; mais dans les boulangeries des campagnes, des établissements agricoles, des grandes manufactures, des pensions, des prisons, et dans les manutentions militaires de province, etc., où la levûre ne se trouve pas avec la même facilité et d'une aussi bonne qualité que dans les grandes villes, on peut la remplacer par vingt fois son poids de pâte abandonnée à la fermentation depuis au moins vingt-quatre heures. Le chef-levain que les cultivateurs conservent pendant huit jours et plus, est parfaitement propre à ce système de fermentation, mais, comme nous l'avons déjà dit, celle-ci est moins rapide qu'avec la levûre, et par cela même, elle est plus favorable au genre de panification qu'ils pratiquent puisqu'ils peuvent donner à la pâte tout le temps de prendre son apprêt, et s'ils mettaient ce procédé en pratique, nul doute que leur pain n'eût un aspect et des propriétés alimentaires plus avantageuses.

## FERMENTS ARTIFICIELS.

Quoique la levûre de bière ne soit pas la seule matière qui jouisse de la propriété d'exciter la fermentation, il est probable qu'il n'existe qu'un seul ferment qui dérive de cette loi générale de décomposition d'après laquelle toutes les substances végétales azotées se décomposent lentement au milieu du sucre sur lequel elles réagissent en donnant naissance à un nouveau ferment qu'elles perpétuent jusqu'à ce que leur germe soit tout à fait décomposé.

**Premier ferment.**

186 grammes de drêche ou malt d'orge broyé et séché à l'étuve,
125 — de houblon,
125 — de gélatine,
19 litres d'eau de rivière,
1 litre de bonne levûre liquide.

On fait bouillir le houblon dans 12 litres d'eau jusqu'à la réduction d'un tiers, on fait filtrer à travers un linge, puis, après avoir laissé refroidir à 33°, on y pétrit la farine de malt de froment dans les 7 litres d'eau restants, on fait dissoudre la gélatine à la température de l'ébullition et on ajoute cette dissolution à la pâte ci-dessus que l'on agite de nouveau; lorsque la température est tombée à 20°, on ajoute le houblon que l'on mélange complétement avec la masse. Celle-ci commence bientôt à fermenter, et au bout de vingt-quatre heures elle est convertie en un très-bon levain propre à être employé immédiatement.

Si l'on prépare d'abord une petite quantité de ce levain, dans les proportions précédentes, elle peut servir, comme le levain ordinaire, à en préparer d'autres; par ce moyen, on pourra toujours se procurer la quantité de levain dont on peut avoir besoin.

Ce ferment est très-propre à remplacer, sous tous les rapports, la levûre de bière et peut être employé dans les mêmes proportions avec un égal succès; il a l'avantage en plus de se conserver, dans un endroit frais, plus de quinze jours sans s'altérer.

**Deuxième ferment.** — On fait bouillir 500 grammes de farine de bonne qualité, 125 grammes de cassonade brute et un peu de sel dans 5 litres d'eau, pendant une heure. Au bout de vingt-quatre heures, un demi-litre de ce mélange suffit pour faire fermenter 9 kilogrammes de pâte. Ce procédé a beaucoup d'analogie avec la conversion de l'amidon en dextrine dont nous avons déjà parlé, mais il est moins expéditif et moins efficace que cette dernière; aussi n'est-il propre qu'à une panification agricole dépourvue de son chef-levain, et non à une boulangerie permanente.

**Troisième ferment.** — Le procédé qui suit est extrait d'un voyage en Hongrie par *Robert Trowson.*

Les boulangers de *Debreczin,* pour composer le ferment qu'ils ajoutent à leur levain, se servent du procédé suivant : on fait bouillir dans 12 litres d'eau deux bonnes poignées de houblon que l'on verse sur autant de son de froment que ce liquide en peut complétement humecter; on y ajoute 2 kilogrammes de levain et lorsque ce mélange est médiocrement chaud, on le pétrit pour en bien mêler les différentes parties; on dépose ensuite cette masse dans un endroit chaud, pendant vingt-quatre heures, après quoi on la divise en morceaux de la grosseur d'un œuf de poule ou d'une petite orange; on place ces morceaux sur une planche et on les laisse sécher à l'air, en ayant soin qu'ils ne soient pas exposés aux rayons du soleil. Lorsqu'ils sont bien secs, on les met de côté pour s'en servir au besoin, et ils se conservent sans s'altérer au delà d'une demi-année.

On fait usage de ce ferment de la manière suivante : on délaye un des morceaux ci-dessus dans un litre d'eau chaude, et on verse le tout sur un tamis dans le pétrin, en ajoutant encore un litre d'eau chaude pour entraîner le reste des parties solubles à travers le tamis sur lequel on exprime toute l'eau du dépôt qui reste. Cette liqueur mélangée et pétrie avec la quantité de farine nécessaire, est déposée, couverte d'une toile, dans un endroit chaud jusqu'à ce que la masse ait suffisamment fermenté; dans ce dernier état, on la délaye avec un litre et demi d'eau chaude contenant en dissolution un peu de sel marin, et on procède au pétrissage de la manière ordinaire.

Ce levain-chef ou ferment offre l'avantage de pouvoir se fabriquer en quantité considérable à la fois, et de pouvoir être conservé pendant un certain temps pour s'en servir au besoin, mais il ne peut être employé avec succès dans les boulangeries permanentes où la fermentation spontanée est indispensable. Il pourrait être néanmoins d'une application très-utile dans la marine et dans les établissements agricoles.

De tous ces ferments il résulte que celui de levûre de bière est le plus actif comme renfermant une plus grande quantité de germe organique en dissolution, mais aussi c'est le plus prompt à se décomposer. On peut donc trouver dans les matières végétales azotées et en décomposition tous les principes d'un ferment capable de réagir sur des substances analogues isolées et désagrégées qu'il convertit elles-mêmes en un autre ferment jusqu'à la dispersion générale de ses éléments.

Les ferments sont en général les plus grands agents de la nature; ils participent des éléments ou, si l'on veut, les éléments tiennent de la nature des ferments, seulement ils sont régis par des lois différentes, l'affinité les unit et constitue des corps complexes dont l'action vitale s'empare tout formés; elle les élabore et, plus puissante que la force qui les a réunis, avant de s'exhaler, elle les sépare et les abandonne à de nouvelles combinaisons auxquelles elle est étrangère.

En général, un corps qui agit sur un autre qui lui est analogue tend, en quelque sorte, à se l'assimiler ou à lui communiquer ses qualités et à le faire participer de sa nature.

C'est la propriété du ferment de faire mouvoir les principes de certains corps avec lesquels il est mêlé, de les isoler et de leur faire contracter un autre arrangement moléculaire que celui qu'ils avaient avant.

Le ferment n'agit pas directement sur le gluten pur, mais si ce dernier est mélangé avec des substances que le ferment peut attaquer, celui-ci pénètre à travers ses molécules éparses, lesquelles, ne pouvant se rapprocher, sont atteintes par les produits de la fermentation dont l'un d'eux détruit leur ligneux et les convertit elles-mêmes en un véritable ferment.

Le docteur Vanhelmont a dit que l'action du ferment est une génération inanimée. La génération comme la contagion tend à la destruction, à la corruption de ce qui engendre : ce qui engendre se détruit et se perd dans ce qu'il engendre. Tout tend à se perpétuer, non-seulement par la génération mais encore par la corruption. Dès qu'un corps est décomposé, il s'en produit un autre qui participe de sa constitution. C'est ainsi que l'univers conserve son équilibre matériel, que chacune de ses parties, même la plus petite, concourt à le perpétuer, que les éléments, en changeant continuellement de forme, restent toujours les mêmes, par la volonté du Créateur.

## DES LEVAINS EN GÉNÉRAL.

Le levain est la base, le principe fondamental de la panification ; c'est à l'aide de sa puissante réaction et de celle qu'il communique aux différents corps qui composent la farine que les propriétés panifiables de ceux-ci se développent sous l'influence des nouveaux produits auxquels il donne naissance.

Il est tout naturel de faire remonter l'histoire de la panification à la découverte du levain; car, avant, qu'était le pain, cet aliment aujourd'hui si répandu et si nécessaire à l'alimentation? une galette lourde et indigestive, sans saveur et d'une mastication désagréable, cuite simplement sur l'âtre d'une cheminée ou même sous les cendres du foyer. Les traditions ne nous laissent aucun renseignement sur la découverte du levain qui a précédé bien certainement la levûre. Le hasard en aura probablement fait tous les frais; le mélange d'un restant de pâte, abandonné par oubli dans un endroit chaud, avec de la pâte fraîche, aura frappé l'attention d'un observateur par les produits qui en résultaient; l'application s'en sera insensiblement répandue, et la théorie en a expliqué le phénomène.

Quoi qu'il en soit, ce corps est aujourd'hui la principale ressource à l'aide de laquelle on prépare le pain dans les meilleures conditions de saveur et de nutrition.

La pâte, abandonnée à elle-même dans toutes les circonstances les plus favorables au développement de la fermentation, ne se corrompt que lentement et sans manifestation extérieure; sa surface se sèche, et il se forme une croûte épaisse et solide qui s'oppose à son développement, mais il se forme aussi dans son intérieur un assemblage de nouveaux produits qui, saisis au moment favorable, pourraient servir de ferment.

Le levain ne diffère du ferment que parce que sa

réaction est permanente, qu'elle a commencé sous l'influence de celui-ci et qu'elle en a contracté toutes les propriétés ; leurs éléments sont de même nature, mais ceux du levain étant moins concentrés et continuellement en contact avec les corps sur lesquels ils réagissent, leur transformation est moins brusque et plus uniforme : c'est pourquoi dans la panification, on doit toujours le préférer aux autres ferments à moins de force majeure.

Ainsi le ferment est un corps dont on a suspendu momentanément l'action en le privant d'eau sans laquelle elle ne peut se développer et même se transmettre, tandis qu'au contraire le levain est suffisamment pénétré d'eau pour que sa réaction soit permanente tant qu'on lui fournit des aliments nouveaux dont la nature arrête la rapide transformation des premiers , tout en se transformant eux-mêmes. C'est pourquoi, il est d'usage dans les boulangeries dont le travail est interrompu pendant douze heures, de rafraîchir jusqu'à trois fois le levain-chef, en l'augmentant chaque fois. C'est ce qu'on appelle faire les levains.

**État des levains.** — L'état des levains se dévoile sensiblement par leur volume, leur aspect et leur odeur. Lorsqu'ils sont arrivés au dernier degré de réaction que leur origine, le temps et la température leur permettent d'atteindre, ils deviennent ordinairement acides, et, dans cet état, ils agissent comme ferment ; leur action est brusque et désorganisatrice, le gluten se décompose promptement, il devient visqueux, et au lieu d'offrir de la résisance au dégagement de l'acide carbonique, il perd, sans retour, toute son élasticité et il s'ajoute aux éléments de la fermentation en se convertissant en un véritable ferment très-actif.

Généralement les ouvriers boulangers sont persuadés que plus un levain a fermenté, plus il a de force : cette opinion les entraîne souvent à des difficultés pratiques difficiles à surmonter.

En effet, qu'est-ce que la force sans résistance ? c'est la vapeur sans pression. Eh bien, dans ce cas, la force augmente et la résistance disparaît !

Quand la fermentation, au contraire, s'opère lentement et par degrés, de manière que le ferment n'agisse que sur le sucre et l'amidon, le gluten conserve toute son intégrité et partant ses propriétés élastiques.

Les levains peuvent être ou assez prêts, ou trop prêts ou pas assez, sans qu'aucune règle puisse diriger le boulanger dans ses observations sur ces divers degrés ; la routine seule l'éclaire et le guide ; il s'en rapporte exclusivement à l'aspect physique de la pâte. Lorsque le levain est suffisamment prêt, sa surface est lisse et élastique ; elle repousse légèrement la main qu'on applique dessus avec une pression modérée et ne conserve aucune trace de cet attouchement ; il occupe un espace d'un tiers, à peu près, plus considérable qu'avant son apprêt ; il exhale, lorsqu'on l'entr'ouvre, une odeur légèrement alcoolique. C'est dans cet état que le levain produit le pain le plus léger, le plus savoureux et le plus nutritif, quand toutefois sa forme, son apprêt ultérieur et sa cuisson ont été observés selon les règles de l'art.

Les levains trop prêts crevassent, débordent l'espace qui les contient, sont flasques ; ils s'affaissent au moindre mouvement, s'aigrissent et rendent le pain qui en résulte lourd, sur et gris : si, au contraire, ils ne sont pas suffisamment prêts, la pâte lève peu, le gluten ne se développe pas au four parce qu'il n'y a pas de production convenable d'acide carbonique, et le pain, quoique plus blanc, est pâteux, mat, coriace, indigestif et contracte le goût de pâte sans avoir la saveur de pain, sa croûte est épaisse et désagréable à la mastication.

Le levain est donc une chose essentielle pour que le pain soit de bon goût, bien nourrissant et sain, trois qualités principales dans un aliment, qualités que n'a pas le pain sans levain, qu'on nomme *pain azyme*. Le pain sans levain se digère plus difficilement. Cependant, de la manière dont le biscuit, qui est également sans levain, contribue à l'alimentation de nos marins, il est probable que, dans des conditions particulières d'hydratation, il se digère facilement; mais à l'état sec, il faut avoir des organes bien exercés pour le mâcher et le digérer à l'égal du pain.

L'état naturel des farineux a besoin d'être modifié non-seulement par la cuisson, mais encore par la fermentation, pour réaliser le double effet de la transformation des substances amylacées, et de la dilatation du tissu cellulaire.

L'usage du levain ne se borne pas uniquement à faire lever la pâte plus promptement qu'elle ne le ferait seule; il a la propriété de lui communiquer l'essence de sa nature, d'où résultent en partie l'odeur et le goût du pain fermenté, qui sont si différents du pain azyme.

**Caractères du levain.** — La marche de la fermentation est sujette à tant de fluctuations qui prennent leur source dans la proportion et la nature des éléments qui la produisent, et dans le mouvement et la température qui la modifient, qu'il est impossible aux boulangers de suivre celle de leurs levains, autrement que par leur aspect extérieur.

Si le levain n'est pas assez prêt au moment ordinaire

de s'en servir, il faut éviter d'en écarter les molécules, de les diviser par un délayage trop prolongé et de leur ajouter une trop grande quantité d'éléments nouveaux susceptibles de s'emparer, à leur profit, du germe fermentatif des premiers, et d'interrompre, par ce moyen, le mouvement uniforme de la fermentation.

Si, au contraire, le levain a passé la limite de la fermentation alcoolique, pour entrer dans la fermentation acide, il est important de l'arrêter immédiatement en divisant toutes ses parties par un délayage complet dans l'eau qui sert à le rafraîchir, et de les mettre en contact avec des éléments nouveaux, purs encore de tout germe de décomposition.

La température et le mouvement exercent une influence sensible sur la fermentation ; l'une la favorise, et l'autre la trouble et l'arrête momentanément. L'apprêt du levain participe donc de la manière dont il a été préparé, de la température de l'eau et de la densité de la pâte.

On est dans l'usage de renouveler toujours les levains à la même heure ; c'est l'horloge que le boulanger consulte, et non l'apprêt du levain : l'ouvrier, chargé de cette opération et dont le sommeil est brusquement interrompu, examine à peine l'état du levain qu'il doit travailler, ou, s'il le fait, ce n'est qu'imparfaitement, attendu que le seul moyen qu'il possède, le toucher, ne peut lui laisser apprécier que les extrêmes. Si quelques ouvriers, plus intelligents ou plus pénétrés de leur devoir, modifient leurs levains suivant les circonstances et selon leurs observations pratiques, il en est beaucoup qui ne dérogent jamais à leurs habitudes routinières ; pour ceux-ci, c'est tous les jours un chef-levain d'un poids invariable et tiré de la même fournée de chaque nuit, la même quantité d'eau à la même température, un pétrissage uniforme et une densité de pâte égale. Cette régularité d'exécution ne peut convenir aux différentes natures de farine, aux variations atmosphériques et aux divers degrés de fermentation ; aussi résulte-t-il souvent un dérangement auquel l'ouvrier le plus habile peut à peine porter remède.

**Levain-chef.** — La partie de pâte qui doit servir à former successivement les différents levains employés dans la fabrication du pain est extraite de l'une des fournées de la nuit. C'est ici que la routine l'emporte souvent sur l'observation ; rien n'est réglé ; l'heure ! l'ouvrier la choisit ; la quantité ! il la détermine à sa volonté : tantôt c'est à la troisième fournée, tantôt c'est à la cinquième ou sixième : quelquefois c'est 8 et 10 kilog. de pâte et d'autres fois c'est 5 kil. C'est la nuit, le maître n'est jamais là pour s'assurer si ses ordres ont été exécutés, dans le cas où il en aurait donné, mais le plus souvent il s'en rapporte à ses ouvriers, comme aussi il compte sur leur habileté pour réparer leurs erreurs. Assez ordinairement, et contre toute espèce de raison, on prend les ratissures du pétrin que l'on réunit en les pétrissant de nouveau, on en forme une masse que l'on place dans une corbeille à chef, puis on dépose celle-ci dans un endroit frais jusqu'au moment d'employer ce levain-chef.

Il est évident que l'aspect de ce levain varie suivant l'heure à laquelle il a été préparé, et selon l'état de fermentation de la fournée d'où on l'a extrait, mais généralement il est arrivé à son dernier degré de décomposition, il est sur le point de s'affaisser sur lui-même, tant le tissu organique est altéré, et il répand une forte odeur alcoolique.

La routine fait prétendre aux ignorants que c'est dans cet état que le levain a le plus de force, le raisonnement confirme le contraire et l'expérience le justifie. En effet, les éléments d'un levain corrompu ont changé de nature, le ferment a disparu au profit de l'alcool, l'acide acétique s'est emparé du gluten dont il détruit la cohésion et l'amène presque au point de ne plus pouvoir se régénérer comme ferment. Lorsqu'un levain se trouve dans cet état, on dit qu'il est *pourri* ; quand, au contraire, il est souple, léger, qu'il résiste à une légère pression de la main sans laisser aucune empreinte, qu'il flotte sur l'eau destinée à le pétrir, on dit qu'il est *jeune*. C'est toujours ainsi qu'il devrait être employé.

**Levain de première.** — On donne ce nom au premier levain préparé avec le chef-levain et pour préserver celui-ci des altérations qu'éprouve toujours un vieux levain ; s'il y a un intervalle d'au moins deux heures entre la dernière fournée et le levain de première, on a tout avantage, en été, à prendre 12 kilog de pâte de cette dernière, pareille à celle qui a été convertie en pains, et sans autre préparation que de la laisser apprêter dans une corbeille à chef ; en hiver, d'en prendre 14 kil., mais sur l'avant-dernière fournée.

Il est bien entendu que cette proportion de pâte, retirée des dernière ou avant-dernière fournées, n'est pas rigoureuse; elle peut varier suivant son apprêt précédent, la température de la saison, l'état de l'atmosphère et les besoins ultérieurs de fabrication.

Pour pétrir ce levain, on prend autant de litres d'eau à la température de 35 à 40° qu'il y a de kilogrammes de pâte, on le délaye complétement jusqu'à ce que le mélange soit homogène, puis, on ajoute de la farine à plusieurs reprises et à chaque fois on fait souffler sa pâte en allongeant la frase ; enfin on y joint la quantité nécessaire pour faire une pâte très-ferme que l'on coupe et découpe dessus et dessous et que l'on patonne en allongeant la contre-frase jusqu'à ce que la cohésion soit bien établie. On ploie la moitié en plusieurs couches, et on la dépose à une extrémité du pétrin limitée par une planche taillée à cet effet ; on ploie également l'autre moitié que l'on place sur la première et on recouvre le tout d'une toile grossière, ou de préférence d'un tissu de laine assez épais pour que l'air extérieur ne le traverse pas.

**Levain de seconde.** — Le temps qui s'écoule entre le levain de première et celui de seconde est ordinairement de six heures à peu près, c'est pourquoi on doit donner au premier une densité d'après laquelle les éléments fermentatifs sont concentrés, comprimés et à l'abri de l'influence d'une trop grande quantité d'eau. Ces éléments acquièrent plus de force, quoiqu'ils se développent plus lentement. On emploie pour le levain de seconde, le double d'eau que pour le précédent. Le pétrissage s'exécute de la même manière, seulement il convient que la frase et la contre-frase soient plutôt allongées, découpées dessus et dessous, que soufflées et patonnées. La pâte doit être aussi moins ferme que dans le précédent, attendu qu'il n'y a que trois heures d'intervalle entre ce levain et celui qui le suit.

**Levain de tout point.** — Ce levain se prépare comme les deux autres, on emploie encore le double d'eau que pour le précédent, et comme la pâte doit être aussi moins ferme que ce dernier, l'ouvrier pétrisseur peut, avec plus de facilité, allonger la frase et la contre-frase de manière à donner à l'élasticité du gluten, le plus de développement possible.

C'est ce levain qui transmet son germe de fermentation à toutes les fournées qui le suivent; il leur communique aussi ses défauts ou sa perfection, lesquels se reproduisent également sur le chef-levain subséquent; en conséquence, il convient de ne rien négliger, en fabrication et en observation, pour le rendre propre à l'usage auquel il est destiné.

Dans l'industrie, les usages traditionnels ont souvent plus d'empire que les théories les mieux exprimées ; c'est ce qui fait que beaucoup de boulangers sont encore persuadés que plus la fermentation est avancée, plus un levain a de force. Généralement, dans ce cas, on confond la force d'expansion et la force de décomposition ; la première n'agit qu'autant qu'elle rencontre de la résistance, et celle-ci ne se manifeste qu'autant que son caractère originaire n'a éprouvé aucune altération. La seconde n'offre ni force, ni résistance ; ce qui constitue l'une, s'évanouit parce que l'organisation de l'autre est détruite par l'acide acétique qui se produit en pareil cas. C'est pourquoi un levain trop prêt s'affaisse sur lui-même et ne conserve plus qu'un germe de décomposition plus particulièrement propre à agir plutôt sur les organes de la farine que sur sa matière amylacée.

Il résulte donc de nos observations, confirmées du reste par l'expérience, que le levain, quel qu'il soit, produit des effets tout contraires à ceux pour lesquels il est destiné, si sa réaction sort de la limite de celle qui engendre l'alcool et l'acide acétique.

Mais comme le ferment agit d'abord sur l'amidon avant d'atteindre le gluten, il faut, pour protéger celui-ci contre la réaction, entourer, le plus possible, les molécules fermentatives de substance fermentescible ; c'est ce qui caractérise le levain *jeune* : mais aussi, pour suffire aux besoins de son usage, faut-il qu'il soit plus volumineux qu'un vieux levain ou *pourri*.

Si, par exception, quelques ouvriers boulangers, dans un but qui ne fait honneur ni à leur zèle ni à leur sagacité, donnent encore la préférence à ce dernier, la plus grande partie reconnaît les avantages que présentent les *grands levains jeunes*, les met en pratique, quoique leur cohésion, leur ténacité et leur volume entraînent un travail plus pénible.

### APPLICATION DU LEVAIN.

En renouvelant les levains, on perpétue, on augmente même leur fermentation, car celle-ci dégénérerait à chaque levain si elle n'était alimentée d'éléments nouveaux qui la prolongent indéfiniment.

Le degré de fermentation du levain est différent de celui de la pâte destinée à faire le pain. Le levain avec lequel on fait un autre levain, est toujours plus acide que ce dernier, et celui-ci plus acide que la pâte à faire le pain.

La fermentation marche vite, surtout à une température favorable ; elle finit avec la destruction complète des corps qu'elle a transformés successivement, c'est pourquoi, pour la prolonger, on renouvelle les levains : le *levain chef* par le levain de première, celui-ci par le levain de seconde, lequel est renouvelé à son tour par le *levain* de *tout point*.

C'est en employant le double de l'eau dont on s'est servi pour préparer ce dernier levain, qu'on pétrit la première fournée sur laquelle on retire, après la contre-frase, une portion de pâte qui sert, sans être autrement préparée, de levain pour la fournée suivante, et successivement à chaque fournée jusqu'à extinction.

On appelle ce système travailler sur pâte; il n'est rigoureux que par tradition, mais il peut se modifier suivant l'intervalle qui sépare la dernière fournée qui termine le travail de la première qui en commence un autre.

On s'est souvent préoccupé des moyens d'affranchir les boulangers du soin pénible de surveiller et de préparer trois fois par jour leurs levains, ce qui interrompt le sommeil des ouvriers pétrisseurs autant de fois. On a essayé d'arrêter momentanément la fermentation du levain, et de lui rendre toute son énergie au moment de commencer le travail, soit en employant d'abord très-peu de chef-levain délayé dans de l'eau presque froide, renforcé de beaucoup de farine et déposé dans un endroit frais : soit en se servant de levains étrangers faits avec de la levûre de bière, renforcés également d'une grande quantité de farine.

Dans le premier cas les éléments fermentatifs n'agissent que lentement et irrégulièrement, ils sont trop disséminés dans la masse et il est impossible de régler le moment de l'apprêt du levain.

Dans le second cas, au contraire, la fermentation est ardente, spontanée, et quelquefois encore plus irrégulière que la première en raison des diverses qualités de la levûre. Néanmoins, il y a à Paris un des plus habiles boulangers, dont l'établissement est très-achalandé, qui ne procède pas différemment. Il est vrai que, dans sa boulangerie, l'interruption de travail n'est que de quelques heures, et qu'il n'aurait pas le temps de renouveler trois fois ses levains, comme cela se pratique dans les établissements dont l'interruption de travail est du matin au soir; et d'ailleurs l'énorme quantité de pain qu'il livre chaque jour à la consommation, le force à faire accélérer la fermentation.

L'unique levain qu'on prépare dans cet établissement est un levain de *tout point* et à levûre, composé d'un restant de pâte provenant de la dernière fournée et de levûre, le tout pétri dans les conditions ordinaires, et la pâte un peu ferme. Après que chaque fournée est pétrie, on prépare de la même manière un levain de tout point pour la fournée suivante.

Ce système s'appelle travailler sur levain, mais on peut le pratiquer, avec un certain avantage, sans le concours de la levûre, ainsi que nous l'expliquerons plus loin.

Comme nous l'avons déjà dit, l'usage même modéré de la levûre imprime toujours au pain un caractère tout particulier, la croûte est friable, la mie est mousseuse et le goût aigrelet ; et ce sont précisément ces conditions, dans une certaine limite, qui font rechercher le pain de l'habile boulanger dont il a été question ; mais aussi celui-ci a trouvé le difficile moyen, dans sa fabrication, de ne jamais sortir de la limite qui peut faire d'un pain possédant toutes ces qualités un pain exécrable sous tous les rapports, selon notre goût habituel.

Quelle que soit la perfection de ce système, le pain qui en résulte ne conserve pas longtemps la saveur agréable qui le fait préférer par quelques consommateurs à celui qui provient d'un travail sur pâte.

En effet, du jour au lendemain, le premier devient sec, cassant et acide; il n'est véritablement agréable à manger que quelques heures après sa cuisson, sa fabrication exige aussi un soin tout particulier et de la promptitude dans l'exécution pour suivre la marche rapide de la fermentation. Aussitôt que la fournée est pétrie, on la tourne, et peu de temps après, on l'enfourne; c'est à peine si le four a le temps d'atteindre la haute température nécessaire à ce travail accéléré, les ouvriers aussi n'ont pas un instant de repos. Tandis que le second se conserve frais plus longtemps; tendre il a un goût de noisette très-agréable, sa croûte est fine et flexible, sa mie est allongée et percée largement et irrégulièrement; elle est aussi, par cette raison, plus favorable à l'alimentation, parce que le gluten est moins désorganisé; rassis, du jour au lendemain, il ne contracte aucun goût particulier, il conserve toutes ses propriétés et les consommateurs qui font du pain leur principale nourriture, le préfèrent en cet état. La fabrication est la même que le premier, seulement elle est plus lente et plus régulière, elle résume les théories que nous avons exprimées plus haut sur l'ensemble général de la panification, et la direction seule des levains en caractérise l'importance.

### SUPPRESSION DU LEVAIN DE SECONDE.

Le renouvellement des levains trois fois par jour n'est obligatoire qu'autant que l'intervalle qui sépare le levain de première de la première fournée est au moins de 11 heures, et encore pourrait-on, sans inconvénient et même avec avantage, supprimer le levain de seconde. Au lieu de retirer le chef-levain de l'une des fournées de la nuit, on peut extraire de la dernière fournée huit à dix kilogrammes de pâte qu'on laisse apprêter pendant à peu près deux heures ; et pour le levain de première on coule sur cette pâte non-seulement la quantité d'eau destinée ordinairement à ce levain, mais encore celle du levain de seconde. De cette manière, le levain-chef est très-déchargé, les éléments fermentatifs, par leur état de division extrême, n'agissent que très-lentement, mais avec une régularité qui permet à chaque molécule fermentescible de participer à l'ensemble général de la réaction, sans qu'il en résulte la moindre décomposition de l'organe glutineux.

Il s'agit donc ici de ralentir la fermentation sans réduire la quantité des éléments qui l'engendrent, de donner, au contraire, à ceux-ci les moyens de se développer avec plus de force et de régularité en leur laissant le temps et le repos nécessaires à leur transformation.

Ce n'est point une expérience problématique que nous proposons, elle a déjà été pratiquée avec succès par plusieurs boulangers auxquels nous l'avons conseillée, et nous sommes étonné que les ouvriers boulangers qui ont intérêt à la mettre en usage, puisqu'elle leur assure un repos sans interruption, restent indifférents sur les avantages qu'elle offre. Serait-ce routine, insouciance ou incrédulité de leur part ? la première tue le progrès, la seconde ne s'accorde pas avec les devoirs qu'ils ont à remplir, et la dernière peut se dissiper par l'observation.

### INCONVÉNIENTS DU TRAVAIL SUR PATE.

D'après le système généralement employé, on extrait le levain de chaque fournée de la fournée précédente avec laquelle il est pétri ; ils participent l'un et l'autre du même pétrissage ; seulement on retire le levain avant la dernière opération qui consiste à développer l'élasticité du gluten pour rendre sa dilatation plus accessible à l'influence de la chaleur du four.

Il résulte de ces mutations successives que le levain peut dégénérer sans qu'il soit possible de le modifier autrement qu'en soutenant la densité de la pâte composée de la fournée et du levain ou en mélangeant celui-ci avec un petit levain à levûre préparé séparément.

Ce dernier moyen peut se pratiquer isolément, de manière que la fournée de laquelle le levain est extrait, se trouve à l'abri de l'influence de la levûre. Mais en augmentant la densité de la totalité de la pâte pour favoriser seulement l'apprêt du levain, on s'expose à donner à la pâte un caractère qui ne s'accorde pas toujours avec l'espèce de pain pour laquelle elle est destinée.

En transmettant son germe de fermentation de fournée en fournée par lesquelles il passe, tout en se renouvelant à chacune d'elles, et quoi qu'il se régénère chaque fois, le levain de *tout point* perd sensiblement de sa force ; mais pour la conserver autant que possible, on soutient la densité de la pâte, surtout aux premières fournées ; c'est pourquoi celles-ci sont ordinairement destinées aux pains appelés de *pâte ferme*, et cependant ces sortes de pains, sur la forme desquels la fermentation n'a qu'une influence arbitraire, gagneraient beaucoup à être fabriqués en *pâte douce ;* mais, dans ce cas, le levain pétri en même temps et de la même manière ne conserverait plus, au même degré, son action transmissible. De cette manière, la fournée est sacrifiée au levain.

D'un autre côté, comme la pâte d'une densité extraordinaire ne se pétrit pas avec la même facilité que celle d'une moindre densité, il en résulte que chaque molécule de farine n'absorbe pas la quantité d'eau avec laquelle elle est susceptible de s'assimiler et que par conséquent le pain souffre et dans sa forme et dans ses propriétés nutritives.

Les ouvriers pétrisseurs ont-ils bien consulté leur intérêt en adoptant cette manière de procéder? D'abord ils ont une masse de pâte à travailler double, ce qui doit leur donner beaucoup plus de peine; il leur est difficile de modifier le degré de fermentation du levain de tout point lequel peut communiquer et aggraver ses imperfections à toutes les fournées. Ainsi si ce levain a des dispositions à fermenter promptement, le pétrisseur ne peut ralentir cette effervescence qu'à l'aide d'un travail opiniâtre d'autant plus difficile que la masse est abondante. Dans le cas contraire, si la fermentation ne se manifeste pas assez énergiquement, afin de ne pas l'arrêter complétement, il ne donne à la pâte qu'un travail insuffisant au succès d'une bonne panification ; l'eau n'est pas combinée intimement avec tous les éléments de la farine, le gluten surtout n'est pas étiré de manière à favoriser son élasticité, et le pain qui en résulte n'a pas le développement qui lui donne sa légèreté.

Ainsi nous considérons comme un procédé vicieux l'usage communément adopté de travailler sur pâte par la raison que la force d'un homme peut à peine suffire à pétrir convenablement la fournée et le levain ensemble, que ce dernier extrait de la fournée avant que le pétrissage en soit complet ne peut jamais se trouver dans un état de combinaison parfait et qu'il est impossible de lui faire subir des modifications sans que la fournée en supporte les conséquences.

Une autre considération sur laquelle devraient réfléchir profondément les boulangers animés du sentiment de leur art, c'est que le pétrissage des fournées se fait successivement et alternativement par deux ouvriers dont l'un s'appelle *aide* et l'autre *second aide ;* le premier est ordinairement supérieur en connaissances au second, puisque c'est lui qui a la direction des levains dans la journée ; le second, au contraire, est un néophyte qui sort à peine de l'apprentissage et qui ne possède pas encore toutes les connaissances nécessaires, car lorsqu'il les a acquises, son ambition est de passer aide.

Eh bien, ne peut-il pas arriver, et cela se présente malheureusement trop souvent, que le second aide, faute d'expérience, altère le travail que l'aide lui a laissé en bon état et que celui-ci est obligé par un travail pénible de réparer ensuite, pour le voir peut-être altéré de nouveau ?

Le travail sur levain n'offre pas tous ces inconvénients ; il consiste à préparer, pour chaque fournée, un levain de tout point tout à fait indépendant de celle-ci. Travaillé séparément, on peut lui faire supporter toutes les modifications nécessaires au genre de pain pour lequel la fournée qui en résulte est destinée, sans que les fournées suivantes, destinées à d'autres genres de pain, en subissent les conséquences.

Mais de ce que ce levain est préparé séparément, il exige un pétrissage particulier ; c'est pourquoi probablement les ouvriers boulangers, pour s'affranchir de ce double travail, le pétrissage du levain et ensuite le pétrissage de la fournée, ont réuni ces deux manipulations pour n'en former qu'une seule qui, il est vrai, devient plus pénible par la quantité de matières à combiner et qui devient par cela même le privilége des ouvriers vigoureusement constitués.

On peut néanmoins organiser ce travail, selon nous le plus rationnel, de manière que les ouvriers s'exténuent moins à le pratiquer, et qu'il puisse être opéré par tous, quelle que soit leur vigueur.

Ainsi voilà les attributions que nous désignerions à chaque ouvrier relativement à ses connaissances et à sa constitution : le *geindre*, à qui nous supposons toutes les connaissances nécessaires à l'exécution de sa profession, serait chargé de la direction du four en particulier et de la surveillance générale du travail de la boulangerie dans laquelle nous conseillons, pour ne pas apporter d'embarras dans la marche de l'opération, de placer deux pétrins d'égale capacité, mais moins grands que ceux dont on fait ordinairement usage. L'aide ou second garçon aurait la direction du pétrissage sous la surveillance du geindre et serait chargé des levains dans la journée et de celui de toutes les fournées. Le second aide ou troisième garçon pétrirait seulement et d'après les indications de l'aide, tous les levains de chaque fournée.

Il résulterait de cet ordre facile à exécuter une espèce d'enseignement mutuel et d'hiérarchie par laquelle serait obligé de passer chaque ouvrier boulanger pour arriver à occuper les fonctions de geindre. Tout le reste du travail se répartirait de la manière ordinaire sans rien déranger aux usages établis dans chaque boulangerie.

Ainsi dans la journée, pendant le temps que le travail général est interrompu, l'*aide* préparera aux heures ordinaires et par les procédés communément employés les trois levains de première, de seconde et de tout point, mais il augmentera celui-ci d'un quart et au lieu de le déposer tout entier dans un seul pétrin, il le partagera en deux, et il déposera chaque partie dans chacun des deux pétrins. Au moment de pétrir la fournée sur laquelle on ne coulera que la quantité d'eau nécessaire pour la convertir entièrement en pain, le second aide coulera dans le second pétrin ce qu'il faut d'eau pour doubler le levain, et chacun de son côté pétrira simultanément l'un la fournée et l'autre le levain, qui sera après son pétrissage séparé encore en deux parties égales : l'une pour la fournée suivante et l'autre pour un autre levain de tout point, et ainsi de suite jusqu'à la dernière fournée qui absorbera complétement le levain.

Ainsi l'on voit par cette marche parfaitement facile à exécuter, que l'*aide*, après avoir donné à ses levains de la journée tout le travail et les modifications nécessaires, pétrira seul ses fournées auxquelles il pourra mettre tout le soin et les attentions convenables à l'espèce de pain qui doit en résulter ; il indiquera en même temps au second aide les moyens d'obtenir le degré de fermentation dont il a lui-même besoin pour l'accomplissement de la fournée.

Le travail ainsi organisé n'est-il pas à la portée de la force et de l'intelligence de chaque classe d'ouvriers? Celui qui, après avoir passé par les deux premières catégories dans lesquelles il a acquis toute l'expérience et les connaissances nécessaires au pétrissage, arrive, lorsque ses forces commencent à l'abandonner, à quitter le pétrissage pour passer à la direction du four, travail beaucoup moins pénible, et à la surveillance intellectuelle de toutes les parties de la boulangerie, passe alors *geindre*. Le *second aide*, jeune homme, dont la force n'est pas encore dévoloppée, commence sa carrière industrielle par un travail qui n'épuise pas prématurément ses forces, s'initie graduellement aux principes de son art sous la surveillance de l'*aide* et les conseils du *geindre*, et il arrive au bout de quelques années, lorsque ses forces se sont développées, qu'il a atteint toute sa vigueur, qu'il peut espérer à passer aide à son tour.

C'est ainsi que dans les grandes boulangeries, et même dans les boulangeries ordinaires, on devrait mettre le travail en rapport avec l'âge, les forces et l'intelligence de ceux qui se livrent à cette industrie.

---

# CHAPITRE VII

## DU PÉTRISSAGE.

Le pétrissage est une opération par laquelle on parvient à combiner ensemble l'eau, la farine et le levain, pour former un corps mou et sensiblement élastique auquel on a donné le nom générique de pâte.

La farine dont les divers éléments qui la composent ont plus ou moins d'affinité pour l'eau, ne se réunit à celle-ci que par un mouvement d'agitation qui devient plus difficile à pratiquer à mesure que l'élasticité du gluten se manifeste et que l'homogénéité de la masse s'effectue.

Lorsque la farine est riche en gluten élastique, et lorsque tout ce qui concourt à rendre cette élasticité permanente se trouve réuni, le pétrissage est pénible. Aussi c'est ordinairement l'ouvrier le plus robuste qui est chargé de cette laborieuse opération.

On donne communément à cet ouvrier la qualification d'aide et non de geindre, comme on pourrait le supposer par le cri qu'il pousse, souvent avec exagération, et que lui arrachent les efforts qu'il fait pour accomplir sa tâche.

C'est pour cette opération, la plus importante de la panification et pour l'exécution de laquelle la force physique seule ne suffit pas, que l'ouvrier intelligent, animé véritablement du sentiment de son art, est obligé de pénétrer, pour ainsi dire, dans le domaine de la science, pour comprendre les phénomènes qui se passent sous sa main et entre ses bras, car la pâte n'est pas un corps inerte, elle a un mouvement, une vie intérieure qui se révèle à celui qui la touche. Et c'est cette vie que le pétrisseur entretient et prolonge en mettant en contact, par un déplacement continuel des surfaces, les corps susceptibles de se combiner, de se mélanger et de réagir les uns sur les autres.

Le but du pétrissage ne consiste pas seulement à mélanger la farine avec l'eau pour former la pâte, mais il faut encore incorporer à celle-ci le levain de manière que chaque molécule de ce dernier soit répartie également dans la masse et incorporée avec elle pour lui communiquer son germe de fermentation.

Il faut donc étudier et suivre avec soin la marche de la fermentation, afin de l'accélérer et l'arrêter aux limites qu'elle ne doit pas dépasser dans la panification.

En connaître les produits et leurs effets pour régler convenablement les éléments sous l'influence desquels elle se forme, c'est dire de suite qu'il faut avoir une connaissance parfaite de la nature et des propriétés des corps qui composent la farine, de la température de l'eau et de celle de l'air, et de la puissance de la levûre qu'on ajoute à la pâte pour augmenter les éléments de la fermentation.

Toutes ces connaissances sont évidemment du domaine de la science.

Malheureusement, la routine aveugle et invétérée que suivent le plus ordinairement les ouvriers pétrisseurs ignorants, les rend impuissants à provoquer ou à arrêter les mouvements d'une réaction dont ils ne connaissent ni les principes ni les résultats.

## DE LA PATE.

On donne à la pâte la densité convenable à l'espèce et à la forme des pains auxquels on la destine.

Elle peut être ou *douce* ou *bâtarde* ou *ferme*. Il y a encore une quatrième espèce de pâte qu'on appelle *pâte bassinée*, mais elle résulte d'un pétrissage particulier dont nous donnerons la description.

**Pâte douce.** — La *pâte douce* non bassinée est sans contredit celle avec laquelle on fait le pain le plus savoureux. Elle est plus facile à travailler. Le gluten peut prendre tout son développement. Toutes les molécules de la farine absorbent également la quantité d'eau avec laquelle elles peuvent se combiner. Mais toutes les farines ne sont pas propres à la produire également ; l'amidon des farines pauvres en gluten tend à se désagréger et à s'éloigner de celui-ci : la pâte *relâche*, terme technique, s'affaisse et s'étend de manière à produire du pain plat, contenant dans son intérieur des parties glacées qui proviennent de l'eau libre que le gluten n'a pu absorber et que l'amidon a abandonnée ; la croûte supérieure du pain se détache de la mie ainsi qu'il arrive lorsque le pétrissage a été négligé.

La pâte douce ne se prête pas non plus à la forme de toutes sortes de pain ; à ceux à grigne et à grignon, par exemple, pour lesquels, outre la densité de la pâte, il faut encore un excès de levain, afin de favoriser le développement de la grigne; et c'est précisément cet excès de levain qui, en rendant le pain sensiblement acide, en altère la blancheur et la saveur.

Les pains ronds et longs, rondins, coupés dessus pour que la mie ne trouve pas d'obstacle à son développement, seraient donc les plus savoureux s'ils provenaient d'une pâte douce; mais par une routine mal entendue, c'est communément le contraire qui se pratique; aussi désigne-t-on sous le nom de pain de pâte ferme ces sortes de pains.

**Pâte bâtarde.** — La pâte bâtarde peut être employée pour toutes les espèces de pain excepté pour ceux appelés pains *mollets* ou à *café*, lesquels se font ordinairement avec la pâte bassinée. Mais elle sert le plus souvent aux pains à grigne ou à grignon, c'est-à-dire fendus dans le milieu ou sur le côté.

La pâte bâtarde est celle pour laquelle les boulangers doivent observer avec le plus grand soin la marche et les progrès de la fermentation; car peu avancée, la fermentation ne produit qu'imparfaitement l'ouverture et le développement de la grigne dont les parois restent collées ensemble, ou ne se séparent qu'en se déchirant et en formant des aspérités qui détruisent l'aspect séduisant qu'un pain bien fendu doit avoir. Mais aussi dans cet état, il conserve toute sa saveur; tandis que pour obtenir une grigne bien franche et bien nette, l'excès de fermentation indispensable altère sensiblement le goût et la qualité du pain. Mais rien n'indique la limite à laquelle la fermentation doit s'arrêter pour obtenir un bon résultat ; si elle la dépasse, non-seulement le gluten, en partie désorganisé par la force de la fermentation, perd son élasticité; mais encore la vapeur d'eau qui s'échappe difficilement, favorise la dilatation de l'amidon aux dépens de celle du gluten ; il se forme une mie dont les cellules sont humides et à peu près régulières, et il en résulte un pain humide, pâteux et désagréablement acide. C'est pourquoi, je le répète, il est indispensable que le boulanger possède des connaissances spéciales et une attention soutenue pour maintenir la fermentation dans des bornes convenables.

Mais qui lui donnera ces connaissances? la science même est insuffisante pour démontrer les théories de la fermentation. La routine est donc le seul guide qu'il doive suivre et qu'il suit aveuglément, ce qui l'entraîne souvent à commettre des fautes que ses efforts impuissants peuvent à peine réparer.

De sorte que l'ouvrier boulanger, pour satisfaire aux exigences du consommateur qui se laisse séduire par l'apparence de la grigne et pour laquelle il a lui-même une certaine prédilection, peut avoir à agir contre deux circonstances opposées susceptibles de produire les mêmes effets physiques : le trop ou le trop peu de fermentation. Mais le second de ces deux cas n'altérant en rien, favorisant au contraire la saveur du pain, est celui dont l'ouvrier intelligent devrait le plus se rapprocher, et éviter d'atteindre le premier, qui corrompt et désorganise la farine, s'il avait pour le diriger un autre guide plus sûr que la routine qu'il suit trop aveuglément et qui l'égare.

On dit vulgairement que le pain à grigne *grinche* lorsque la grigne n'est pas franche et nette.

**De la pâte ferme.** La pâte ferme s'emploie ordinairement en boulangerie, mais dans celles seulement où la routine l'emporte sur les principes, pour la fabrication des pains ronds. L'usage en est plus commun dans les établissements agricoles et dans les boulangeries qui avoisinent les ports de mer et les grands fleuves. Les habitants des campagnes qui font leur pain eux-mêmes et qui ne pourraient s'assujettir à le fabriquer tous les jours sans s'exposer à négliger leurs travaux ordinaires, en préparent pour la consommation de quelques jours, par mesure aussi d'économie et de santé. Les marins pêcheurs et les mariniers des fleuves font de même une petite provision pour le temps que durent leurs petites excursions; il faut donc encore que le pain puisse se conserver intact jusqu'au renouvellement de leur provision.

*Sur la conservation du pain.* — Plus les cellules du pain sont grandes, plus les cloisons qui les séparent sont minces et éloignées les unes des autres, et plus promptement aussi la dessiccation a lieu.

La fermentation momentanément suspendue par la cuisson du pain, reprend insensiblement son cours et passe subitement à l'acidité, si l'eau dans la panification ne s'est pas combinée entièrement avec la farine. Aux endroits où elle se condense, la décomposition se manifeste et la moisissure apparaît.

Toutes ces causes réunies dans la pâte douce et bâtarde, font que le pain qui en provient doit être mangé du jour au lendemain.

Le pain de pâte ferme n'a pas les mêmes inconvénients; le levain en proportion beaucoup moins considérable n'ayant provoqué qu'une fermentation lente et insuffisante au développement complet du gluten, les cellules en sont petites et leurs cloisons très-rapprochées, les molécules sont presque toutes en contact; l'humidité que l'une abandonne, l'autre s'en empare, et réciproquement, de manière que le pain conserve bien plus longtemps sa fraîcheur et sa saveur. De plus, il contient sous un moindre volume tout autant de matières nutritives.

**Du biscuit de mer.** Il y a encore une autre espèce de pain en pâte très-ferme destiné à l'approvisionnement des navires dans les voyages de long cours, c'est le biscuit dont la fabrication toute spéciale sort du domaine de la boulangerie ordinaire. Cependant nous en dirons quelques mots : ce pain est susceptible de se conserver plusieurs années, même au contact de l'air, sans s'altérer sensiblement; sa dessiccation complète le préserve de toute atteinte atmosphérique, et n'étaient les insectes qui s'y introduisent et qui le dégradent, il pourrait se conserver indéfiniment. Comme on est toujours obligé de le broyer pour le consommer, peu importe qu'il soit frais ou fabriqué depuis longtemps.

**Pâte bassinée.** La pâte bassinée sert uniquement à la fabrication du pain qu'on destine à tremper dans le café, bouillon ou autres liquides. Elle se compose de la pâte ordinaire à laquelle on ajoute de la levûre de bière délayée dans de l'eau ; celle-ci rend la pâte plus liquide, et la levûre augmente la fermentation dont les effets se manifestent avec plus de rapidité. Le gluten en partie désorganisé par l'addition de ce ferment perd de son élasticité ; mais l'effervescence est si grande qu'elle soulève toutes les parties de la pâte et forme une multitude de petites cellules régulières qui rendent le pain léger et d'une facile perméabilité.

La mie de ce pain contracte toujours une couleur grise

que la levûre lui communique; il est aussi plus susceptible de se sécher et de s'altérer que d'autres.

Le pain provenant d'une pâte bassinée sans le secours de la levûre ne jouit pas des mêmes propriétés spongieuses; sa saveur est préférable; mais il n'accomplit pas le but auquel on le destine.

## DES USTENSILES NÉCESSAIRES A LA PRÉPARATION DU PAIN.

Dans les grandes villes les boulangers ne peuvent choisir les localités les plus avantageuses à l'exercice de leur industrie ; c'est une profession un peu trop bruyante surtout la nuit; et ce n'est qu'à l'aide de loyers très-élevés qu'ils parviennent à se fixer à peu près convenablement, particulièrement dans les quartiers opulents. Aussi presque partout les boulangeries ne réunissent qu'imparfaitement les conditions propres à une exploitation bien raisonnée.

Une boulangerie placée avantageusement et aussi bien que les circonstances peuvent le permettre, doit être disposée de manière à ce qu'il ne se perde aucune chaleur pendant l'hiver, et qu'en été il soit facile d'y établir des courants d'air; il est indispensable qu'elle soit aussi suffisamment garnie des ustensiles nécessaires aux différentes opérations que la farine subit avant d'être changée en pain, et surtout que ces ustensiles soient commodes et entretenus avec soin, car la propreté, si essentielle dans toutes les circonstances de la vie et qui devrait être une loi rigoureuse pour les personnes vouées à la préparation de nos aliments, influe sensiblement sur les corps en fermentation.

### DU BASSIN ET DE LA CHAUDIÈRE.

Suivant les sages règlements de police qui régissent la boulangerie, tous les ustensiles en cuivre que cette dernière met en usage, doivent être étamés ; mais malheureusement l'entretien de ces étamages n'est pas assez surveillé, et il peut en résulter des accidents fort graves provenant de l'oxydation vénéneuse du cuivre.

Le bassin est un vase de forme demi-sphérique ou cylindrique, garni d'une anse de fer, et destiné à mesurer l'eau, à la verser dans les seaux, à faire dissoudre dans l'eau le sel et la levûre, et généralement à transporter tous les corps liquides. Ce vaisseau, qu'on n'a pas le temps d'essuyer chaque fois qu'on s'en est servi, devrait, pour être constamment propre, se déposer toujours dans le seau de service.

La chaudière est destinée à chauffer l'eau pour pétrir; elle est ordinairement placée à l'un des côtés du four, où l'on pratique une ouverture, par laquelle on introduit le combustible nécessaire ; cette ouverture se trouve placée, ou au niveau du sol, ou à la hauteur de l'âtre quand celui-ci est surhaussé. Dans l'un et l'autre cas c'est un foyer permanent d'incendie que l'autorité pourrait facilement faire réformer, en exigeant que les chaudières fussent autrement disposées. Je donnerai des moyens à l'aide desquels on pourrait obtenir ce résultat.

La chaudière doit être munie à sa partie inférieure d'un robinet, afin d'éviter d'y puiser l'eau comme cela se pratique le plus ordinairement avec l'inconvénient grave de laisser déposer toutes les malpropretés adhérentes aux vases dont on se sert.

Elle doit être aussi fermée hermétiquement et posséder à sa partie supérieure, un peu en contre-bas de son orifice, un tamis métallique, lequel aurait le double but d'empêcher d'y puiser et d'y laisser pénétrer les corps étrangers. Ce tamis doit s'enlever facilement afin de permettre de nettoyer la chaudière le plus souvent possible.

Dans une boulangerie bien administrée, tout doit être employé avec discernement et économie; les débris du bois de chauffage et les produits du balayage du fournil doivent servir à chauffer l'eau de la chaudière ; mais il arrive souvent que des ouvriers indifférents et sans intelligence brûlent sous la chaudière du bois destiné au chauffage du four, ce qui occasionne pour le boulanger, une perte matérielle et un amas embarrassant de matières inutiles.

On peut éviter une partie de ces inconvénients en chauffant l'eau de la chaudière avec la chaleur perdue du four. On place la chaudière dans un des côtés très-rapprochés de la bouche du four et on l'entoure de maçonnerie jusqu'à la moitié de sa hauteur seulement, de manière qu'il y ait un espace libre de 15 centimètres à peu près tout autour de la partie non engagée dans la maçonnerie, et communiquant avec le four par une ouverture ménagée dans le pied-droit en pavé qui soutient la voûte, mais fermée hermétiquement par une plaque en fonte à l'alignement intérieur du pied-droit. Cette dernière précaution est indispensable pour empêcher d'abord l'excès de chaleur de s'introduire et la buée du pain d'y pénétrer, sans quoi cette dernière en se condensant sur les parois extérieures de la chaudière dont la température est toujours au-dessous de 100° centigrades se convertirait en eau qui à la longue s'infiltrerait entre les joints de la maçonnerie qu'elle dégraderait insensiblement.

La chaleur du four pénètre à travers la plaque de fer, se répand et se maintient tempérée dans l'espace libre qui environne une partie de la chaudière, suffisamment pour chauffer l'eau, sans porter le moindre préjudice à la température nécessaire à la cuisson du pain, et sans qu'il soit besoin d'employer plus de combustible.

Monsieur *Salone*, qui dirige les travaux de la boulangerie des hospices, a déjà mis ce moyen en usage avec beaucoup de succès; seulement, sa chaudière est disposée d'une autre manière, non moins infaillible, mais impraticable dans beaucoup d'autres localités :

C'est un long cylindre de fer battu placé horizontalement dans le massif qui recouvre la voûte du four et au-dessus des briques formant la chapelle; il est isolé dans toute sa longueur, engagé seulement dans la masse par ses deux extrémités et soutenu par des briques placées de champ de distance en distance. Une ouverture fermée par un tampon à vis est ménagée à l'une de ses extrémités pour pouvoir enlever les dépôts de sels calcaires qui s'y forment. Le réservoir de l'établissement plus élevé que la chaudière et y communiquant par un tuyau, l'alimente et la maintient constamment pleine.

Il y a, sans doute, un grand avantage à ce que la chaudière soit toujours pleine d'eau, la température de cette dernière en est plus régulière. Mais il peut résulter un inconvénient de sa communication libre avec le réservoir : l'eau chaude plus légère que la froide, ne peut-elle pas s'élever jusqu'au réservoir et changer sensiblement la température de l'eau qu'il contient. C'est un fait que l'expérience démontrera.

Il n'est pas facile non plus, dans beaucoup de boulangeries, celles surtout dont le fournil est situé au rez-de-chaussée, de placer un réservoir au-dessus de la chaudière et d'y élever l'eau à moins d'employer des pompes particulières très-coûteuses à établir et à entretenir.

Le premier moyen que nous avons indiqué nous paraît d'une exécution plus facile et moins coûteuse, d'un service et d'un entretien plus commodes ; c'est pourquoi nous en conseillons l'usage de préférence à ce dernier.

### DU PÉTRIN.

Le pétrin est ordinairement une espèce de coffre long, plus étroit à sa partie inférieure qu'à son ouverture, d'une capacité plus ou moins considérable, mais plus elle est grande, plus elle offre de facilité au pétrisseur. Parmentier conseille comme plus favorable aux diverses opérations du pétrissage, la forme du pétrin demi-cylindrique ou celle d'un tonneau qu'on aurait coupé par la moitié dans toute sa longueur. Cet illustre savant, trop préoccupé sans doute de questions plus graves, n'a pas réfléchi sur les inconvénients qui résulteraient d'une pareille forme : non-seulement la difficulté de construction, la quantité de joints qui se trouveraient dans son intérieur et dans lesquels se déposerait continuellement de la pâte en fermentation, le ratissage qui le dégraderait promptement, mais encore la difficulté de donner à la pâte le mouvement qui lui convient ; le pétrisseur ne pourrait plonger ses bras qu'au centre et toujours au centre pour embrasser la masse de pâte qu'il soulève, le pâtonnage ne peut non plus s'effectuer que sur une surface plate. Toutes ces raisons nous paraissent suffisantes pour proscrire l'usage des pétrins demi-cylindriques pour le pétrissage à bras d'homme.

Le pétrin est connu dans les campagnes sous le nom de *huche ;* on doit le faire du bois le plus dur, le moins poreux et le moins propre à donner à la pâte la plus légère coloration.

Le froid et la chaleur exercent une influence très-grande sur la fermentation du levain déposé dans le pétrin ; il est donc convenable de placer celui-ci dans l'endroit du fournil le plus éloigné du four et à l'abri de l'air extérieur. La santé du pétrisseur impose d'ailleurs cette précaution, et celle aussi d'établir sous ses pieds, dans l'espace qu'il parcourt pour exécuter son travail, un sol sur lequel il ne puisse glisser au moment où, le corps ployé en deux, il soulève avec effort la masse de pâte qu'il transporte d'un bout du pétrin à l'autre. Le bitume de nos trottoirs serait, nous le pensons, d'un bon emploi pour cet usage.

Il est essentiel que la chambre à mélange soit au-dessus ou très-rapprochée du pétrin et communique à celui-ci par un conduit auquel on ajoute une poche en peau de vache, et non en toile de sac comme cela se pratique assez ordinairement ; cette dernière laisse tamiser la farine et occasionne une perte assez sensible. La poche doit avoir assez d'étendue pour répandre la farine dans toute la longueur du pétrin.

Le pétrin doit toujours être muni d'abord : d'un *coupe-*

*pâte* servant à détacher la pâte des parois pendant le pétrissage, à la diviser à mesure qu'on la tourne, à ôter celle qui tient aux mains, et enfin à nettoyer le pétrin lorsque le pétrissage est terminé. Le coupe-pâte est ordinairement en fer battu ; la conservation du pétrin exige impérieusement que son coupant ne soit jamais affilé, mais repassé carrément, au contraire, afin qu'un ouvrier imprévoyant ne puisse enlever des éclats de bois qui pourraient d'ailleurs le blesser grièvement ; ensuite, d'une petite planchette de 16 centimètres de largeur et aussi longue que toute la largeur inférieure du pétrin pour pousser la farine et préparer la fontaine, de deux autres planches solides de toute la largeur et la hauteur intérieures du pétrin pour retenir le levain et la pâte de la fournée.

### DES CORBEILLES ET DES PANETONS.

Les corbeilles servent ordinairement à renfermer les différents levains pendant qu'ils s'apprêtent, ou en attendant que leur place soit disposée dans le pétrin. Leur tissu d'osier doit être assez serré pour empêcher la farine et la pâte de s'échapper à travers ses mailles. On peut les garnir intérieurement de toile; mais celle-ci contracte, à la longue, une mauvaise odeur qui se communique facilement à la pâte. Les corbeilles nues n'ont pas cet inconvénient, puisqu'on peut les laver aussi souvent que les besoins l'exigent.

Les panetons sont de grandeur et de forme différentes entre eux ; tantôt ils sont longs et étroits, tantôt entièrement ronds, mais toujours plus étroits au fond qu'à l'ouverture et revêtus intérieurement d'une toile. Ils servent à contenir la pâte jusqu'à ce qu'elle soit prête à enfourner. Il convient aussi de proportionner la capacité des panetons au poids et à l'espèce de pain qu'ils doivent contenir pour que celui-ci ne déborde pas lorsqu'il a atteint son maximum de fermentation. Comme la pâte qui touche à la toile du paneton laisse une humidité qui pénètre celle-ci et rend adhérents le fleurage et la farine dont on saupoudre le pain, il se forme en peu de jours une croûte que la chaleur du fournil fait fermenter, ce qui communique un goût désagréable au pain, qu'on ne manque pas d'attribuer à la mauvaise qualité de la farine et qui est dû entièrement à la négligence des garçons ; il faut nettoyer et bien gratter les panetons, les brosser et les exposer à l'air sec. Les sebilles, de bois et autres instruments dans lesquels on met la pâte sont dans le même cas.

### DE LA COUCHE ET DES COUCHES.

Il ne faut pas confondre la *couche* avec les *couches*. La couche est une armoire composée de plusieurs tiroirs superposés, s'ouvrant et se fermant à volonté au moyen d'une planche mobile.

La couche est destinée à recevoir les pains qu'on ne retourne pas en les mettant au four et qu'il faut mettre à l'abri du contact de l'air pour leur conserver la fraîcheur et la souplesse : de ce nombre sont les pains mollets, à soupe, à café, et ceux sur lesquels, petits et grands, on sillonne des coupures avec un instrument très-tranchant.

La couche doit être placée à proximité du four.

Les *couches* sont de longues bandes de toile ou de flanellè ; elles servent à recouvrir les levains pendant tout le temps que ceux-ci apprêtent. A défaut de couche à tiroirs, elles servent encore à maintenir la superficie du pain souple et humide, en les étendant sur une rangée de panetons, ou sur une planche garnie de petits pains rangés eux-mêmes dans les plis d'une autre couche pour les tenir séparés. Celles entre les plis desquelles on place les petits pains doivent être en toile et les autres en flanelle ; celles-ci sont lavées tous les jours un peu avant de s'en servir, tordues seulement et employées humides et celles-là lavées de temps en temps par mesure de propreté.

### DU SEL DANS LA PATE.

Le sel est l'assaisonnement le plus commun dont on se sert pour relever la fadeur naturelle de tous les aliments et développer aussi leur vertu nutritive. Il jouit encore dans la panification d'une propriété presque magique et non moins essentielle que les autres, celle d'augmenter l'élasticité du gluten, et de rétablir celle que celui-ci aurait perdue dans diverses circonstances.

Cette propriété inexplicable du sel marin, tous les autres sels la possèdent également ; c'est pourquoi quelques boulangers, plus ignorants que cupides, et préférant l'extraordinaire au simple, ont eu l'imprudente, la coupable pensée même, de faire usage de ces sels dangereux. Mais le mystère dont ils étaient obligés de s'entourer pour se les procurer et les employer, et les mauvais résultats qu'ils obtenaient le plus souvent par suite d'une application mal raisonnée, leur ont bientôt fait abandonner leurs criminelles tentatives.

Les recherches les plus minutieuses et les analyses les

plus exactes n'ont jamais fait reconnaître ces falsifications dans aucune boulangerie de Paris. M. Kuhlmann, professeur de chimie à Lille, les a constatées chez plusieurs boulangers du Nord.

Le blé, assez naturellement sapide, surtout après l'accomplissement de la fermentation, n'a pas rigoureusement besoin qu'on y ajoute du sel pour en relever le goût ; aussi pourrait-on en bannir sans inconvénient l'emploi, s'il n'était un régénérateur des farines altérées et un palliatif contre les effets de l'usage immodéré de la levûre : celle-ci accélère la fermentation, le sel la retarde, l'une amollit et désorganise la pâte, l'autre la resserre et l'affermit ; enfin la levûre porte le pain à se dessécher, le sel au contraire l'entretient humide. Mais quelle erreur de vouloir toujours introduire dans le pain des matières inutiles, pour obtenir des effets que le levain seul est en état de produire ! Étant préparé avec soin et employé convenablement, il soutient la pâte, assaisonne le pain et le conserve un certain temps frais.

Quand l'expérience a évidemment démontré qu'au moyen d'une bonne farine, un grand levain jeune, de l'eau à la température de l'air du fournil, un pétrissage vif et prompt, une cuisson ménagée, on peut constamment obtenir un pain bien supérieur pour le goût et la blancheur à celui dans lequel il serait entré de la levûre et du sel, qu'est-il donc nécessaire de toujours proposer ces deux substances comme très-essentielles dans la fabrication du pain, lorsque l'une d'elles paraît destinée à tempérer les effets de l'autre et que ne pouvant être employées ensemble, on ne devrait jamais s'en servir que séparément, à petites doses et dans des circonstances absolument opposées.

Dans les provinces méridionales de l'empire on fait un usage exagéré du sel afin de retenir les pâtes qu'on a l'habitude de pétrir très-douces ; là, du moins, on ne le marie pas avec la levûre, et le goût qu'il communique au pain n'a rien de désagréable ; il est, au contraire, en harmonie avec les organes des habitants qui sont accoutumés aux aliments très-relevés.

La pâte bâtarde généralement en usage dans les boulangeries pour la confection du pain à grigne, pourrait à la rigueur et sans inconvénient se passer de sel, si le levain dont elle est en partie composée était toujours maintenu à un degré de fermentation modéré, et la farine de bonne qualité. Mais comme il en est souvent autrement, le sel devient alors indispensable pour arrêter les progrès trop rapides du levain et donner à la pâte le corps qu'elle a perdu.

Les ouvriers pétrisseurs abusent souvent de cette double propriété que possède le sel marin, en négligeant de surveiller la marche de la fermentation du levain et en ne donnant au pétrissage qu'un travail insuffisant. C'est pourquoi il conviendrait de les rationner et de ne jamais laisser à leur disposition que les proportions reconnues indispensables, selon les dispositions du levain ou selon la nature de la farine.

Mais il faudrait pour cela que les boulangers eux-mêmes connussent et appréciassent les proportions et les différents caractères des corps qui composent la farine. Ce serait alors que cette industrie si simple en apparence et si injustement dédaignée aurait droit de revendiquer hautement sa part de la considération générale que par un préjugé vulgaire on a tant de peine à lui accorder. Le boulanger serait plus qu'un industriel, il deviendrait un savant, en pénétrant dans le sanctuaire de la science.

Les observations sur la température de l'air, sur la fermentation, sur les effets du sel dans la pâte, l'analyse chimique des farines pour en connaître les éléments, leurs caractères et leurs propriétés, ne seraient-ce pas là, dans le domaine du pétrissage seulement, des études scientifiques dignes d'élever le boulanger dans l'opinion de ceux qui raisonnent ?

## DES OPÉRATIONS DU PÉTRISSAGE.

Des soins, de la force et de l'activité, telles sont les conditions que le pétrissage demande pour être exécuté promptementet sans interruption. Les diverses opérations dont il se compose sont au nombre de quatre auxquelles nous conserverons les noms que l'usage leur a consacrés, ce sont : le *délayage*, le *frasage*, le *contre-frasage* et le *pâtonnage*.

### DU DÉLAYAGE.

Cette opération a pour but de rompre la cohésion du levain, d'en écarter les molécules et de les diviser uniformément pour les mettre en contact avec les molécules de la farine qu'on y ajoute après pour former la pâte et communiquer à celle-ci leur germe de décomposition. L'eau à l'aide de laquelle le délayage se pratique acquiert aussi une propriété particulière qui la rend propre à l'accomplissement des phénomènes de la panification ; elle dissout une partie de l'acide carbonique que renferment les cellules du levain et en augmente le dégagement au moment de la cuisson du pain.

Les moyens employés pour diriger la marche de la fermentation panaire étant insuffisants, il arrive souvent, dans les changements brusques de température de l'air surtout, que le levain a trop ou trop peu de force. Dans le premier de ces deux cas, il est bon de délayer complétement le levain dans une eau à une basse température afin que chaque molécule enveloppée d'un corps étranger et plus froid suspende momentanément sa décomposition. Dans le second cas, au contraire, il faut diviser le levain seulement par parties et dans une eau d'une température plus élevée, afin que chacune d'elles conserve et la chaleur et les éléments propres à la fermentation.

Le délayage se pratique de la manière suivante : le pétrisseur forme d'abord sa fontaine, c'est-à-dire le bassin dans lequel doit s'exécuter cette opération, en repoussant et en foulant avec la planchette la farine qui sert à retenir la planche devant laquelle se trouve le levain. Le second aide verse alors sur le levain l'eau préparée d'avance à la température nécessaire. Le coulage d'eau doit se faire avec une certaine précaution ; trop précipitamment il déchire la surface du levain et donne accès au dégagement de l'acide carbonique ; il est donc convenable de le verser modérément et en l'étendant sur tous les points de la pâte de manière à l'immerger instantanément. A cet effet, on pourrait, si la localité le permettait, établir à la tête du pétrin et au-dessus du levain un réservoir communiquant au réservoir commun et à la chaudière, lequel serait muni d'un thermomètre extérieur pour indiquer le degré de température de l'eau, et d'un autre tube gradué indiquant par le niveau d'eau la quantité dont on aurait besoin pour le pétrissage. Un robinet verserait l'eau dans un tube parallèle au réservoir et percé d'une multitude de petits trous répandant l'eau sur le levain comme le ferait un arrosoir. De cette manière l'aide seul pourrait préparer son eau et la couler sans le secours du second aide.

Le levain dans un bon état de fermentation doit flotter sur l'eau; il se délaye en le pressant légèrement entre les bras et entre les mains, en le rapprochant vers soi et en l'étirant jusqu'à ce qu'il soit répandu également dans l'eau, ou combiné intimement avec celle-ci selon les circonstances.

## DU FRASAGE.

C'est à l'aide du frasage que l'on commence à réunir la farine avec le levain délayé dans l'eau pour former la pâte. Comme aucune mesure ne limite la quantité de farine nécessaire à cette opération et qu'elle peut varier d'ailleurs selon la qualité de la farine et selon le degré de fermentation du levain, il est convenable de prendre à plusieurs fois et de renouveler autant de fois le frasage. Quelques pétrisseurs, comptant sur leur vigueur qui leur permet de soulever une grande masse de pâte, tirent tout d'un coup toute la farine qu'ils jugent nécessaire. Il en résulte plusieurs inconvénients : d'abord il est impossible que le mélange se fasse intimement à moins d'un travail long et pénible, et ensuite si la farine se trouve en excès, ce qu'on appelle *brûler la frase*, non-seulement la difficulté de compléter le frasage augmente, mais encore les opérations ultérieures en souffrent et la densité de la pâte rend celle-ci souvent impropre à l'usage auquel on la destine. Il convient donc de tirer la farine à trois fois différentes et de faire trois frasages successifs ; de cette manière les surfaces sont plus souvent déplacées et renouvelées, les molécules des différents corps se rencontrent, se lient et se combinent ensemble assez imparfaitement d'abord par cette première opération qui se pratique de la manière suivante :

L'ouvrier commence par faire une section avec l'avant-bras dans toute la hauteur de la farine qu'il soulève et qu'il répand également sur toute la surface du liquide, puis il y plonge les bras jusqu'au fond en les ramenant devant lui, les retire à moitié en transportant ce qu'il peut entraîner vis-à-vis, les replonge de nouveau et continue de cette manière jusqu'au bout de la fontaine ; il la remonte et la descend de nouveau toujours en exécutant le même mouvement. Il fait une seconde section dans la farine, puis une troisième, jusqu'à ce qu'il trouve à la pâte la densité convenable.

Cette opération terminée, les corps ne sont encore que mélangés imparfaitement, car on aperçoit çà et là de petites flaques d'eau, et des pelotons de farine qui n'en sont pas pénétrés ; mais les molécules commencent à se rapprocher selon leur affinité, à l'aide d'une malaxation permanente. La combinaison ne doit pas tarder à s'effectuer.

### CONTRE-FRASE.

La contre-frase complète l'opération précédente en forçant, par la pression, la malaxation et l'étirage, les molécules qui n'étaient jusqu'alors que réunies, à se combiner. Le travail est à peu près le même que pour le frasage; mais comme la pâte a déjà acquis un commencement de viscosité et que la masse que le pétrisseur enlève est plus tenace, il lui est plus facile de l'allonger et de la reployer sur elle-même. Le pétrisseur doit avoir soin de plonger ses bras jusqu'au fond du pétrin de manière qu'avec l'extrémité des doigts, il enlève toute la farine qui serait restée dans les angles du pétrin, et en soulevant entre ses bras la pâte pour l'étirer, il doit la diriger vers une des extrémités de la fontaine afin que la pression de son propre poids aide à la combinaison. Chaque fois que le pétrisseur a transporté la pâte à l'un des bouts de la fontaine, il doit ratisser le pétrin, il doit aussi arrêter la farine qui sert de limite à la fontaine avec une des deux planches du pétrin pour en empêcher la communication avec la pâte.

Après deux tours de pétrin et lorsque la pâte est replacée en tête, l'aide enlève par pâtons le levain de la fournée suivante qu'il dépose provisoirement dans une corbeille destinée à cet usage et saupoudrée préalablement de farine pour empêcher l'adhérence de la pâte avec les parois intérieures de la corbeille. Il ratisse la place qu'occupait la pâte enlevée et il passe au *découpage et pâtonnage.*

### DÉCOUPAGE ET PATONNAGE.

C'est à l'aide de cette opération faite avec soin et avec promptitude que l'élasticité de la pâte se développe, que toutes les molécules s'unissent ou se combinent, que l'air foulé soulève pour s'échapper le gluten et prépare celui-ci à se dilater, sous l'influence des produits de la fermentation.

Le pétrisseur découpe d'abord la quantité de pâte

qu'il peut soulever facilement sans se fatiguer en faisant trois ou quatre sections l'une devant l'autre, en introduisant les mains ouvertes dans la pâte, les pouces en dehors et en les réunissant pour étrangler et séparer la pâte et pour séparer aussi de la même manière le pâton du restant de la masse. Il découpe ensuite ce pâton pardessous en rejetant la partie coupée sur celle qui ne l'est pas, puis on pâtonne en réunissant toutes les parties déchirées et en enlevant ce pâton à la hauteur de la poitrine et en le jetant avec force sur le fond du pétrin de manière à emprisonner le plus d'air possible jusqu'à ce que les cloches qu'il forme soient bien développées. On jette ensuite les pâtons les uns sur les autres, à l'extrémité de la fontaine. On recommence cette dernière opération pour ramener la pâte en tête du pétrin et pour donner la facilité de rapprocher la planche qui retient la farine afin de pratiquer à la queue du pétrin une autre fontaine pour y déposer la pâte que l'on finit de pétrir en la pâtonnant pour la dernière fois, puis on la jette dans cette fontaine, on dit alors que la fournée est en *planche*.

Le pétrin bien ratissé et les ratissures déposées sur le levain en corbeille, on verse celui-ci en planches comme il était avant le pétrissage, pour servir à la fournée suivante.

### BASSINAGE.

Parmentier a indiqué une cinquième opération du pétrissage, le *bassinage*, mais il était pratiqué alors que les farines moulues grossièrement contenaient leurs gruaux très-peu divisés; il fallait un travail très-prolongé pour les pénétrer de l'eau qu'ils devaient absorber. Mais aujourd'hui que la mouture est tellement perfectionnée, la mouture à l'anglaise surtout, que le blé est réduit en poudre impalpable facile à se combiner avec l'eau par l'agitation seulement, le bassinage devient superflu, nuisible même en ce qu'il entrave la marche de la fermentation, à moins que celle-ci ne soit trop avancée ou la pâte trop dense : alors c'est comme remède simplement qu'on en fait l'application et non comme rigoureusement nécessaire à l'accomplissement du pétrissage.

La pâte bassinée ne s'emploie plus aujourd'hui que pour les pains mollets, de soupe et à café. Elle se prépare en délayant de la levûre dans l'eau et en incorporant ce mélange dans une partie de la pâte déjà pétrie que l'on découpe dessus et dessous et en pâtonnant jusqu'à ce que la surface soit bien unie et que les cloches que l'air souffle se développent bien, avant de se déchirer.

L'emploi de la levûre de bière dans la fabrication des pains destinés à tremper dans un liquide quelconque est rigoureusement nécessaire ; elle active la fermentation et l'augmente aux dépens d'une partie du gluten qui est désorganisé et qui ne peut plus opposer qu'une faible résistance au développement de l'acide carbonique. Celui-ci se dégage tumultueusement et forme une multitude de petites cellules presque régulières qui rendent la mie du pain facilement perméable.

### PATE RENTRÉE EN LEVAIN.

Après avoir été pétrie, la pâte a besoin d'un instant de repos pour donner à la fermentation le temps de reprendre son mouvement intestin, que l'agitation avait momentanément suspendu.

Dans le délayage, les molécules fermentescibles du levain se séparent, se divisent et se répandent également dans l'eau qui se sature elle-même des produits de la fermentation en abandonnant ceux qu'elle n'a pu dissoudre et qu'elle tient en suspension. Le frasage réunit à ceux-ci d'autres corps inertes, les juxtapose de manière que l'action chimique se communiquant de proche en proche trouve plus de résistance au dégagement de ses produits gazeux. Ces deux opérations, ainsi que la contre-frase qui les suit, doivent se succéder rapidement et sans interruption afin que les bulles de gaz ne s'échappent pas infructueusement. La contre-frase les renferme et les répand dans la pâte ; la malaxation qui en résulte réunit toutes les molécules du gluten, les soude ensemble et en forme une espèce de membrane élastique autour de laquelle se groupent tous les autres corps insolubles qui composent la farine. C'est ici qu'une agitation permanente et trop prolongée arrêterait la marche de la fermentation en renouvelant trop souvent les surfaces et en les mettant sans cesse au contact de l'air sec. Mais ce que le travail ne peut faire sans danger, la fermentation abandonnée à elle-même l'accomplit parfaitement. C'est par ce repos momentané donné à la pâte et par lequel l'acide carbonique se dégage lentement en formant çà et là quelques petites cellules pour se loger, qu'elle commence à prendre de l'animation : c'est alors qu'on peut la diviser et donner aux pains la forme qu'ils doivent avoir.

### DE LA TOURNE.

Tourner c'est donner aux pains une forme quelconque. Il serait impossible de décrire avec précision les mouvements des mains pour exécuter cette opération qui a pour but, non-seulement de donner une forme aux pains, mais encore de forcer les bulles de gaz qui ont déjà soulevé la pâte dans différentes parties de se diviser et de se répandre le plus possible en dilatant le gluten. Cependant il est convenable de procéder avec légèreté et dextérité et de ne pas trop tourmenter la pâte.

Le pain à grigne ou fendu dans le milieu est celui qui présente le plus de difficultés pour obtenir une grigne bien franche. Elle se fait avec l'avant-bras que l'on appuie dans toute la longueur du pain; on relève un des bourrelets, le plus petit, sur l'autre et l'on place le pain dans le paneton, la fente en dessous, en indiquant par une petite pince le côté du petit bourrelet.

On se sert pour tourner de farine dont on saupoudre le pain à mesure qu'on le tourne. Quelques boulangers ont adopté avec succès, pour cette opération, les farines qui contiennent peu ou point de gluten malaxable, telles que les farines de féveroles, de seigle et même de la fécule de pomme de terre. Ces farines ont l'avantage de détacher complétement les grignes, mais il faut les employer avec beaucoup de discernement, surtout la farine de féverole qui caramélise à la chaleur et rougit la grigne lorsqu'elle est employée à l'excès.

## APPLICATION DE LA MÉCANIQUE A LA BOULANGERIE.

L'application de la mécanique au pétrissage de la pâte, en boulangerie, ne fût-elle propre qu'à faire disparaître la fatigue meurtrière qu'éprouvent les ouvriers pétrisseurs dans l'exercice de leurs pénibles fonctions, devrait être encouragée, répandue et même imposée si toutefois, elle répond aux besoins de la fabrication, de l'hygiène, de la salubrité et de l'alimentation.

La question spéculative ne peut être admise qu'autant que les premières sont bien rigoureusement observées.

Le pétrissage par lui-même est bien simple, encore faut-il qu'il soit pratiqué de manière à ce que la fermentation panaire, sans laquelle le pain ne jouit d'aucune de ses propriétés naturelles, n'éprouve aucune altération dans ses principes, ni la moindre entrave dans sa marche.

La température et le mouvement modifient singulièrement la fermentation : la première la ralentit ou l'accélère, le second l'arrête complétement, pendant tout le temps qu'il se produit, c'est ce qui fait que par le pétrissage à bras d'homme, la fermentation n'est interrompue momentanément que dans la partie de pâte qu'il peut saisir et mettre en mouvement, laquelle se ranime aussitôt qu'elle est en repos; mais, cependant, une agitation trop souvent répétée ou trop prolongée alourdit la pâte et le pain souffre dans son apprêt et dans son développement. C'est pourquoi, il arrive souvent que l'ouvrier pétrisseur peu robuste, mais habile observateur, réussit beaucoup mieux qu'un ouvrier plus vigoureux dont l'intelligence est au-dessous de sa force musculaire.

Ce sont là précisément les motifs pour lesquels le plus grand nombre des appareils mécaniques destinés au pétrissage ont échoué dans leur application.

Ainsi la seule condition, et celle-là les résume toutes, d'un pétrisseur mécanique, c'est de produire le déplacement de la matière par un mouvement successif et alternatif.

Avec des forces supérieures à celles que l'homme peut déployer, il serait facile de réduire le pétrissage à deux opérations successives et rigoureusement indispensables, le *délayage* et l'*étirage*.

### DES DIVERS PÉTRINS.

La mécanique appliquée à la boulangerie a été longtemps à l'état de préjugé défavorable ; c'est qu'aussi tous les appareils qu'on avait inventés jusqu'à ce jour s'écartaient des règles théoriques et pratiques les plus ordinaires de l'art.

Quelques boulangers ont pensé, sans se renfermer trop exclusivement dans des usages routiniers, comme on les en accuse trop légèrement, que les bras de l'homme communiquaient à la pâte une chaleur que le fer, au contraire, devait retirer. D'autres, on peut dire les ignorants, convaincus, d'ailleurs, par l'opinion d'un savant, auquel le mérite, généralement reconnu, donne une certaine autorité populaire, ont cru que les sécrétions ammoniacales, quelquefois acides, qui s'échappent du corps de l'homme par l'action pénible du pétrissage, étaient favorables au développement de la fermentation.

Heureusement pour la salubrité que ces suppositions révoltantes ne se trouvent confirmées par aucune théorie ni par aucun fait examinés sérieusement ; mais elles ont contribué puissamment à entraver les progrès de la boulangerie.

D'un autre côté, les mécaniciens, étrangers à tous ces scrupules, mais aussi à toutes les règles de la panification, ont créé des machines à remuer et mélanger seulement de la matière, sans consulter l'expérience du boulanger sur les principes de son art.

La *lembertine*, pétrin mécanique inventé, en 1811,

par *Lembert*, boulanger à Paris, est la première tentative d'une application qui aurait pu faire sortir la boulangerie de ses prétendues habitudes routinières, si *Lembert*, qui avait cependant une connaissance profonde de son art, en eût observé les règles dans son œuvre; mais s'il a, par l'autorité de son expérience, inculqué une erreur dangereuse, celle de la suppression du délayage, il a, du moins, donné le signal important des améliorations.

La lembertine est simplement un pétrin quadrangulaire en bois, s'ouvrant et se fermant à volonté, tournant horizontalement sur son axe, au moyen d'un volant à manivelle, d'un pignon et d'une roue d'engrenage.

Dans cet appareil, le levain, l'eau et la farine, mis en même temps, sans un délayage préparatoire des deux premières matières, s'unissent, sans le concours de l'air, cependant si nécessaire au développement de la fermentation, par l'effet du propre poids de la masse qui n'est agitée que dans un sens horizontal. En un mot, c'est un mélange, même imparfait, et non un pétrissage comme *Lembert* le comprenait si bien.

Plusieurs années après la création de la lembertine dont on ne fit qu'une application éphémère, et qu'on relégua, comme souvenir seulement de cette découverte, au Conservatoire des arts et métiers, plusieurs autres appareils furent mis en pratique sans plus de succès, et abandonnés presque aussitôt, parce que, comme toujours, en boulangerie, l'observation des règles de la panification était sacrifiée au génie de la mécanique.

Cependant un autre boulanger de Paris, *Fontaine*, non moins habile praticien que *Lembert*, et saisissant avec intelligence la seule imperfection du pétrin de ce dernier, le reprit, il y a quelques années, et y ajouta intérieurementun pétrisseur fixe dont *Lembert* avait cru pouvoir se dispenser sans violer les règles de l'art. Son extrême simplicité réalise parfaitement la condition si importante du déplacement, en tous sens, de toutes les parties de la pâte.

Ce pétrisseur consistait uniquement en deux barres de bois placées en diagonale du haut en bas de la partie inférieure du pétrin et se croisant sans se toucher : elles pouvaient être retirées, sans embarras, après le pétrissage.

C'est cette ingénieuse machine, remarquable par sa simplicité, que les frères *Mouchot*, fondateurs de l'intéressante boulangerie aérotherme de Montrouge, ont mise exclusivement en pratique dans leur établissement en y substituant, peut-être à tort, aux barres de bois qu'avait imaginées *Fontâine*, des dents de fer fixées à demeure et perpendiculairement à la paroi supérieure du pétrin.

Quoique cet appareil fût longtemps le seul qui témoignât de l'application réelle de la mécanique en boulangerie, plusieurs objections sérieuses mettent encore en doute sa perfection.

La première consiste dans la suppression du délayage, que ni *Fontaine* ni les frères *Mouchot* n'ont rétabli. La nécessité impérieuse de le pratiquer est cependant suffisamment démontrée par l'expérience, la théorie et l'autorité incontestable de *Parmentier* et de *Mallouin.*

La seconde est le pétrissage pratiqué en vase clos. L'exacte fermeture empêche, il est vrai, l'eau de s'en échapper, mais aussi l'air d'y pénétrer ; cependant celui-ci est indispensable non-seulement à la fermentation, mais encore à la panification.

La fermentation ne peut s'établir sans le concours de l'air, auquel elle emprunte son oxygène pour former l'acide carbonique, cette puissance expansible qui donne au pain la légèreté qui en caractérise la perfection.

Le pétrissage introduit l'air et le retient dans les pores de la pâte que la fermentation a préparée, et leur conserve la forme cellulaire qu'une nouvelle production d'acide carbonique agrandit pendant la fermentation et à la force expansive duquel l'air prête son concours. D'ailleurs, c'est un principe reconnu par la science; et jusqu'à ce que des phénomènes imprévus viennent en modifier la théorie, nous devons respecter son autorité.

Beaucoup d'autres appareils ont été créés et abandonnés aussitôt après leur application; ils n'ont servi qu'à prolonger la défiance du praticien et à justifier sa répulsion.

C'est en étudiant, avec le secours de l'expérience pratique, les avantages et les imperfections des moyens d'exécution de toutes les machines à pétrir inventées jusqu'à ce jour, en acceptant les uns, repoussant les autres et modifiant l'ensemble, qu'on devait arriver, par des combinaisons simples, à la solution d'un problème qui intéresse également les ouvriers boulangers et les consommateurs.

Affranchi de toutes les difficultés qui entravaient sa marche, le travail deviendra plus facile et moins accablant pour l'ouvrier, sans diminuer l'importance des fonctions de ce dernier. D'un autre côté, le pétrissage, par la mécanique, du premier des aliments, en conservant aux divers éléments qui le composent leurs propriétés originaires, aura, de plus, l'avantage de faire disparaître l'invincible répugnance qu'éprouvent les consommateurs pour tout objet alimentaire préparé avec les mains.

Dans l'espoir d'atteindre ce perfectionnement, et comme conséquence des observations précédentes, sans me préoccuper, d'ailleurs, trop exclusivement des moyens mécaniques propres à son mouvement, j'ai créé un pétrisseur dont les fonctions se rapprochent, autant que possible, de celles des bras de l'homme, et à l'aide duquel les règles de la panification sont observées rigoureusement, quoique la manipulation se trouve réduite à sa plus simple expression.

Voici la description de cet appareil :

Sur les deux extrémités d'un pétrin demi-cylindrique, est placé un arbre hexagone en fonte, tournant dans des coussinets fixés extérieurement pour éviter l'épanchement des huiles dans la pâte; sa rotation, qui doit être rigoureusement de six tours à la minute, le moins, pour les pâtes *fermes* et de dix tours pour les pâtes *douces*, a lieu au moyen d'un pignon, d'une roue d'engrenage et d'un volant à manivelle. On pourrait, s'il est besoin pour augmenter la force en diminuant la vitesse, ajouter une roue communiquant le mouvement au pignon. A chaque extrémité de l'arbre, dans l'intérieur du pétrin, s'élèvent à l'une et s'abaissent à l'autre perpendiculairement deux lames en fer formant rayons; ces deux lames ne sont pas fixées carrément à l'arbre, elles obliquent en sens inverse l'une de l'autre dans la direction de deux autres lames courbées et chantournées en section de spirale. Ces dernières partent de l'extrémité supérieure des lames perpendiculaires auxquelles elles sont liées et reviennent se fixer à l'arbre vers leur base.

Ces courbes sont spiralées de manière qu'une partie de l'une parcourt la moitié de la paroi intérieure du pétrin avant de se joindre à l'arbre, et l'autre, la seconde moitié, en ramenant la pâte l'une vers l'autre.

Quatre rayons courbés, deux dans la direction d'une des lames perpendiculaires et deux dans celle de l'autre, tous les quatre chantournés vers l'arbre sur lequel ils sont répartis également sur un plateau en spirale, unissent l'arbre aux courbes spiralées.

J'insiste sur une observation à laquelle j'attache beaucoup d'importance parce qu'elle résume les idées généralement adoptées sur la théorie du pétrissage et sur la force qu'il faut raisonnablement dépenser pour le pratiquer avec avantage.

La pâte ne doit toujours être que soulevée, allongée et tirée, mais jamais déchirée et macérée ; elle doit être aussi alternativement déplacée.

Le pâtonnage, que les ouvriers habiles exécutent avec une certaine satisfaction comme le résultat d'un pétrissage parfait, n'en témoigne pas moins de leur impuissance, puisqu'ils ne peuvent le pratiquer que par parties. Un étirage général de la pâte produit exactement les mêmes effets.

Cependant le mouvement constant et général de la pâte ne serait-il pas une des principales causes pour lesquelles le pétrissage mécanique n'avait pas obtenu le succès qu'on en attendait ?

En effet, dans le pétrissage à bras d'homme, la fermentation n'est jamais interrompue qu'un instant et partiellement. Le pâton, ou la partie de pâte que l'ouvrier manipule, reprend, au sortir de ses mains, la vie intestine que le travail avait suspendue un moment, tandis que, par la mécanique, l'agitation continuelle de la pâte prolonge son engourdissement : c'est pourquoi on est obligé de la laisser reposer, ou rentrer en levain, avant de lui donner la forme du pain.

Ainsi voilà les deux conditions essentielles auxquelles peut se réduire le pétrissage et que j'ai cherché à prendre pour règle dans mon pétrisseur, le délayage, le frasage ou étirage par un mouvement successif.

On remarquera que toutes les parties agissantes de ce pétrisseur plongent de flanc et successivement dans la pâte pour en diminuer la résistance, se croisent en tous sens sans heurter le mouvement général, soulèvent, allongent et étirent la pâte, et produisent un déplacement rationnel auquel un mouvement déréglé qui occasionnerait le déchirement et la macération de la pâte ne peut être comparé.

L'administration des hospices de Paris a fait exécuter un modèle de ce pétrisseur qui fonctionne tous les jours à leur boulangerie générale, place Scipion.

Il a été créé pour le service spécial de cette boulangerie, qui l'a fait longtemps fonctionner concurremment avec tous les autres appareils de ce genre inventés jusqu'alors, et put ainsi en constater les avantages sous le rapport de la simplicité d'exécution, de la perfection de ses produits, de l'économie dans la fabrication du pain et de son rendement, et de la salubrité des ouvriers boulangers. De l'avis unanime des hommes spéciaux, des savants et des administrateurs qui suivirent les expériences comparatives, le conseil municipal de la Seine décida que le pétrissage à bras d'homme serait supprimé dans cet établissement et qu'il serait remplacé par le pétrissage mécanique au moyen de cet appareil.

De sorte qu'avant d'être livré à l'industrie générale il a subi l'expérience du temps, l'épreuve de la prévention et de la routine, et enfin il a reçu le baptême des praticiens les plus consommés dans leur art, et de ceux surtout dont l'opinion fait autorité en pareille matière, des *ouvriers boulangers!* car ceux-ci, jusqu'alors, avaient manifesté une sorte de méfiance fondée sur l'insuccès d'appareils défectueux qui, entre leurs mains, étaient restés impuissants (1). Maintenant c'est un fait accompli, un problème résolu, la mécanique est applicable en boulangerie.

(1) Le *pétrisseur de M. Boland* ci-dessus décrit fonctionne depuis plusieurs années à la boulangerie des hospices, sans avoir exigé de réparations; il remplit parfaitement toutes les conditions qu'on peut exiger de ces sortes d'appareils. La pâte se fait très-bien, à air libre, et dix de ces pétrins, un pour chaque four, suffisent chaque jour au pétrissage de près de 17,000 kilog. de farine produisant aux environs de 22,000 kilog. de pain.

Cependant M. Boland a cru que le pétrissage serait encore plus parfait, si l'hélice était dégagée de l'arbre horizontal sur lequel elle s'appuie, et si au lieu d'un seul moteur à l'une des extrémités, il s'en trouvait un à chaque bout. Il venait d'apporter à son pétrin ce double changement lorsqu'une mort prématurée est venue l'enlever. M. Boland fils vient de réaliser le projet de son père, et aujourd'hui un de ces pétrins modifiés fonctionne dans la boulangerie des hospices. L'arbre transversal de l'hélice a disparu; celle-ci ne s'appuie à chacune de ses extrémités que sur un tourillon de fer forgé, et pour éviter toute torsion, il y a à chaque bout du pétrin un engrénage moteur. Le pétrisseur tourne ainsi sans efforts et avec une régularité parfaite. L'inconvénient de l'arbre transversal était d'amasser une certaine quantité de pâte qui y restait plus ou moins adhérente et ne s'étirait pas suffisamment. Par la disposition nouvelle, l'hélice est complétement dégagée, aucune partie de pâte ne s'enroule, et si, comme il y a lieu de le penser, l'hélice mue à chaque extrémité par un engrenage, a toute la solidité désirable, nul doute que M. Boland n'ait réalisé là dans son pétrin, une amélioration importante.

Nous l'avons vu fonctionner en présence de praticiens habiles qui n'ont pas hésité à dire que de tous les pétrins connus, celui-ci était certainement le mieux entendu et le plus conforme aux exigences du travail du pétrissage. On y reconnait la main d'un véritable maître dans sa spécialité. (*Écho agricole*, 18 avril 1860).

# NOTE I.

## DES PROPRIÉTÉS ALIMENTAIRES DU PAIN DE PREMIÈRE ET DE SECONDE QUALITÉ, COMPARÉ AVEC LE PAIN RÉGLEMENTAIRE DES MANUTENTIONS MILITAIRES.

Chacun de nos aliments a sa manière propre d'agir sur nos organes : des corps qui les composent, les uns sont nutritifs, directement ou par transformation; d'autres sont purement stimulants et disposent les organes à transformer les substances alimentaires pour se les assimiler : enfin il en est qui, par leur flexibilité et leur insolubilité, ne servent qu'à favoriser mécaniquement l'élaboration des premiers.

Les végétaux amylacés participent tous de la même manière à la nourriture de l'homme par la transformation de leur amidon en glucose; mais à divers degrés, par la dilatation de leur tissu cellulaire, appelé cellulose dans les légumineux et gluten dans les céréales, et s'il était possible de constater aussi facilement le degré de dilatation de la cellulose comme on le fait du gluten, on pourrait établir de véritables équivalents alimentaires en prenant pour unité le gluten pur qui se dilate jusqu'à sept fois son volume, lesquels divisés en 50 degrés forment une échelle de comparaison facile à consulter.

Le gluten de la farine première qualité peut atteindre 50 degrés de dilatation, qui est le maximum ;

Celui de la farine seconde, 36 degrés;

De la farine troisième, 21 degrés;

Enfin celui de la farine quatrième, 7 degrés.

### Propriétés alimentaires du pain.

De tous les végétaux destinés à concourir à la nourriture de l'homme, le froment seul contient, tout formés, on pourrait dire condensés sous le plus petit volume possible, les éléments d'une alimentation parfaite ; mais ils peuvent être développés et modifiés, à l'état de farine par la division et l'épuration, à l'état de bouillie par l'hydratation, à l'état de pain par la fermentation et la température.

Avant de nous occuper de ces différentes formes, examinons d'abord les propriétés de chacun des deux corps principaux qui composent la farine de froment et le rôle qu'ils jouent, à divers états, dans l'alimentation.

Il a été reconnu, et confirmé en dernier lieu par le docteur Magendie, que « toutes les substances immédiates, animales « ou végétales, isolées, ne peuvent suffire à l'alimentation des « animaux ; cependant le gluten des végétaux qui en contien- « nent, fait exception à cette règle générale. Bien que son odeur « soit fade et quelque peu nauséabonde, bien que sa saveur « n'ait rien d'agréable, seul, à l'état frais, sans aucune prépara- « tion ni assaisonnement, il n'excite ni répugnance ni dégoût « autre que la satiété bien naturelle de l'uniformité des ali- « ments, et nourrit parfaitement pendant longtemps. »

Parmentier avait déjà fait des expériences et des observations sur le gluten, mais à l'état sec, et avait obtenu des résultats d'après lesquels il avait conclu que cette substance, quoique analogue à la viande par sa constitution chimique, et à son état primitif, n'avait aucune propriété alimentaire en passant par une température élevée.

Les expériences de ces deux savants, exactes toutes les deux, démontrent, mieux que la théorie, l'influence extraordinaire de l'hydratation et de la température. En effet, pour qu'une substance végétale soit réellement nourrissante, il faut que l'eau puisse la pénétrer, se combiner avec chacune de ses molécules et la convertir en un mucilage dont la mollesse et la flexibilité se prêtent aux différentes opérations qui doivent la transformer en chyle.

Dans la farine, à la température ordinaire, le gluten seul se combine avec l'eau dans une limite qui dépend de son agrégation et produit la substance alimentaire observée par le docteur Magendie. L'amidon est imperméable et ne possède aucune propriété nutritive à la même température.

Dans la bouillie, au contraire, où l'eau est en excès et la température élevée, le gluten est décomposé par la matière extractive et le sucre de la farine, l'amidon passe à l'état de gomme soluble, et ses vésicules, ouvertes et dilatées, à celui d'un mucilage propre à l'alimentation ou au moins à favoriser, dans l'estomac, la transformation ultérieure de la gomme en un corps jouissant au plus haut degré des propriétés alimentaires : c'est la glucose.

Dans le pain, la fermentation et la température élevée nécessaires à sa formation, modifient considérablement et transforment même les propriétés alimentaires des corps qui composent la farine.

Le gluten, dilaté par une température élevée, ne jouit plus au même degré des propriétés nutritives qu'il avait dans la farine, mais il en a contracté une autre qui, par la souplesse de son organisation cellulaire, caractérise parfaitement bien son indispensable union avec les autres aliments dont il prépare l'assimilation en les retenant dans l'estomac, sans le fatiguer, le temps nécessaire à leur transformation en glucose, sous l'influence de la chaleur, des acides et des sucs gastriques que cet organe engendre.

Ainsi le gluten, dilaté par la chaleur sous la forme de cellules cartilagineuses, devient insoluble et n'arrive jamais à l'estomac revêtu de ses caractères primitifs; on doit donc présumer qu'il est confondu, après la déjection, dans la masse grossière qui doit former les excrétions.

L'amidon isolé, et tel qu'on l'extrait de la farine par le lavage, ne possède aucune propriété alimentaire; mais hydraté, à son tour, sous l'influence de la chaleur, il absorbe à travers les réseaux dilatés du gluten dont il est enveloppé, les différents liquides sécrétés dans l'estomac, lesquels le changent en glucose et lui donnent, sous cette forme, les propriétés nutritives qu'il n'avait pas avant d'être converti en pain.

Nous comprenons maintenant pourquoi le gluten hydraté à la température ordinaire et considéré, d'après la constitution de ses éléments, comme propre à une nourriture unique, n'est plus, dans le pain, que l'accompagnement indispensable des autres aliments auxquels il prête son concours mécanique pour accomplir leur assimilation ainsi que celle des autres corps dont la farine est composée.

Ce n'est donc plus comme substance alimentaire proprement dite qu'il faut considérer le gluten, c'est comme lest qu'il convient maintenant de l'apprécier, puisque c'est sous la forme de pain qu'il est communément employé.

Le lest ne produit dans les aliments que son propre poids, il passe en entier de la bouche dans l'estomac et de l'estomac dans le canal intestinal sans s'atténuer suffisamment pour former du chyle, et ne peut, par conséquent, se changer en sang; mais s'il n'a pas l'humidité, la souplesse et l'élasticité convenables, ou s'il se trouve associé avec une substance inerte et compacte, il entraîne une portion de la vraie nourriture, augmente la somme des déjections au point de rendre les excrétions presque égales à la consommation. C'est l'effet que produit ordinairement le pain fabriqué avec des farines contenant une trop grande quantité de son grossier, ou mélangées avec d'autres céréales, ou pauvres en gluten d'une élasticité convenable, enfin réunissant tout ce qui peut contribuer à le rendre par trop aqueux, mat et lourd, car il n'arrive que trop souvent que l'aliment ne produit pas tout son effet lorsqu'il est mêlé et confondu avec une matière hétérogène, qui laisse presque toujours après elle des traces fâcheuses de son association.

Les fonctions de l'estomac, souvent entravées par une masse épaisse et abondante que les sucs gastriques ne peuvent pénétrer, n'agissent qu'imparfaitement et l'aliment est précipité, sans modification, par son propre poids dans les entrailles, ce qui fait que l'appétit reparaît bientôt avec plus de force qu'auparavant et ce qui est cause aussi que les habitants des campagnes éprouvent le besoin de multiplier leurs repas.

Ainsi dans la farine, le gluten seul est éminemment alimentaire, presque à l'égal de la viande, l'amidon ne l'est à aucun degré appréciable.

Dans le pain, au contraire, le gluten, par sa formation cellulaire et cartilagineuse, a perdu les propriétés alimentaires de sa constitution primitive, il ne forme plus qu'un appareil de réduction souple, élastique et parfaitement convenable à la transformation de l'amidon en substance alimentaire sous la forme de glucose : mais comme ce dernier n'est pas, seul, d'une alimentation suffisante, le pain ne peut être comparé au gluten hydraté et frais, et considéré comme aliment unique.

Le pain léger, par le développement de ses cellules dans lesquelles le travail de la nutrition s'élabore librement, est donc plus favorable à l'alimentation que le pain lourd et mat auquel le peu de perméabilité ne permet pas, sans inconvénient, de joindre une trop grande quantité d'autres aliments, surtout d'une digestion difficile.

## CONCLUSION.

Les propriétés alimentaires de la farine et du pain se résument, dans l'une, par la quantité de gluten, et dans l'autre par la cohésion et l'élasticité de ce dernier pur de toute substance inerte, adhérente ou étrangère, susceptible d'en modifier la dilatation.

La farine blanche, bien fabriquée et de première qualité, doit, par sa pureté, produire le pain le plus alimentaire.

La farine de seconde qualité, dans laquelle la seconde épuration a déjà laissé pénétrer du son très-divisé et dont le gluten n'a jamais la même cohésion que la première, ne peut non plus avoir les mêmes propriétés alimentaires quoique, cependant, elle en approche beaucoup.

En résumé, je n'hésite pas de déclarer, quelle que soit d'ailleurs l'opinion des habitants des campagnes habitués au pain lourd et mat, celle des habitants des villes qui la partagent, sans s'en rendre compte, et même aussi celle des auteurs du Cours complet d'agriculture, que le pain blanc de première qualité et même celui de seconde qualité, lorsqu'ils sont légers, alimentent mieux que le pain dit de ménage, en usage dans les campagnes, et celui surtout des manutentions militaires, quelle que soit la supériorité des éléments de la farine de ce dernier.

Quant à la farine réglementaire à 15 pour 100 d'extraction pour le service des manutentions militaires, elle ne diffère de la farine ordinaire du commerce que par l'état de division dans lequel se trouvent les corps qui la composent et par leur épuration.

Le genre de mouture spéciale employée à la fabrication de cette sorte de farine ne développe pas, par le frottement, ce dégagement de chaleur qui, dans les autres moutures, altère, plus ou moins, la cohésion du gluten ; mais si elle a l'avantage de conserver intactes les propriétés primitives de ce dernier, elle a l'inconvénient aussi de limiter la division du blé de manière qu'une partie de gruau reste adhérente au son avec lequel il s'échappe dans l'épuration : d'où il résulte que l'extraction produit, par l'analyse, 14 pour 100 de gluten et 53 d'amidon, dextrine et sucre, ce qui fait 87 de substance alimentaire dont l'extraction s'empare au préjudice de la farine qui, de son côté, et par les mêmes causes, retient une grande partie de son dont la présence modifie, dans la panification, la dilatation du gluten et la réduit à sa plus simple expression.

L'observation analytique de la farine réglementaire et de son extraction ne peut rien faire préjuger en faveur de la première, attendu que l'analyse élimine le seul corps qui, par son inertie, son insolubilité et la matière grasse qui entre dans sa composition, compromet la panification. En effet, provenant de bons blés moulus, comme nous l'avons dit, sans dégagement de chaleur trop sensible, la farine réglementaire donne, par l'analyse, une abondance de gluten supérieure à tout ce que les farines de première qualité du commerce peuvent produire, et dans des conditions d'élasticité parfaites, et cependant la pâte qui en résulte est toujours difficile à manipuler, grasse et rebelle à l'étirage ; le pain reste lourd, humide et mat après cuisson. Ce phénomène ne peut s'expliquer autrement que par la présence du son grossier dont la constitution ligneuse, grasse, inerte et insoluble, exerce sa fatale influence en formant autant de points de solution de continuité qui, répandus dans le gluten, interrompent son développement et en modifient singulièrement les effets mécaniques dont l'alimentation dépend, et de plus, chaque paillette de son, en se fixant sur les parois de l'estomac, dans l'alimentation, n'arrête-t-elle pas l'absorption sans laquelle cet organe ne remplit pas complétement ses fonctions? Je livre cette dernière réflexion à l'attention des physiologistes ; mais je persiste à soutenir que, dans une farine dont la mouture n'aura pas altéré la nature primitive des éléments, et pure de toute substance étrangère, le son grossier qui, *à dessein*, n'en aurait pas été séparé, en détruit, seul, les propriétés alimentaires en désagrégeant le gluten plus que ne le ferait toute autre cause, même les falsifications, dans une certaine limite. D'ailleurs, l'illustre Parmentier n'avait-il pas déjà fait ressortir ces conséquences, lorsqu'il dit que « toute sorte de pain bien fabriqué, « dans la composition duquel il n'entre point de son, forme une « nourriture solide et substantielle ? »

Pour se faire une idée de l'imperfection de la mouture et de l'épuration de la farine réglementaire, sans avoir recours à l'analyse, il suffit de comparer le poids de son extraction avec celui de l'extraction des farines du commerce à volume égal ; on trouvera la première trois fois plus pesante que la seconde, et par conséquent d'une valeur commerciale supérieure, parce qu'elle est composée de son et de gruau et que l'autre ne contient que du son à peu près pur.

L'administration de la guerre pourrait, probablement sans s'imposer de sacrifice, abandonner ce vieux système de mouture, soi-disant économique, pour le remplacer par la mouture ordinaire et l'extraction commune, mélanger ensuite toutes les sortes de farine qui en proviendraient, gruaux, premières, secondes, etc. De cette manière, la panification deviendrait praticable, le pain aurait un aspect et un caractère qui ne laisseraient plus de doute sur ses propriétés alimentaires.

---

## NOTE II.

### DE L'EAU DANS LE PAIN.

L'eau qui entre dans la fabrication du pain ne participe des propriétés alimentaires de la farine de froment que dans une proportion rigoureusement limitée par la constitution des éléments qui composent cette dernière ; car, si l'eau est distribuée régulièrement par la nature pour la formation, le développement et la maturité des végétaux, elle doit l'être également pour leur transformation ultérieure ; à moins que, par une désorganisation définitive, laquelle résulte toujours de la chaleur et d'un excès d'eau, ils ne deviennent solubles; alors, dans ce cas, leurs éléments se séparent, forment de nouvelles combinaisons, etils retournent à leur foyer originaire sans produire les effets de leur destination naturelle.

Ainsi, dans la décomposition naturelle des végétaux, l'air n'agit qu'autant qu'il est saturé d'humidité et que la chaleur intervient. Leur désorganisation se manifeste avec plus ou moins de lenteur, selon la composition et le degré d'imperméabilité de l'enveloppe qui les protége contre les influences atmosphériques.

Mais, lorsqu'il s'agit de les transformer brusquement, à l'aide du concours de l'eau, en ménageant, toutefois, leur principe organique, il est indispensable de circonscrire la limite de cette dernière dans une proportion que nous allons définir au sujet du pain.

Selon M. Dumas, la farine première employée dans la boulangerie de Paris est composée de :

| | |
|---|---|
| Eau de végétation | 10,000 |
| Gluten sec | 10,200 |
| Amidon | 72,800 |
| Glucose | 4,200 |
| Dextrine | 2,800 |
| TOTAL | 100,000 |

Dans la panification, l'eau, à la température ordinaire ou à celle de 30 et 40 degrés, ne dissout que la glucose, laquelle engendre la fermentation et disparaît complétement, en abandonnant les 2 parties d'eau qui ont servi à sa formation.

Hors cette dernière dissolution, l'eau ne pénètre, presque à l'état de combinaison, que l'un des deux corps principaux qui composent la farine de froment ; c'est le gluten !

Cette substance, que toute autre céréale ne possède ni en égale quantité ni au même degré d'agrégation, absorbe, dans la panification, une proportion d'eau qui diffère selon sa nature originaire, ou, dans son état moléculaire, selon les modifications survenues, avant la mouture, par la chaleur et l'humidité, ou, pendant la mouture, par la température élevée qui peut résulter du frottement, de la pression et de la rotation trop précipitée de la meule.

A son état normal et pour le développement complet de son élasticité par l'action de la chaleur, le gluten peut absorber deux fois son propre poids d'eau, ce qui fait déjà 20 pour 100 de la farine composée comme ci-dessus.

L'amidon, quoique adhérent au gluten, de l'organisation duquel il émane par sécrétion, diffère entièrement de sa constitution élémentaire ; il ne possède ni sa perméabilité ni son élasticité sous l'influence de l'eau à la température exprimée plus haut.

L'eau ne commence à agir sur l'amidon qu'à + de 70 degrés ; elle en attendrit et gonfle les téguments sans les pénétrer ; mais, à 90 degrés, ces derniers éclatent, se dilatent au maximum, et ils restent en suspension dans l'eau, dont ils augmentent la densité sous la forme d'empois.

L'amidon proprement dit, débarrassé de son enveloppe organique, se divise à l'infini, mais sans s'hydrater. Ce n'est que sous l'influence d'un agent fermentatif, lequel est toujours formé d'une substance azotée en décomposition, que l'amidon s'hydrate, à l'état de combinaison, de la cinquième partie seulement du poids de l'eau dont il est composé. Cette nouvelle combinaison constitue la glucose, dont le caractère, les propriétés et la composition élémentaire diffèrent essentiellement de l'amidon, qui, avant cette transformation, ne jouissait d'aucune propriété alimentaire, et l'acquiert par le fait seulement d'une hydratation de 2 parties d'eau.

Dans la panification, la glucose, à part celle qui est toute formée dans la farine et qui disparaît par la fermentation panaire à laquelle elle a donné naissance, ne se produit pas, puisque c'est la dextrine qui l'engendre, et que celle-ci ne se forme qu'à l'aide d'une température de + de 70 degrés.

Donc le pain ne contient jamais de glucose ; mais son amidon, converti en dextrine et accompagné des 2 parties d'eau nécessaires à sa conversion en glucose, se transforme en ce dernier état dans l'estomac, sous l'influence des acides et des sucs gastriques que cet organe engendre.

Le gluten, à part le rôle important qu'il joue, par sa nature tout exceptionnelle, dans l'alimentation, se prête merveilleusement à cette transformation au moyen de la perméabilité de sa structure cellulaire et cartilagineuse, qui permet aux sécrétions gastriques de pénétrer jusqu'aux substances sur lesquelles elles réagissent.

C'est l'ensemble de tous ces phénomènes qui constitue l'alimentation du pain.

D'après cet exposé, il est facile maintenant d'établir, d'une manière rigoureuse, la quantité d'eau qui participe de l'alimentation du pain, en développant les éléments nutritifs de la farine. Cet exposé sert de base à la démonstration qui va suivre.

Dans la farine dont nous avons donné l'analyse, nous avons dit que le gluten pouvait absorber 20 parties d'eau, en admettant un état d'agrégation parfait.

L'amidon, qui est composé, élémentairement, de 24 parties de charbon et de 10 parties d'eau, a besoin, pour sa conversion en glucose, de 2 parties d'eau, ce qui fait, sur 72,800 d'amidon, 14,560 d'eau, total 34,560, sur lesquels il faut déduire les 0,840 que la glucose contenait et qu'elle a abandonnés par la fermentation ; il resterait donc, dans le produit de 100 kilog. de farine en pain cuit, 33,720 d'eau sur celle employée pour la fabrication du pain, et, en ajoutant les 10 parties d'eau de végétation, c'est 43,720 d'eau qu'on doit trouver après dessiccation complète du pain.

Le même savant a reconnu que le pain de munition, préparé avec des farines blutées à 15 pour 100 d'extraction, contenait 51,14 pour 100 d'eau, le pain dit de ménage, à l'usage des habitants de la campagne, 47,71, et le pain blanc des boulangers de Paris, 45.

En admettant, ce qui probablement n'est pas, mais ce qui pourrait être, que ces différentes espèces de pain provinssent des mêmes blés et farines, épurées l'une à 15 pour 100 d'extraction, l'autre à 20 et la dernière à 23, les résultats seraient à peu près les mêmes. Donc il y a une raison par laquelle la première retient beaucoup plus d'eau que la seconde, et celle-ci, dans une autre proportion, que la dernière ; et, de plus, l'aspect intérieur de ces sortes de pains offre également des différences très-appréciables, qu'on ne peut éviter même avec une panification aussi parfaite que possible et pareille dans les trois cas.

Nous ne pouvons admettre qu'une cause ; elle est, du reste, démontrée par la théorie et justifiée par l'expérience ; c'est que le gluten est pénétré, plus ou moins, d'un corps qui, sans être étranger au froment, le devient à la farine, de laquelle on l'expulse pour obtenir cette dernière pure et jouissant de toutes ses propriétés panifiables et alimentaires. Ce corps est l'enveloppe corticale du blé, autrement dit le son, qui, par sa nature, n'absorbe pas, mais retient beaucoup d'eau, qui n'acquiert aucune propriété nouvelle en passant par toutes les phases de la panification.

Ces dernières observations se trouvent corroborées par l'analyse du nouveau pain de munition, dont la farine est blutée à 20 pour 100 d'extraction, et dans lequel on ne trouve plus que 46,96 pour 100 d'eau, c'est-à-dire 4,18 de moins que l'ancien pain de munition, 0,75 de moins que le pain de ménage, et 1,96 seulement de plus que le pain blanc des boulangeries de Paris.

Quand on pense qu'il n'y a pas vingt ans la farine réglementaire des manutentions militaires était encore blutée à 10 pour 100 d'extraction !

La première réduction de 5 pour 100 a été ordonnée par le roi Louis-Philippe, et la seconde, de 5 autres également p. 100, par l'empereur Napoléon III.

Ces bienfaits appartiennent à l'histoire !

Nous avons dit, et nous insistons à dessein, que l'absorption de l'eau dans la panification ne peut pas être uniforme pour toutes les farines, attendu qu'elle dépend de la cohésion du gluten, dont l'élasticité varie de 5 à 50 degrés de dilatation, et dont la quantité dans le blé diffère aussi suivant le climat, la nature du sol, la manière dont il est cultivé, et l'influence des saisons.

Pour compléter nos observations sur l'eau dans le pain, nous prendrons pour base de notre appréciation le rendement réglementaire de 100 kilog. de farine en pain cuit dans la boulangerie de Paris.

100 kilog. de farine doivent produire 130 kilog. de pains cuits de 2 kilog. chacun.

Le poids officiel de chaque pain, en pâte, est de $2^k$,310; donc $46^k$,50 d'eau sont employés à la panification, sur lesquels $16^k$,50 sont évaporés par la cuisson du pain, puisqu'il doit en rester 30 kilog. dans le produit des 100 kilog. de farine.

Donc toute l'eau qui entre dans la composition du pain première qualité de la boulangerie de Paris concourt à son alimentation, puisque, dans le cas où les farines ressembleraient à celle dont M. Dumas a donné l'analyse, elles pourraient encore contenir $3^k$,720 d'eau de plus; mais, nous devons le déclarer, la farine qui contient 10 pour 100 de gluten sec est plutôt rare que commune.

L'autorité a parfaitement compris qu'il lui était aussi impossible de réglementer l'eau dans le pain et sa déperdition au four que de régler la nature originaire du blé, ses altérations ultérieures et les effets très-variés de la mouture : aussi a-t-elle laissé les boulangers libres d'employer la quantité d'eau qu'ils jugent nécessaire pour les différentes espèces de pain qu'ils ont à fabriquer ; et, nous pouvons l'affirmer sans crainte d'être démenti par l'expérience et en contradiction avec la théorie, ils ne pourraient abuser de cette liberté sans s'exposer à altérer profondément la nature de leurs produits; car, si la perfection du pétrissage développe, au plus haut degré, les propriétés nutritives de l'un des éléments de la farine en favorisant sa cohésion, l'eau qui le pénètre, en telle quantité que ce soit, ne peut jamais s'y fixer à l'état de combinaison, et participer de ses propriétés, que dans une proportion qu'on peut fort bien définir par la dilatation de cet élément, laquelle représente exactement le principe de son organisation.

L'excès d'eau que, par un art quelconque, l'on parvient à introduire dans la farine ne change pas de caractère, elle reste libre, et elle est plutôt nuisible au développement du gluten que favorable à sa cohésion.

Par un excès d'eau, le gluten tend à devenir visqueux et, par conséquent, à perdre, en proportion de l'eau qui le pénètre surabondamment, une partie de l'élasticité qui le rend propre à la panification, à moins que l'eau ne soit ajoutée successivement à la pâte déjà pétrie très-ferme, et travaillée par des moyens dont on ne fait usage que dans le midi de la France, où, d'après ces procédés, on ne peut donner qu'une seule et unique forme au pain.

Les cellules intérieures de cette sorte de pain sont très-ouvertes et présentent un aspect favorable à l'alimentation ; mais, comme elles ont été produites sous l'influence de l'eau en vapeur plutôt que par le dégagement de l'acide carbonique résultant de la fermentation, elles restent saturées d'eau et offrent un caractère qui les distingue particulièrement de celles du pain fabriqué à l'aide du concours d'une fermentation régulière.

Ce dernier est plus propre à l'alimentation.

Il y a quelques années, les consommateurs privilégiés d'abord, et ensuite les habitués des restaurants, furent à même de juger de cette différence.

Un boulanger provençal introduisit à Paris son genre de fabrication spéciale à l'usage des petits pains de table, lesquels eurent un succès prodigieux de nouveauté. C'est à peine si quelques autres boulangers purent trouver, à grands frais, des ouvriers provençaux propres à cette espèce de travail.

L'aspect séduisant que présentait cette sorte de pain répondait-il complétement à l'usage de sa destination ?

Si, pour la plupart, le pain n'est qu'un accompagnement des autres aliments qui servent à leur nourriture, faut-il encore qu'il ne nuise pas à la transformation gastrique de ses éléments.

On reconnut enfin, et après plusieurs années de vogue, que la mie de ce pain, si légère en apparence, était, au contraire, lourde, froide, coriace à la mastication, difficile à ingérer et, par-dessus tout, indigeste.

Les petits pains viennois les remplacent aujourd'hui avec le même succès.

Ceux-ci, au moins, n'ont aucun des inconvénients des premiers, et, si nous avons parlé des pains provençaux, c'est pour faire ressortir, par une preuve de plus, les dangers d'un excès d'eau dans le pain.

Ce dernier, comme nous venons de le dire, offre l'apparence d'un pain léger, mais n'est, en réalité, qu'un pain lourd, mat, aqueux et indigeste.

C'est toujours cet effet que produisent les moyens empiriques, anciennement inventés et nouvellement reproduits pour faire retenir au pain une plus grande quantité d'eau qui se vend au même prix que ce dernier.

De tous les procédés mis en usage, celui qui a été le plus souvent reproduit, c'est la bouillie, préparée avec des corps féculents, à une température élevée, tels que la farine de riz, de maïs, la fécule de pomme de terre, le son, l'amidon, et même la farine de froment, de seigle, d'orge, etc., jusqu'au gluten granulé des amidonniers.

En effet, les téguments de toutes ces fécules, en se dilatant sous l'influence de quinze fois leur poids d'eau à la température de + de 90 degrés, augmentent de quinze fois leur volume; mais l'eau n'acquiert d'autre propriété que de les tenir en suspension jusqu'à ce qu'une température plus élevée, celle nécessaire à la cuisson du pain, par exemple, en les contractant, leur enlève une grande partie de cette eau; mais il en reste toujours une plus grande quantité que dans la panification régulière, où l'amidon ne conserve, après sa contraction, que le seizième de son poids d'eau étrangère à sa constitution originaire et propre à sa transformation ultérieure en glucose.

Il est un fait remarquable, et dont l'importance est de nature à détruire complétement les illusions de ceux qui prétendent, par une espérance quelconque, augmenter le produit du froment, en lui associant des substances étrangères qui, par leur nature, laissent supposer qu'elles peuvent participer des propriétés alimentaires de ce dernier.

Dans le froment le gluten est absolu, sa constitution ne souffre le contact d'aucune substance étrangère que celle à laquelle il a donné naissance, et dont chaque molécule lui est adhérente par un point qui fait partie de son organisation primitive.

Cette substance, qui est l'amidon, ne se sépare pas du gluten dans la panification, quelle que soit l'agitation du pétrissage, et elle n'altère en aucune manière son élasticité.

Mais si l'amidon en est détaché violemment par le lavage et la malaxation, comme dans sa fabrication par des procédés mécaniques, ils perdent l'un et l'autre leurs propriétés panifiables;

c'est-à-dire que l'amidon devient étranger au gluten, avec lequel il ne peut plus se réunir sans pénétrer son organisation et détruire son élasticité qui est indispensable, comme nous l'avons dit, pour que le pain ne soit ni lourd, ni mat, ni aqueux, ni indigeste. D'ailleurs la nature ne permet pas impunément de décomposer et recomposer ses produits organiques.

Quoique le gluten granulé des amidonniers reprenne toute son élasticité primitive sous l'influence de l'eau, il la perd complétement au contact de toute substance étrangère, fût-ce même de la farine de froment d'où il tire son origine. Par conséquent, dans le pain, il ne possède plus que son caractère élémentaire dont encore la température modifie considérablement les effets en ne développant pas son élasticité.

Tous les corps féculents, convertis en empois, produisent les mêmes résultats.

D'ailleurs, à quoi sert de dénaturer tous ces produits, lorsque chacun d'eux, séparément, offre un intérêt spécial et relatif d'alimentation? Est-ce que la pomme de terre n'est pas un aliment tout préparé, donné par la nature ; le riz, un autre aliment précieux auquel, comme au premier, l'eau et la température servent d'auxiliaires pour en développer les propriétés nutritives.

Au sujet de l'addition de la farine de riz à la farine de froment pour en faire du pain, voici ce que dit le savant professeur de chimie, à Rouen, M. *Girardin*, après des expériences faites sous sa direction.

Rien n'est plus concluant!

« On mélange à la farine de pur froment un dixième de son poids de farine de riz, de sorte que, la farine se compose de :

| | |
|---|---|
| Farine de froment........... | 141k,30 |
| — de riz................ | 15k,70 |
| Total.......... | 157k,00 |

« On fait cuire la farine de riz dans l'eau jusqu'à ce qu'elle soit convertie en bouillie, puis on la mêle, dans le pétrin, avec la farine de blé et le levain. On cuit ensuite ce pain à la manière ordinaire.

« Les 157 kilogr. de cette farine mixte de blé et de riz fournissent, par la cuisson, 215 kilogr. de pain.

« Le pain mixte ne se distingue du pain ordinaire que parce qu'il est plus pâteux et moins léger.

« Voici sa composition rapprochée de celle du pain blanc de Rouen :

PAIN BLANC ORDINAIRE.

| | |
|---|---|
| Eau | 32,70 |
| Matières organiques | 66,60 |
| — minérales | 1,70 |
| TOTAL | 100,00 |

Azote pour 100 parties de pain frais, 1,56.

PAIN MIXTE DE BLÉ ET DE RIZ.

| | |
|---|---|
| Eau | 37,90 |
| Matières organiques | 60,31 |
| — minérales | 1,79 |
| TOTAL | 100,00 |

Azote pour 100 parties de pain frais, 1,38.

« On voit que le pain mixte contient notablement plus d'eau et moins d'azote que le pain blanc ordinaire. Il est donc, en raison de ces deux circonstances, bien moins nutritif que ce dernier. En représentant par 100 le pouvoir nutritif du pain de pur froment, l'équivalent du pain mixte serait représenté par 112,35, ce qui revient à dire que, pour se nourrir au même degré, il faudrait remplacer 100 kilogr. de pain blanc ordinaire par 112,35 de pain mixte de riz. »

Quant à l'eau de son, si d'un côté elle extrait toute la substance amylacée et glutineuse qu'une mouture imparfaite aurait pu y laisser dans une proportion qui prouve sa défectuosité, d'un autre côté elle a l'inconvénient de dissoudre une matière colorante qui fait partie de l'organisation du son, laquelle se communique au pain, et lui fait perdre son éclat, sans cependant porter préjudice à ses propriétés alimentaires. Mais, ce qui a le plus d'influence sur la panification, c'est la matière grasse qui rend l'étirage difficile et la cohésion impossible.

D'autre part encore, le son, réduit, par ce système, à son état purement ligneux, n'aurait aucune valeur pour l'alimentation des animaux, dans l'estomac desquels il forme le lest propre à l'élaboration des substances que l'eau et la température ont enlevées.

Pour la bouillie préparée avec la farine de froment ou avec des blés moulus grossièrement et sans aucune épuration, il résulte, dans le premier cas, que le gluten, dont la température a fait perdre la cohésion, n'est plus propre à la panification, et que l'amidon, isolé et dilaté, se comporte comme toutes les autres fécules. Dans le second cas, le son exerce l'influence de coloration que nous avons exprimée plus haut, même s'il est extrait par la pression, comme cela se pratique dans une grande boulangerie nouvellement établie aux environs de Paris. Enfin, où ses effets ne laissent aucun doute sur son caractère hétérogène, c'est dans le pain manutentionnaire des armées, dont l'extraction n'a pas été réglementée suivant la nature des blés.

En résumé, le pétrissage pourrait bien, et c'est sa destination, développer les propriétés nutritives de l'un des éléments de la farine, en favorisant sa cohésion à l'aide du concours de l'eau; mais il faudrait qu'il fût affranchi de cette uniformité de mouvements dont les ouvriers boulangers ne veulent pas s'écarter, par respect pour les traditions, qu'ils croient absolues et invariables, et peut-être aussi par un sentiment trop exagéré de leur valeur.

Le pétrissage à bras d'homme, tel qu'il se pratique aujourd'hui dans les boulangeries les plus perfectionnées, à Paris surtout, suffirait parfaitement aux besoins de la panification, si d'abord les blés étaient partout de même nature, et ensuite si toutes les farines se ressemblaient par leur forme et leur caractère.

Mais nous avons les blés durs et les blés tendres, et entre ces deux espèces il existe encore beaucoup de variétés. Nous avons également les farines économiques, les farines rondes et gruauleuses, les farines affleurées et les farines réglementaires des manutentions militaires.

Toutes ces sortes de farines demanderaient, pour ainsi dire, un pétrissage particulier, ainsi que les formes de pain auxquelles elles sont destinées.

Dans le rayon d'approvisionnement de Paris, les meuniers recherchent de préférence les blés tendres, surtout depuis l'application du système de mouture américain, dit anglais. Ces blés ont l'avantage, si c'en est un, de produire beaucoup plus de farine affleurée que les blés durs, et cette dernière est plus favorable au travail du pétrissage traditionnel.

Dans le midi de la France, au contraire, les meuniers donnent la préférence aux blés durs, lesquels produisent beaucoup plus de farine gruauleuse que de farine affleurée; la première est moins éclatante de blancheur que la seconde, il est vrai, mais aussi elle est plus favorable aux produits en pain, ainsi qu'à l'alimentation, par la raison qu'elle a conservé intactes toutes les propriétés originaires du froment. Dans cet état, l'eau ne peut pénétrer toutes ses molécules qu'à l'aide d'uu pétrissage pénible et prolongé, pour l'exécution duquel la force de l'homme est souvent impuissante et les traditions de l'art insuffisantes.

C'est alors que la mécanique devient indispensable! Cette force-là ne raisonne pas; elle obéit, sans fatigue, à l'impulsion qu'on lui donne, et l'homme, au lieu de s'épuiser par des efforts impuissants, n'a plus qu'à diriger et régler l'impétuosité de cette dernière à l'aide seulement de son intelligence.

Cependant il est un moyen bien simple, complétement ignoré et qu'une expérience de laboratoire nous a dévoilé, de faire absorber, sans effort, à la farine gruauleuse toute l'eau qui lui est rigoureusement nécessaire pour les effets qu'elle doit produire dans l'alimentation en passant par la panification.

Nous nous empressons de le publier, pour le mettre à l'abri de la spéculation empirique.

Il s'agit simplement de préparer une pâte très-hydratée, sans levain ni aucun ferment, et composée de farine gruauleuse, ou même à l'état de semoule, de son propre poids d'eau à la température ordinaire, et d'un peu de sel. Ce n'est point un pétrissage proprement dit qu'il faut pratiquer, mais un simple frasage seulement.

On laisse macérer cette pâte pendant vingt-quatre heures en été et quarante-huit heures en hiver.

De cette manière, aucun des éléments de la farine ne doit être altéré par la chaleur et la fermentation, attendu que l'une peut être modérée et que l'autre n'a pas le temps de se former.

L'eau pénètre naturellement et sans effort toutes les molécules du gluten, dont elle prépare l'élasticité sans l'amener à l'état visqueux, lequel ne se produit ordinairement que sous l'influence de la fermentation poussée hors de la limite alcoolique.

On ajoute, après la macération complète, une partie de ce mélange au levain préparé avec de la farine affleurée ou gruauleuse, et on procède au pétrissage de la fournée par les moyens ordinaires, soit à bras d'homme, soit à la mécanique; nous ne donnons de préférence à cette dernière, en particulier, que pour la farine gruauleuse, et en général pour la régularité de l'opération, la salubrité et la santé des ouvriers boulangers; on y joint, comme cela se pratique ordinairement, la quantité de farine nécessaire à la densité de la pâte qu'exige la forme que l'on veut donner au pain.

Ces derniers mots laissent pressentir que la forme du pain peut avoir de l'influence sur sa préparation et sur ses propriétés alimentaires.

En effet, les conséquences de la fermentation panaire se résument par la dilatation cellulaire du pain, dont la croûte circonscrit la limite. On peut étendre cette dernière à l'aide d'incisions pratiquées sur la surface supérieure du pain au moment de le mettre au four.

On remarque déjà une différence sensible dans la texture cellulaire entre le pain incisé et celui qui ne l'est pas.

Les pains longs offrent encore une autre différence avec les pains ronds, laquelle dépend exclusivement de la manière dont ils ont été tournés ou mis en forme.

Mais il n'est qu'une seule sorte de pain dont la forme et l'aspect témoignent de sa supériorité, c'est le pain fendu dit *à grigne*.

Le sillon longitudinal qui le distingue n'est pas le résultat d'une incision, mais bien celui d'un ensemble de manipulations habiles auxquelles concourt la fermentation régulièrement dirigée.

Le pain à grigne peut être considéré, avec raison, comme la véritable expression d'une panification irréprochable; aussi ne le trouve-t-on bien confectionné que dans les boulangeries de Paris et des environs de cette ville. Nous pouvons dire, sans craindre d'être accusé d'exagération, que, là où il ne se fabrique pas de pain à grigne, la boulangerie n'a pas le droit de prétendre à la perfection de l'art, attendu que, pour toute autre espèce de pain, la fermentation peut être, pour ainsi dire, abandonnée au hasard.

Si donc la forme du pain a de l'influence sur sa fabrication, elle est bien plus significative encore dans ses propriétés alimentaires; car le pain léger, tel qu'on le fabrique à Paris, surtout celui dit *de fantaisie*, contient, à poids égal, une plus grande proportion de parties nutritives que le pain lourd, mat et aqueux.

Cependant il ne faut pas conclure, d'après ce qui précède, que le pain de la boulangerie de Paris soit la dernière expression de la proportion d'eau que la farine peut absorber sans nuire à ses propriétés, puisque, d'après notre appréciation formulée plus haut, elle pourrait encore en contenir 3,720 pour 100 de plus.

Donc, après dessiccation complète de la mie du pain et aussitôt après cuisson, toute proportion d'eau, compris celle de végétation au-dessus de 43,720 pour 100, doit être considérée comme de l'eau libre, n'ayant aucune propriété alimentaire, en admettant, toutefois, une égalité de farine et une forme unique de pain.

En résumé, le pain ne jouit de toutes ses propriétés alimentaires qu'autant que sa texture intérieure offre une mie développée complétement, qu'elle est souple, légère et perméable aux sécrétions gastriques, et que cette conformation est le résultat de la dilatation du gluten sous l'influence d'une fermentation naturelle plutôt que d'une réaction déréglée produite par un ferment artificiel, dont on ne peut jamais, d'une manière exacte ni même approximative, prévoir les effets désorganisateurs.

Dans le premier cas, la croûte du pain est légèrement friable et favorable à la mastication; les cellules que forme la mie sont irrégulières, et quelques-unes très-ouvertes. Cette dernière ne se délaye ni par les aliments aqueux qui peuvent l'accompagner, ni par la salive; elle conserve, en outre, une saveur agréable qu'elle ne possède pas dans le second cas, où au contraire elle se trouve souvent âcre et acide. L'aspect de ses cellules présente aussi une différence remarquable : elles sont plus nombreuses et presque toutes uniformes, ce qui rend ce pain particulièrement propre à l'usage des potages, auxquels sa nature spongieuse est très-favorable.

Tout ce qui tend à réduire la légèreté du pain, contribue à diminuer ses propriétés alimentaires !

Tout corps étranger au froment, quel qu'il soit, est dans ce cas.

L'eau elle-même, attendu qu'elle n'y demeure fixée qu'à la suite d'un pétrissage imparfait ou par des substances étrangères qui la retiennent, est aussi dans le même cas.

Il est difficile de s'abuser sur la qualité du pain, en le jugeant seulement d'après son apparence extérieure pour le pain à grigne et intérieure pour toute espèce de pain.

S'il réunit toutes les conditions d'une bonne panification et si les éléments qui le constituent n'ont éprouvé aucune altération précédente, la mie se présente sous la forme de cellules très-développées et irrégulières ; elle est souple et élastique ; la pression légère du pouce n'y laisse aucune empreinte ; elle ne s'émiette pas au frottement des doigts et elle n'est pas collante. La croûte supérieure qui l'entoure est fine, souple, mais légèrement friable ; celle de dessous, au contraire, est sèche et sonore.

Mais si la mie du pain est compacte, que la croûte supérieure en soit détachée, en présentant une cavité dont les parois sont luisantes et glacées, et que quelques cellules plus larges offrent le même aspect, on peut conclure, avec assurance, que ce pain contient trop d'eau libre, dont une partie s'est convertie en dextrine concrète, et, de plus, que la panification en a été négligée.

Comme nous l'avons démontré, et nous le prouvons par ce dernier fait, il est impossible aux boulangers de fixer plus d'eau dans le pain que la nature de ses éléments ne le permet, sans s'exposer à en altérer les propriétés alimentaires.

Il y a, en panification, un fait naturel et général qui se produit ; les boulangers le traduisent ainsi : la pâte *relâche* ou elle *roidit*, ce qui signifie qu'avec la même quantité d'eau, dans l'une de ces deux conditions, l'eau sépare les molécules de la farine et détruit leur cohésion, et que dans l'autre, au contraire, elle les pénètre intimement, les unit et forme cette membrane élastique qui, sous l'influence de l'un des produits de la fermentation, l'acide carbonique et de la vapeur d'eau, se dilate et forme ces cellules irrégulières qui caractérisent le pain convenablement fabriqué ; tandis que l'autre ne produit qu'un pain lourd, mat, aqueux et indigeste.

En toutes choses matérielles, le plus sûr moyen d'en apprécier la valeur, c'est l'analyse ; cette dernière est ou hypothétique, fondée sur le raisonnement, ou matérielle, fondée par l'expérience. La première saisit l'esprit, et la seconde s'empare des sens. Cette dernière est principalement dans les attributions de quiconque s'occupe du perfectionnement de l'art qu'il exerce.

Donc la boulangerie n'atteindra son plus haut degré de perfection que lorsque le praticien se sera pénétré des moyens que la science lui donne pour apprécier mathématiquement la nature des corps qu'il est chargé de transformer, et les phénomènes qui se passent pendant cette transformation ; l'enseignement professionnel, l'expérience et les traditions non-seulement l'éclairent, mais encore le dirigent dans ses observations pratiques.

L'agriculture et la meunerie se trouvent exactement dans le même cas.

La première y puisera les moyens de fixer, dans ses engrais et pour son compte, les sels volatils qui se dégagent non pas infructueusement, mais au service d'une terre éloignée et qui n'est pas toujours préparée pour les recevoir.

Ces moyens sont bien simples et malheureusement trop peu pratiqués ; ils consistent à transformer, par une double décomposition, le carbonate d'ammoniaque volatil en sulfate d'ammoniaque fixe, à l'aide du plâtre interposé par lits entre des couches de fumier déposées dans une fosse ouverte et imperméable. Il se forme du sulfate d'ammoniaque et du carbonate de chaux fixes l'un et l'autre et également propres à l'agriculture, et de plus les liquides qui tiennent ces deux sels en dissolution ne s'écouleraient plus sur les voies publiques, où ils exhalent des émanations nuisibles à la salubrité.

Par l'analyse pratique, elle appréciera, en outre, la valeur des blés de semence, dont il importe beaucoup de croiser les races et les espèces, selon la nature du sol auquel elle les destine, et qui lui-même besoin d'être étudié dans sa composition élémentaire.

---

## NOTE III.

### BLÉS, MOUTURE ET FARINES.

Quant à la meunerie, les recherches se compliquent des exigences locales et des besoins industriels. Ce sont des blés durs ou des blés tendres; des farines rondes et gruauleuses, ou des farines affleurées; la mouture à la française ou la mouture anglaise.

L'une et l'autre de ces dernières ont leurs avantages et leurs imperfections.

Nous n'avons pas l'intention, dans cet exposé, de les énumérer complétement; nous en déduirons seulement les conséquences les plus importantes dans leur rapport avec la boulangerie.

Avec les blés durs, qui étaient jadis les blés de prédilection, la mouture à la française obtenait moins de farine affleurée que d'après l'autre système, il est vrai; mais, dans celle-ci, les premiers gruaux et les seconds gruaux remoulus donnaient une farine qui, quoique piquée de son très-divisé et, par conséquent, moins éclatante de blancheur, conservait intactes toutes ses propriétés originaires.

Elle se trouvait, par ce fait, rebelle au pétrissage, c'est incontestable; mais alors nous avions des ouvriers pétrisseurs qui comprenaient l'importance de leurs fonctions et qui ne reculaient devant aucun effort pour les accomplir.

D'un autre côté, les principaux boulangers de Paris, moins préoccupés qu'ils ne le sont aujourd'hui par leur importante fabrication, faisaient de blé farine : ils achetaient eux-mêmes leur grain, dont ils dirigeaient la mouture dans leurs propres moulins; de cette manière, ils donnaient l'impulsion aux autres meuniers, et de plus ils formaient des ouvriers pétrisseurs dociles, qui mettaient à leur service leur force et leur intelligence, et qui propageaient leur enseignement.

Le système de mouture à l'anglaise a non-seulement effacé, pour ainsi dire, les vieilles traditions du pétrissage, du moins en ce qui concerne le bassinage de la pâte, lequel ne se pratique plus aujourd'hui, mais encore il a rendu l'ouvrier pétrisseur indifférent et même récalcitrant sur cette dernière opération, qui, dans certains cas, est indispensable.

Nous ne voulons certainement pas protester contre la supériorité de la mouture à l'anglaise, en ce qui a rapport au dépouillement des sons, à l'épuration des farines, à leur rendement en farine affleurée, à la finesse de celle-ci, son éclat et surtout sa facilité à se panifier.

Mais ce qu'on ne peut contester, c'est qu'elle développe beaucoupplus de chaleur que l'ancienne mouture, malgré les réfrigérants de toute espèce mis en usage, lesquels peuvent bien arrêter la désorganisation ultérieure, mais n'empêchent pas celle-ci de se produire pendant la mouture.

On sait que la chaleur trop élevée exerce une très-grande influence sur la cohésion du gluten, dont elle modifie sensiblement l'élasticité, et d'ailleurs la dilatation aleurométrique ne laisse aucun doute à cet égard.

Quant à la farine affleurée, il est bon de ne pas s'exagérer les avantages pratiques qu'offre un produit sous une forme plutôt que sous une autre ; car, si elle est favorable à la panification, sous le rapport du pétrissage, l'est-elle également sous celui du rendement en pain et de l'alimentation ?

Il est évident que la farine ronde et gruauleuse provenant de la mouture à la française, sans développement de chaleur et blutée aussitôt que moulue, doit conserver intactes toutes les propriétés originaires du blé, et, si elle résiste au pétrissage à bras d'homme tel qu'on le pratique aujourd'hui, elle cède facilement au pétrissage mécanique, et mieux encore à la macération préparatoire, comme nous l'avons indiqué plus loin.

Une seule objection qu'on pourrait nous faire, et qui semble impliquer contradiction à nos observations précédentes sur les avantages d'une farine purifiée de tout le son que le blé contient, c'est que la farine ronde est toujours piquée d'une légère trace de son très-divisé.

Nous répondrons d'abord que cette dernière est tellement insensible, que, dans cet état de division, le son ne peut produire les effets d'une épuration imparfaite, et ensuite que, si les améliorations apportées à la meunerie eussent été dirigées, de préférence, sur les moyens de séparer complétement le son de la farine, au lieu de renverser un système général dont l'expérience avait démontré les avantages, peut-être toucherions-nous au but de la perfection.

Quoi qu'il en soit, dans les progrès, plus ou moins avérés, de la meunerie, une circonstance d'une grande importance se présente à l'observation des économistes et à l'esprit des naturalistes.

Nous avons dit, et l'expérience le prouve, que les blés tendres se prêtaient mieux à la mouture anglaise, les blés durs à l'ancienne mouture. Donc, si le premier système se répand jusqu'à remplacer le second, les blés durs devront disparaître du sol pour faire place aux blés tendres.

Ceux-ci sont-ils une dégénération des autres, ou une espèce différente, ou bien encore le produit d'une culture, d'un sol et d'un climat particuliers ? Ces deux dernières hypothèses sont seules admises. S'il en est ainsi, l'agriculture ne doit pas rester tributaire de la meunerie et seconder ses efforts qu'autant que l'expérience aura démontré qu'ils ne sont pas capables de compromettre la fertilité du sol et d'intervertir l'ordre de la nature.

Quoi qu'il importe des blés durs et des blés tendres, de la mouture française et de la mouture anglaise, de la farine gruauleuse et de la farine affleurée, l'analyse pratique en fait ressortir les avantages et les imperfections ; à cet égard, elle ne laisse aucune incertitude dans l'esprit des observateurs, des agronomes et des praticiens.

Dans l'intérêt des besoins généraux, il serait à désirer qu'elle fût pratiquée tous les ans dans chaque département, chaque arrondissement et même dans chaque canton agricole.

A cet effet, nous avons publié, en 1853, un tableau analytique et comparatif d'une série de blés français et étrangers à l'usage de l'agriculture, de la meunerie et de la boulangerie ; nous le reproduisons plus bas.

Nous avons la conviction, sans aucune espérance personnelle, que, si ce travail, d'une simplicité et d'une facilité extrêmes d'exécution, se propageait, chacune de ces trois industries trouverait, en ce qui la concerne particulièrement, des indications propres à la mettre sur la voie des véritables perfectionnements.

**Mouture spéciale et uniforme des Blés français et étr**

| BLÉS FRANÇAIS. (100 parties.) | ROUSSILLON. | BEAUCE (Montlhéry). | NIÈVRE. | LOT (Quercy). | CHALONS |
|---|---|---|---|---|---|
| Son pur, lavé et séché.......... | 19,2 | 19,44 | 21,69 | 17,28 | 22,81 |
| Pellicule blanche adhérente au son. | 8,16 | 8,16 | 9,11 | 7,26 | 9,59 |
| Gruaux........................ | 40,65 | 40,65 | 38,9 | 41,66 | 41,4 |
| Farine affleurée................ | 31,1 | 31,35 | 30,8 | 32,4 | 32,4 |
| Gluten hydraté, pour 100 de blé.... | 26,2 | 22,30 | 17,14 | 21,58 | 19,75 |
| — — de farine. | 37,7 | 30,82 | 25,31 | 29,40 | 30,43 |
| Dilatation à l'*aleuromètre*........ | 50° | 40° 1/2 | 39° | 39° | 32° 1/2 |
| Gluten sec, pour 100 de blé...... | 10,5 | 11,62 | 6,97 | 9,19 | 8,70 |

| BLÉS DE RUSSIE, DE POLOGNE, DE PRUSSE ET D'ALLEMAGNE. | MARIANOPOLIS (Crimée). | TAGANROG. | RUSSIE. Ordinaire. | GHIRKA (Taganrog). | ODESSA. |
|---|---|---|---|---|---|
| Son pur, lavé et séché .......... | 21,23 | 23,52 | 28,2 | 16,49 | 18,82 |
| Pellicule blanche adhérente au son. | 8,92 | 9,98 | 11,78 | 6,93 | 7,90 |
| Gruaux........................ | 41,20 | 57,1 | 35,2 | 42,8 | 38,38 |
| Farine affleurée................ | 27,2 | 9,1 | 24,3 | 32,94 | 34,5 |
| Gluten hydraté, pour 100 de blé.... | 27,15 | 20,0 | 0,0 | 38,45 | 17,95 |
| — — de farine. | 38,68 | 30,21 | 0,0 | 51,73 | 24,54 |
| Dilatation à l'*aleuromètre*........ | 44° | 24° | 0° | 49° | 48° |
| Gluten sec, pour 100 de blé...... | 11,24 | 10,28 | 0,0 | 15,16 | 5,27 |

| BLÉS DE DIVERS PAYS. | BELGIQUE. | ÉGYPTE. | CHYPRE. | CHYPRE. Blé dur. | AMÉRIQUE. Blé blanc |
|---|---|---|---|---|---|
| Son pur, lavé et séché.......... | 21,67 | 24,44 | 25,35 | 24,32 | 16,75 |
| Pellicule blanche adhérente au son. | 9,10 | 10,27 | 10,65 | 10,21 | 7,03 |
| Gruaux........................ | 41,60 | 39,89 | 53,0 | 54,30 | 41,65 |
| Farine affleurée................ | 27,15 | 25,0 | 11,0 | 10,70 | 34,01 |
| Gluten hydraté, pour 100 de blé.... | 19,90 | 18,58 | 19,3 | 19,91 | 20,51 |
| — — de farine. | 23,92 | 19,0 | 30,15 | 34,82 | 26,44 |
| Dilatation à l'*aleuromètre*........ | 45° | 18° | 27° | 25° | 38° |
| Gluten sec, pour 100 de blé...... | 9,4 | 7,77 | 8,71 | 8,9 | 8,40 |

| BLÉS DE MARS FRANÇAIS LAVÉS ET BLÉS ESSORÉS. | MELUN. Blé de mars. | RIS (Seine-et-Oise). Blé de mars. | RIS. Blé de mars. | GONESSE. Blé de mars originaire des richelles. | MONTEREAU Ordinaire blé tendre |
|---|---|---|---|---|---|
| Son pur, lavé et séché.......... | 20,32 | 22,36 | 21,65 | 21,8 | 21,45 |
| Pellicule blanche adhérente au son. | 8,53 | 9,39 | 9,10 | 9,42 | 8,0 |
| Gruaux........................ | 41,25 | 40,60 | 40,75 | 42,60 | 38,40 |
| Farine affleurée................ | 28,06 | 26,00 | 27,8 | 25,80 | 31,70 |
| Gluten hydraté, pour 100 de blé.... | 21,38 | 20,39 | 21,35 | 26,60 | 20,35 |
| — — de farine. | 30,74 | 30,74 | 31,41 | 32,86 | 29,02 |
| Dilatation à l'*aleuromètre*........ | 47° | 40° | 50° | 45° | 39° |
| Gluten sec, pour 100 de blé...... | 9,13 | 9,17 | 9,01 | 10,52 | 12,55 |

Le maximum de dilatation du *gluten frais* à l'*aleuromètre* est de 50 degrés. Le minimum prop
*de semence* par la proportion de *gluten frais*. — Le meunier trouvera dans ce tableau la valeur
*gluten frais* à l'*aleuromètre*.

## …s, analyse qualificative et comparative. (Récolte de 1853.)

| …MPAGNE. | PICARDIE (Crépy). | NANTES. | BERG. | BRIE. | CHARTRES. | GONESSE. | MELUN. | LIEUSAINT (Suisse). Blé blanc. |
|---|---|---|---|---|---|---|---|---|
| 0,77 | 19,61 | 17,32 | 16,7 | 16,67 | 21,24 | 21,31 | 21,34 | 22,51 |
| 8,73 | 8,24 | 7,28 | 7,9 | 7,0 | 8,96 | 8,99 | 8,96 | 9,47 |
| 7,45 | 39,70 | 39,0 | 41,5 | 43,91 | 38,85 | 35,80 | 39,35 | 39,65 |
| 3,25 | 32,24 | 36,4 | 31,4 | 28,2 | 29,65 | 33,30 | 29,7 | 27,84 |
| 8,47 | 24,22 | 24,0 | 21,90 | 24,86 | 32,13 | 22,30 | 22,6 | 22,53 |
| 6,90 | 33,46 | 34,26 | 35,59 | 34,43 | 32,2 | 32,15 | 33,83 | 29,47 |
| ° 1/2 | 50° | 40° 1/2 | 40° | 36° | 45° | 44° 1/2 | 49° | 46° |
| 8,70 | 10,0 | 9,98 | 9,37 | 10,38 | 12,56 | 8,82 | 9,8 | 8,78 |

| …OMIREA. | KUBANCA. | KŒNIGSBERG (Prusse). | KŒNIGSBERG. | POLOGNE. | POLOGNE. Blé dur. | HAMBOURG (Allemagne). | WISMARD. | MECKLEMBOURG. |
|---|---|---|---|---|---|---|---|---|
| 5,41 | 22,63 | 19,58 | 20,89 | 17,6 | 22,48 | 22,25 | 22,21 | 20,7 |
| 0,65 | 9,51 | 8,22 | 4,87 | 7,74 | 8,45 | 9,35 | 9,33 | 8,43 |
| 4,81 | 55,65 | 42,5 | 41,26 | 47,95 | 57,72 | 57,70 | 38,15 | 40,50 |
| 8,7 | 11,62 | 28,85 | 32,1 | 27,15 | 10,2 | 10,77 | 29,55 | 29,75 |
| 8,61 | 32,8 | 14,56 | 16,29 | 30,8 | 31,3 | 22,14 | 20,32 | 20,67 |
| 9,25 | 48,75 | 20,26 | 22,10 | 42,34 | 45,53 | 33,0 | 29,94 | 29,15 |
| 17° | 38° | 34 1/2 | 37° 1/2 | 48° | 41° | 37° | 36° 1/2 | 41° |
| 3,0 | 13,58 | 6,24 | 6,98 | 11,17 | 12,57 | 9,33 | 8,56 | 2,77 |

| …ÉRIQUE. | ESPAGNE. Blé roux. | ESPAGNE. Blanquille. | ESPAGNE. Blé blanc. | NAPLES. Richelle. | ALGÉRIE. Blé dur. | ANGLAIS. | ZÉLANDE. | LORRAINE. |
|---|---|---|---|---|---|---|---|---|
| 1,12 | 22,71 | 22,74 | 16,74 | 20,77 | 20,46 | 21,72 | 20,44 | 23,15 |
| 8,88 | 9,54 | 9,56 | 7,3 | 8,73 | 8,59 | 9,13 | 8,33 | 10,11 |
| 1,8 | 36,46 | 33,6 | 38,18 | 39,60 | 61,75 | 35,40 | 36,45 | 36,25 |
| 7,8 | 30,7 | 33,4 | 37,3 | 30,50 | 9,2 | 32,60 | 33,0 | 30,0 |
| 7,73 | 16,0 | 16,7 | 18,88 | 20,60 | 22,85 | 21,60 | 19,77 | 19,61 |
| 5,38 | 23,32 | 24,93 | 25,0 | 29,6 | 32,20 | 32,7 | 28,29 | 28,50 |
| 42° | 35° | 40° | 49° | 16° | 38° | 38 1/2 | 42° 1/2 | 43° 1/2 |
| 7,32 | 6,63 | 6,84 | 7,14 | 8,38 | 9,69 | 9,10 | 8,19 | 13,54 |

| …TERRAU. …c saison, lavé essoré. | ALGÉRIE. Blé dur. | ALGÉRIE. Blé dur de saison, lavé, essoré. |
|---|---|---|
| 1,45 | 24,75 | 24,75 |
| 2,70 | 8,75 | 13,0 |
| 5,40 | 56,50 | 51,75 |
| 9,05 | 10,0 | 9,80 |
| 6,20 | 23,50 | 19,50 |
| 5,13 | 35,53 | 31,68 |
| 42° | 34° | 40° |
| 1,62 | 17,05 | 17,78 |

### OBSERVATION.

La différence de *gluten* que présentent les *blés lavés et essorés* avec ceux qui ne le sont pas provient d'une certaine quantité de *gruaux* qui restent adhérents à la *pellicule* blanche du *son*, et que la mouture ne peut détacher complétement.

panification est de 25 degrés. — L'agriculteur trouvera dans ce tableau la valeur de ses *blés*
*blés* par la proportion de *farine affleurée et autres;* — le boulanger par la dilatation du

## DÉCORTICATION.

Si dans l'ordre hiérarchique industriel l'agriculture occupe le premier rang, c'est qu'elle n'est tributaire que du sol, à la fertilité duquel elle ne peut concourir qu'en observant rigoureusement les lois naturelles résultant de sa composition matérielle.

Toujours en contemplation devant le magnifique tableau de la nature, et toujours prêt aussi à en saisir les merveilleux secrets de production, de conservation et de reproduction, l'agriculteur ne doit aucunement se préoccuper des différents systèmes qui, après lui, altèrent parfois, désorganisent souvent et transforment toujours les produits à la création desquels il a participé dans la limite des facultés que la Providence lui a accordées, pas plus que le maraîcher ne doit régler sa culture sur les moyens culinaires qu'imposent le luxe de table, le goût et les habitudes des consommateurs de diverses localités.

Dans son admirable prévoyance, la nature, en créant le froment, a voulu le mettre à l'abri des influences atmosphériques, et pour cela elle l'a entouré de deux enveloppes superposées et presque imperméables : l'une épidermique et participant de l'organisation générale du grain ; l'autre, corticale, ligneuse et d'une structure positivement antipathique à ce dernier, dans sa transformation ultérieure.

Cette dernière est le son, et l'autre la pellicule blanche qui lui est adhérente intérieurement.

Par quelque moyen que ce soit, le son doit être éliminé sans que l'opération qui produit cette séparation puisse porter atteinte à l'organisation des matières qu'il enveloppe et qu'il protége momentanément contre les influences de l'humidité.

C'est ici que la meunerie intervient par les deux genres de mouture dont nous avons essayé de décrire succinctement les avantages et les imperfections.

L'incertitude dans laquelle nous laissent l'un et l'autre de ces deux systèmes ne serait-elle pas le précurseur d'une nouvelle tentative, dont l'application pourrait bien être de nature à réduire à leur plus simple expression économique et industrielle la mouture des blés et l'épuration des farines?

Nous voulons parler de la décortication préalable des blés.

En effet, dans le blé l'amidon ne se trouve jamais répandu sous la forme de couches superposées; toutes les molécules sont adhérentes au gluten, dans les cellules duquel elles représentent des groupes irréguliers.

Ainsi, une fois que l'enveloppe corticale est enlevée, tout ce qu'elle renfermait, gluten et amidon, est également propre à la panification et à l'alimentation, sans aucune exception, et sans la moindre différence de nuance et de propriétés.

Mais les différentes espèces de blé et leur forme générale ne se prêtent pas également et aussi facilement à la décortication. D'abord les blés durs offrent plus de résistance que les blés tendres. Il est vrai qu'on peut, sans inconvénient, en attendrir l'enveloppe par un lavage simple ou alcalin, en évitant, toutefois, de donner au liquide le temps de pénétrer jusque dans l'intérieur du grain, au moyen d'une dessiccation prompte, mais cependant modérée dans sa température.

L'un des obstacles qui présentent le plus de résistance est le sillon longitudinal du Blé, dans lequel les aspérités d'un appareil quelconque ne peuvent pénétrer. C'est dans ce sillon, garni d'une espèce de duvet, que viennent se fixer la poussière et les parasites.

Une autre difficulté, mais qui n'a de rapport qu'avec l'économie de fabrication, résulte de la force nécessaire à l'opération.

Il paraît, d'après des renseignements que nous a donnés un habile meunier qui s'occupe de cette intéressante question, que, pour décortiquer 3 ou 4 hectolitres de blé dans l'espace d'une heure, il faut la force de cinq chevaux ou deux paires de meules.

Depuis quelque temps, plusieurs tentatives de décortication des blés ont été faites par des savants et des industriels également dévoués au progrès de l'industrie et aux intérêts généraux; et, s'ils n'ont pas atteint complétement le but qu'ils se proposaient, ils ne doivent pas s'abandonner au découragement; l'humanité, au contraire, leur fait un devoir de persévérer dans leurs intéressantes recherches, car la solution de l'important problème du pain, au meilleur marché possible, peut bien se réaliser, en partie, par l'accomplissement de ce procédé, qui opérerait alors une révolution favorable dans la meunerie.

Nous avons vu fonctionner presque tous les appareils mis en usage pour décortiquer les blés.

Nous avons même été consulté sur les résultats de l'un d'eux, lesquels avaient causé une certaine sensation dans le monde savant, afin de constater la proportion de son que ces blés pouvaient encore contenir, et si l'eau de lavage, saturée de potasse, n'avait pas altéré les substances auxquelles elle servait d'enveloppe.

Nous avons remarqué que ces blés, soi-disant décortiqués, contenaient encore plus de 25 pour 100 de son, compris la pellicule organique qui lui est adhérente.

Quant à la farine, elle n'avait subi aucune altération par l'eau de lavage, puisque le gluten avait atteint son maximum de dilatation, 50 degrés à l'aleuromètre.

Certes, ce résultat, sous le rapport de la décortication, est loin d'être favorable à la solution de cette intéressante question, mais il faut reconnaître que les moyens mécaniques sont encore à créer ; il est présumable, du moins il faut l'espérer, qu'ils ne tarderont pas à se produire.

L'impulsion et les encouragements de haut lieu, des savants, des observateurs, des économistes et des industriels, ne feront certainement pas défaut à ceux qui se dévoueront à l'accomplissement d'un procédé qui doit apporter de l'économie dans l'art de convertir les blés en farine, et dont les conséquences pourraient bien rejaillir aussi sur la boulangerie.

FIN.

# TABLE DES MATIÈRES.

*

FIN DE LA TABLE DES MATIÈRES.

CORBEIL, TYP. ET STÉR. DE CRÉTÉ.

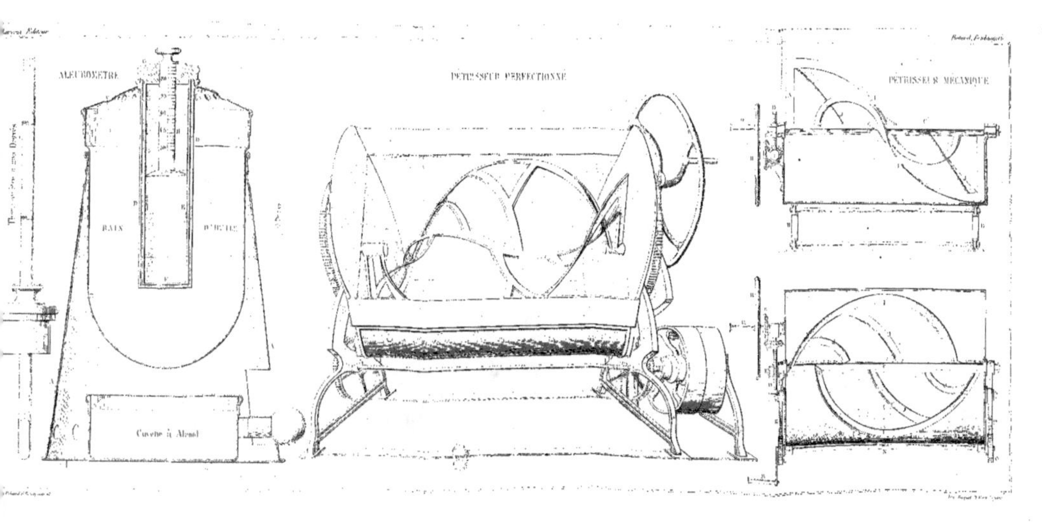
ALEUROMÈTRE
BAIN
D'HUILE
Cuvette à Alcool
PÉTRISSEUR PERFECTIONNÉ
PÉTRISSEUR MÉCANIQUE

www.ingramcontent.com/pod-product-compliance
Lightning Source LLC
Chambersburg PA
CBHW061001220326
41599CB00023B/3786

* 9 7 8 2 0 1 4 4 9 5 2 2 5 *